최승언 교수의
천체지구과학 강의 I

최승언, 신윤주, 양슬기, 박나은, 김지호

교육과학사

머리말

천문학을 공부하는 천문학과에서는 '천체지구과학'이라는 명칭을 보고 매우 생소하게 느낄 것이다. 그러나 사범대학 지구과학교육과에 소속되어 있는 천문학 관련 교과목을 천문학과에서 일반적으로 사용하고 있는 '일반천문학'으로 동일하게 부르고 싶지 않았다. 왜냐하면 천문학과의 학생들은 천문학을 전공하기 위해서 공부를 하지만 지구과학교육과 학생들은 천문 교육을 하기 위해 공부를 하기 때문이다. 물론 강의의 내용이 천문학에 대한 전반을 다루기에 거의 대동소이할 것으로 보인다. 그럼에도 불구하고, 천체지구과학 강의에서는 천문교육, 천문학사, 과학철학, 과학의 본성, 중등 지구과학교육과정과 관련된 것, 중·고등학교 지구과학 관련 교과서 내용과 관련된 것 등을 함께 다루어 보려고 애를 써 보기는 하였다. 그러나 생각보다 뜻대로 되지는 못하였다.

지난 35년간 사범대학 지구과학교육과에 재직하면서 연구년을 제외하고, 매년 천체지구과학 I, II를 강의하였다. 이제 2019년 8월 31일 정년을 하면서 그동안에 강의했던 것을 남기고도 싶고, 이제는 더 이상 천체지구과학 강의를 할 수 없을 것으로 생각되어 모자라지만 정리를 해보고 싶은 마음으로 본 책을 준비하였다. 2018년 강의를 대학원 학생들이 녹음하여 이를 정리하여 책으로 편집하게 되었고, 정리를 위해 같이 준비한 신윤주 박사, 양슬기 선생, 박나은 선생, 김지호 군도 저자로 하려 한다. 다루고자 하는 내용이 많아 본 책은 1학기 분량을 정리한 것이다.

매년 '천체지구과학' 강의를 준비하면서 매우 다양한 방법으로 강의해 보려고 노력하였으며, 강의 내용도 조금씩 달랐다. 그러나 거의 매년 『천문학 및 천체물리학』(일명 천천서)을 교과서로 사용하였다. 이 책은 천문학 및 천문 교육을 전공하는 학생들에게는 거의 바이블과 같은 역할을 해 왔다. 그러므로 본 책은 거의 '천천서'의 순서를 따라가고 있다. 본 책이 다루고 있는 내용 중에는 '천천서' 책에서 다루어진 내용이 중복되었을 수도 있다. 그러나 그 내용을 좀 더 자세히 다루거나 혹은 필요에 의하여 요약을 하거나 하였다. '천천서'에서 다루기 어려운 내용은 본 책에서 〈부록〉으로 정리하였다. 내용 정리가 메모나 노트 수준인 것도 있다. 이 점 양해해 주기 바란다.

본 책과 함께 『참탐구를 위한 천체관측활동』(교육과학사)에서 다룬 천문관측을 수행하거나 1학기에는 망원경을 이용하여 별자리, 일주운동, 행성 등을 사진 관측해보고, 2학기에는 성운, 성단, 은하 등을 사진 관측해 보고, 『모델링 학습과 함께하는 천문활동』(교육과학사)을 통하여 천문 실험을 동시에 한다면 본 책에서 다루는 여러 내용들을 어렵지 않게 이해할 수 있을 것으로 생각된다.

이렇게 오랜 시간 동안 '천체지구과학'을 강의할 수 있게 해 주신 하느님께 그리고 서울대학교 사범대학 지구과학교육과와 나의 가족들에게 먼저 감사드리고 본 책을 출판하게 해 준 교육과학사에도 감사를 드린다. 본 책을 이용하여 천문학을 이해하는 데 조금이라도 도움이 되었으면 한다.

2019년 5월 1일

저자 대표 최승언

차 례

첫 번째

밤하늘의 별 세기

첫 번째 질문 밤하늘의 별은 몇 개일까?

밤하늘의 별을 헤아려본 적이 있는가? 밤하늘에 인간의 눈으로 헤아릴 수 있는 별의 개수는 얼마나 될까? 대개 인간의 맨눈으로 볼 수 있는 별의 개수가 5,000개 정도라고 얘기한다.

그렇다면 인간의 맨눈으로 밤하늘에 별이 5,000개 정도 보인다는 것을 어떻게 알았을까? 밤하늘의 별의 개수를 직접 모두 세어 구하였을까? 밤하늘에 보이는 별을 직접 모두 세는 것은 쉽지 않을 것이다. 정교한 기구를 사용하여 구하였을까? 우리는 과학을 하는 데에 정교한 기구가 필요할 것이라는 생각을 종종 한다. 인간의 맨눈으로 볼 수 있는 별의 개수가 5,000개 정도라는 주장을 어떻게 증명할 수 있을까? 또한 정교한 기구 없이 밤하늘의 별의 개수를 구할 수는 없을까?

오성과 한음의 오성 이항복의 유명한 일화를 소개하려 한다. 어느 날 이항복의 아버지는 글공부는 하지 않고 하루 종일 놀기만 하는 이항복에게 쌀 한 가마니 속 쌀알의 개수를 구하라는 벌을 주었다. 아버지의 예상과는 달리 오성은 쌀 한 가마니 전체의 쌀알의 개수를 금방 구하였다. 오성은 1홉 안에 들어있는 쌀알의 개수를 센 뒤, 1되는 10홉, 1말은 10되, 1가마니는 10말의 관계를 이용하여 구한 것이다.

비록 오성이 구한 쌀 한 가마니 속 쌀알의 개수는 정확한 값은 아니겠지만, 쌀 한 가마니에 어느 정도의 쌀알이 있는지 대략적으로 구할 수는 있었다.

밤하늘의 별의 개수도 오성이 쌀 한 가마니 속 쌀알의 개수를 구한 방법처럼, 밤하늘을 작은 영역들로 나누어 한 영역의 별의 개수를 구할 수 있다면, 전체 밤하늘의 별의 개수를 구할 수 있지 않을까?

그러려면 밤하늘을 여러 개의 영역으로 나누었을 때, 한 개의 영역이 전체에서 차지하는 비율을 알아야 한다. 밤하늘의 일정한 영역을 보기 위해 생활 속에서 쉽게 구할 수 있는 휴지심을 이용해보자. 휴지심을 눈에 대고 밤하늘을 쳐다보면 밤하늘의 제한된 영역만 보인다. 한정된 영역에서 보이는 별의 개수는 더 쉽게 구할 수 있다. 만약 휴지심의 길이가 길어진다면 더 좁은 영역의 별의 개수를 구하게 될 것이다.

휴지심을 이용하여 밤하늘의 여러 방향에 대하여 별의 개수를 구하여 '평균값'을 구하고, 이 값을 이용하여 대략적으로 밤하늘 전체의 별의 개수를 구할 수 있을 것이다.

우리가 밤하늘의 총 별의 개수를 구하기 위해서는 '입체각'이라는 개념을 이용할 것이다. 입체각이라는 것은 우리가 평면도형에서 사용하는 각도와 비슷한 개념이지만 이름에서 알 수 있듯이 '입체'에 적용되는 각도이다. 즉, 구의 전체 입체각은 구의 표면적(S)를 구의 반지름(r)의 제곱으로 나누어 구하면 되며, 우리가 평면도형의 각에서 라디안(rad)이라는 단위를 사용했듯이, 입체각에서는 스테라디안(steradian)이라는 단위를 사용하게 된다.

$$\Delta\Omega = \frac{\Delta S}{r^2} \quad sterad. \qquad \text{[식 1-1]}$$

이기에

$$구\ 전체의\ 입체각 = \frac{4\pi r^2}{r^2} = 4\pi\ sterad. \qquad [식\ 1-2]$$

이다.

즉, 우리는 휴지심을 통해 보는 면적과 전체 하늘의 면적과의 관계를 위와 같이 알게 되었으므로, 휴지심으로 보는 입체각과 하늘 전체의 입체각의 관계를 생각할 수 있게 되며, 이로부터 휴지심을 통해 보이는 별의 개수만으로 전체 하늘의 별의 개수를 다음 식과 같이 추정할 수 있게 된다. 오성이 쌀 한 가마니의 쌀알을 일일이 세지 않고 한 가마니의 쌀알의 개수를 추정한 것처럼 말이다. 즉,

$$\Delta\Omega:\ 별의\ 개수의\ 평균값 = 4\pi:\ 총\ 별의\ 개수 \qquad [식\ 1-3]$$

의 비례식으로부터

$$총\ 별의\ 개수 = 별의\ 개수의\ 평균값 \times \frac{4\pi}{\Delta\Omega} \qquad [식\ 1-4]$$

이다.

이렇게 관측이나 실험으로부터 직접 얻어낸 값과 '입체각', '비례식'과 같은 수학적 조작 또는 기술을 이용하여 밤하늘에 우리가 맨눈으로 볼 수 있는 별의 총 개수가 약 5,000개라는 결과를 직접 얻어내는 것은, 단순히 과학지식을 읽거나 들은 후 이를 암기하여 '알고 있는 것'을 넘어서 실제로 과학을 '하는' 것이 된다. 과학을 '알고 있기'만 한다면 그것은 그 상태에서 멈추는 것이 되겠지만, 과학을 알고 또 그 앎을 토대로 행할 수 있을 때 과학은 계속 발전해 나갈 수 있을 것이다. 그러므로, 교실 현장에서의 과학 교육은 'Doing Science'로 행해져야 한다.

그런데 위와 같이 밤하늘의 별의 개수를 구하여 대략 '5,000'이라는 값을 얻었고, 이 '5,000'이라는 값이 유의미하다고 가정해보자. 그렇다면 왜 밤하늘에 별이 5,000개만 보이는 걸까? 정말 밤하늘에 별이 5,000개밖에 없는 것일까? 그렇지 않다면 우리 눈에 별이 5,000개밖에 보이지 않는 이유는 무엇일까?

<u>우리는 여기서 새로운 질문이 마음속에서 일어나는 것을 막을 수 없다. 그러나 우리가 하는 계속되는 이런 질문 덕분에 우리는 이를 해결하기 위해 새로운 도전을 할 수 있고, 이 도전을 통해 자연 현상을 이해하고 설명하는 지식의 지평선을 넓혀 나갈 수가 있다.</u>

| 그림 1-1 | 휴지심을 통해 하늘 보기

두 번째 질문

밤하늘에 별이 5,000개 정도만 보이는 이유는 무엇일까?

두 번째 물음은 '별의 밝기'와 관련이 있다. 고대 그리스의 천문학자 히파르코스(Hipparchos, B.C. 190~120경)는 눈으로 관측했을 때 가장 밝게 보이는 별을 1등급, 가장 어두운 별을 6등급으로 구별하였다고 하는데, 이처럼 눈으로 관측한 별의 밝기를 등급으로 표시한 것을 '겉보기 등급[1]' 또는 '실시등급'이라고도 한다. 후에 1등급의 별은 6등급의 별보다 약 100배가 밝다는 사실이 밝혀졌다. 즉 5등급 차이가 밝기로는 100배 차이가 난다.

우리 눈이 감지할 수 있는 가장 어두운 등급을 6등급이라 하였으므로 이를 '눈의 한계등급'이라 할 수 있다. 즉, 밤하늘의 별이 5,000개 정도가 보인다면 이 별들의 겉보기 등급은 모두 6등급 이내의 별들인 것이다.

또한 별의 밝기는 별까지의 거리의 제곱에 반비례한다. 그런데 겉보기 등급은 별까지의 거리와 상관없이 맨눈에 보이는 별의 밝기를 나타낸 것이기 때문에 별의 실제 밝기와 다를 수 있다. 따라서 별들의 절대적 밝기를 비교하기 위해서는 별들을 모두 동일한 거리에 놓고 비교해야 하기 때문에 고안된 개념이 '절대 등급'인데,

1) 등급은 영어로 magnitude이다. 이는 크기나 규모를 뜻하기도 하는데, 밝은 별은 어두운 별에 비해 맨눈으로 볼 때 더 크게 보였기 때문에 사용된 것이다. 망원경이 발명된 이후에는 꽤 오랫동안 과학자들은 등급이라는 것을 별의 크기와 관련이 있다고 생각했는데, 이는 망원경의 성능 탓에 빛이 퍼져보인 때문이기도 했지만, 당시는 별이 얼마나 멀리 있는지에 대해 알지 못했기 때문일 수도 있을 것이다. 갈릴레오나 카시니와 같은 위대한 천문학자들도 별의 실제 크기에 따라 망원경에서의 지름이 달라지고 그것이 등급과 관련이 있다고 생각했다고 한다[출처: https://en.wikipedia.org/wiki/Magnitude_(astronomy)]. 우리는 다음 장들에서 별을 아무리 성능이 좋은 망원경으로 보더라도 점광원으로 보임을 논하게 될 것이다.

'절대 등급'에서는 이 '동일한 거리'를 10pc(32.6광년)으로 놓고 있다. 즉, '절대 등급'은 별들이 모두 지구에서 10pc이라는 같은 거리에 떨어져 있을 때의 그 별들의 실시 등급인 것이다. 예를 들면 태양의 겉보기 등급은 약 −26.8등급으로 우리가 하늘에서 볼 수 있는 가장 밝은 천체이지만, 지구에서 10pc을 떨어뜨려 놓는다면 절대등급은 약 5등급으로, 밤하늘을 맨눈으로 보았을 때는 꽤 흐릿하게 보이는 천체 중 하나일 뿐일 것이다.

지금부터 밤하늘의 별들이 일반적으로 태양과 같이 절대등급이 5등급인 별, 즉 별까지의 거리가 10pc일 때, 실시등급이 5등급인 별이라 가정하겠다.

'파섹(parsec(pc))' 단위는 거리를 나타내는 단위이다. 별과 같이 지구에서 아주 먼 천체까지의 거리를 표시하는 방법 중에는 연주시차를 이용하는 방법이 있는데, parsec은 이 방법에서 파생된 단위이다. 따라서 우리는 parsec이라는 단위를 이해하기 위해 연주시차가 무엇인지에 대해 생각해야 하고, 이에 앞서 시차에 대해서 먼저 살펴봐야 할 것 같다.

'시차(視差, parallax)'란 관측자가 동일한 한 물체를 두 관측지점에서 보았을 때 생기는 방향의 차, 즉 두 방향 사이의 각도를 말한다. 이러한 시차는 우리가 바로 경험해 볼 수 있는데, 한쪽 팔을 쭉 뻗어 엄지손가락을 세운 다음 양쪽 눈을 번갈아 가며 한쪽씩 감아보자. 그럼 마치 엄지손가락이 좌우로 움직이는 것처럼 보일 것이다. 이게 바로 시차에 의한 것이다. 이때 엄지손가락을 점점 눈 쪽으로 가까이 가져갈수록 많이 움직이는 것처럼 보이는데 그 이유는 바로 시차가 커지기 때문이다. 즉 **그림 1-2** 에서와 같이 시차는 두 관측 지점인 양쪽 눈에서 동일한 점 A를 보았을 때 생기는 각도, $\angle A$의 크기를 말한다.

천문학에서는 천체의 거리를 나타내는 데 시차를 이용하여 각도로 나타내는 경우가 많다. 그런데 밤하늘의 별은 너무 멀리 떨어져 있는 데 비해 맨눈 관측에 의한 시차는 두 눈 사이의 거리가 짧으므로 그 값이 거의 '0'이며, 지구상에서는 서로 아무리 멀리 떨어진 두 지점에서 관측한다고 해도 시차는 거의 '0'일 만큼 별은 멀리 떨어져 있다. 그렇기 때문에 천문학에서는 두 눈 사이 또는 지구상의 두 지점 간 거리 대신 지구 공전 궤도에서 서로 반대편에 위치한 지구의 위치(혹은 6개월 뒤의 지구의 위치) 사이의 거리를 이용한 별의 시차인 '연주시차'를 이용한다.

'연주 시차(年周視差, annual parallax)'는 지구가 태양 주위를 공전함에 따라 생기는 시차이며, 동일한 천체를 지구에서 바라보았을 때 생기는 시차이다. 거리가 먼 별은 이러한 시차마저도 거의 0이기에 비교적 지구에 가까운 별이라야 먼 별(배경이 되는 별)에 대하여 이 시차의 측정이 가능하다. 측정되는 최대 시차는 **❙그림 1-3❙**에서 2p이다. 연주 시차는 이 값의 반인 p로서 정의한다. **❙그림 1-3❙**에서 태양에서 별까지의 거리를 d, 연주시차를 p라 하자. 'parsec'은 우주공간의 거리를 나타내는 단위로서, 1 parsec은 연주시차가 1초(1″)인 별이 태양으로부터 떨어진 거리로 정의한다. 이를 자세히 살펴보도록 하자.

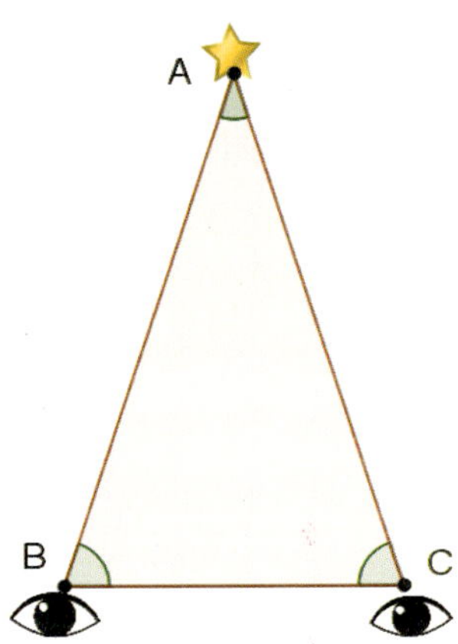

❙그림 1-2❙ 시차

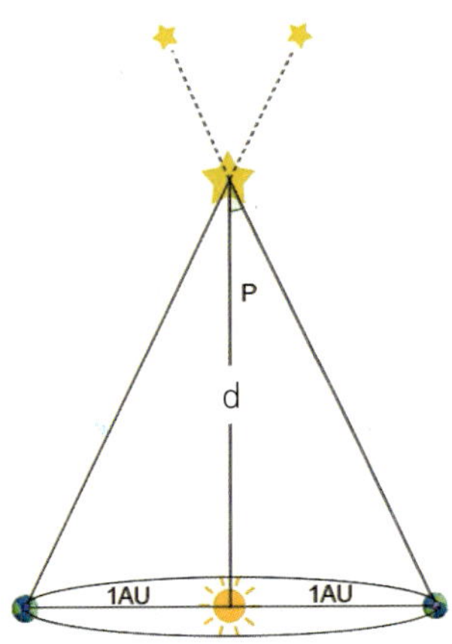

❙그림 1-3❙ 연주시차

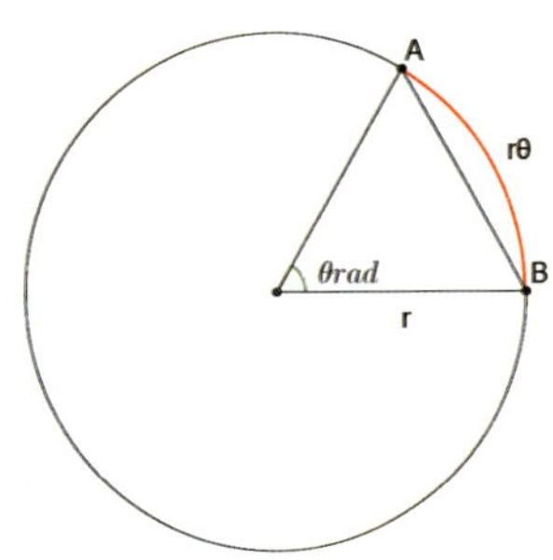

❙그림 1-4❙ 라디안

|그림 1-4| 에서 원 위의 두 점 A, B가 있고, 호$AB(\widehat{AB})$의 중심각을 θ라 하자. θ값이 굉장히 작을 때, $\widehat{AB}$ 값은 두 점 A, B 사이의 직선거리$(\overline{AB})$ 값과 거의 같다고 이야기할 수 있다. 즉

$$\theta \ll 1 \ \Rightarrow \ \widehat{AB} \simeq \overline{AB} \qquad \text{[식 1-5]}$$

이다. 그런데

$$\widehat{AB} = r\theta \qquad \text{[식 1-6]}$$

이므로

$$\overline{AB} \simeq r\theta \qquad \text{[식 1-7]}$$

이라고 할 수 있다.

|그림 1-3| 에서의 지구-태양 간 거리를 **|그림 1-4|** 의 선분 AB로 놓고 생각해 보면, 별까지의 거리를 r이라 했을 때, $r\theta$는 1 AU가 될 것이다. 다시 **|그림 1-4|** 로 돌아와서, 우리는 관측에 의해 시차 p를 알고 있으므로, 별까지의 거리를 AU 단위로 구할 수 있게 된다. $\overline{AB} \simeq r\theta = 1\,AU$이면, 별까지의 거리는 $r = d = \frac{1\,AU}{\theta}$가 된다. 그런데 θ의 단위는 rad이다.

$$1\,rad = \frac{180}{\pi}\,^{\circ} = \frac{180}{\pi} \times 60 \times 60 \simeq 206{,}265'' \qquad \text{[식 1-8]}$$

이므로, 1″에 해당하는 rad 값은 $\frac{1}{206{,}265}$이다. 따라서 연주시차가 1″인 별까지의

거리는 206,265AU이며, 이 거리를 $1pc$으로 정의한다. 따라서 $1AU \simeq 1.5 \times 10^8$ km이기에

$$1pc \approx 2 \times 10^5 \times 1.5 \times 10^8 \text{km} \simeq 3 \times 10^{13} \text{km} \qquad [식\ 1-9]$$

이다. 이제 연주 시차 p를 ″ 단위를 사용하면

$$d = \frac{1pc}{p''} \qquad [식\ 1-10]$$

이 된다.

이제 다시 등급 이야기로 돌아가자. 밤하늘의 별들은 모두 10pc 떨어져 있을 때, 5등급으로 보이는 별이라 가정하였다. 또, 앞에서 이야기한 내용을 상기해보자면, 5등급 차이일 때, 밝기가 100배 차이가 나고, 밝기는 거리의 제곱에 반비례한다.

즉, 10pc일 때 5등급 밝기의 별이 100pc 거리에 있다면, 거리가 10배 멀어졌으므로 거리의 제곱에 반비례하여 밝기가 100배 어두워져 10등급으로 보일 것이다. 절대등급 5등급의 별이 우리 지구로부터 떨어진 거리에 따라 겉보기 등급이 달라진다. 이를 **❙표 1-1❙**에 정리하였다.

❙표 1-1❙ 절대등급 5등급인 별의 거리에 따른 겉보기등급

거리	밝기
10^{-6} pc	−30등급
10^{-5} pc	−25등급
10^{-4} pc	−20등급
10^{-3} pc	−15등급

거리	밝기
10^{-2} pc	−10등급
10^{-1} pc	−5등급
1 pc	0등급
10 pc	5등급
10^{2} pc	10등급
10^{3} pc	15등급
10^{4} pc	20등급
10^{5} pc	25등급
10^{6} pc	30등급

태양은 지구로부터 1AU 떨어져 있는데 이를 pc 단위로 표시하면,

$$1AU \simeq \frac{1}{206265} pc \simeq 5 \times 10^{-6} pc \qquad \text{[식 1-11]}$$

이다. 이 거리는 **표 1-1** 에서 $10^{-6} \sim 10^{-5}$ 사이의 값이므로 밝기가 '−25등급'에서 '−30등급' 사이의 값이다. 앞에서 이야기했듯이, 실제 태양의 겉보기등급은 −26.8이다.

밤하늘의 보이는 별들은 모두 눈의 한계등급인 6등급 이내의 별들이다. 따라서 밤하늘의 별들이 10pc 거리에서 5등급이라 가정하였을 때, 눈의 한계등급인 6등급으로 보이는 별들은 관측자로부터 어느 정도 멀리 떨어진 것인지 맨눈으로 관측 가능한 거리의 한계를 구해볼 필요가 있다.

6등급이 1등급보다 100배 어두운 별이라고 정의하므로, 6등급은 5등급보다 $100^{\frac{1}{5}}$배, 즉 약 2.5배 어두운 별이다. 또, 별의 밝기는 거리의 제곱에 반비례하므로 이 사실을 이용하여 6등급인 별의 거리를 구하면 다음과 같다. 즉 밝기$\propto \frac{1}{\text{거리}^2}$이므로, 밝기가 $100^{\frac{1}{5}}$배 어두워질 때, 거리가 x배 된다고 하면, $100^{-\frac{1}{5}} = \frac{1}{x^2}$이고,

$x = 10^{\frac{1}{5}} \fallingdotseq 1.584$가 된다. 10pc 거리에서 5등급 별이 6등급으로 보이려면 10pc의 약 1.6배인 16pc만큼 떨어진 것이다. 즉, 밤하늘의 별들이 모두 10pc 거리에서 5등급 정도의 밝기를 가진 별들이라 가정하면, 눈의 한계등급이 6등급일 때, 우리는 맨눈으로 거리가 16pc 이내의 별들까지만 볼 수 있는 것이다.

우리 은하에 별들이 골고루 분포해 있다고 가정하고, 그 별들의 절대등급이 태양과 같은 5등급의 별이라면 맨눈으로 볼 수 있는 별들은 16pc 내에 있는 별들이다. 즉 맨눈으로 보이는 5,000개 정도의 별은 거의 16pc 내에 있는 별인 것이다. 따라서 별의 개수 밀도는

$$\frac{5,000}{4\pi/3 \times 16^3} = 0.3 \text{ 개}/pc^3 \qquad [식\ 1-12]$$

이다.

그럼 우리가 6등급보다 더 어두운 별들을 볼 수 있는 방법은 없을까? 바로 머릿속에 망원경을 떠올렸을 것이다. 우리는 망원경을 이용하여 멀리 떨어진 천체를 관측할 수 있다. 우리의 눈동자가 렌즈의 구경이 7mm인 망원경이라 가정하여, 6등급 밝기의 별까지 관측할 수 있다고 한다면, 렌즈의 직경이 7cm인 망원경은 얼마만큼 더 어두운 별까지 관측할 수 있을까?

망원경의 구경이 커지면 빛을 받아들이는 면적이 넓어져 더 어두운 별들을 볼 수 있다. 이와 관련된 개념이 '집광력'이며, 집광력은 망원경이 사람의 맨눈에 비해 얼마나 많은 빛을 모으는가를 나타낸다. 렌즈의 구경이 10배가 되면 그 면적은 10^2배가 되어 100배 더 어두운 별을 볼 수 있다. 즉 6등급보다 5등급 더 어두운 11등급의 별들까지 볼 수 있는 것이다. 망원경의 구경이 크면 클수록 더 어두운 별들을 볼 수 있다. 망원경 구경에 따른 한계등급과 관측 가능한 거리를 **표 1-2**에 나타내었다.

┃표 1-2┃ 망원경 구경에 따른 한계등급

망원경의 구경	한계등급	거리(대략적인 값)
0.7mm	1등급	1.6pc
7mm(맨눈)	6등급(맨눈)	16pc
7cm	11등급	160pc
70cm	16등급	1,600pc

┃표 1-2┃에서 작성한 값은 이론적인 수치인데, 실제로는 성간 티끌에 의한 성간 소광 때문에 별이 실제 밝기보다 더 어둡게 보인다. 따라서 성간소광을 고려하지 않고 별까지의 거리를 계산하면 별이 실제보다 더 멀리 있는 것처럼 잘못 생각할 수 있다. 또한 관측자와 별 사이의 총 소광량이 거리에 일정하게 비례하지도 않으며, 관측 방향에 따라서도 각기 다르다. 대략적으로 1kpc당 1등급 어두워 보인다고 가정하여 **┃표 1-1┃**의 일부를 다시 작성하면 **┃표 1-3┃**과 같다.

┃표 1-3┃ 성간소광을 고려한 별의 밝기

거리	실제 밝기	소광된 밝기
0.01kpc	5등급	5.01등급
0.1kpc	10등급	10.1등급
1kpc	15등급	16등급
10kpc	20등급	30등급

그렇기에 성간소광의 영향을 가장 많이 받는 은하면 방향으로 구경 70cm 망원경으로 우리는 1kpc까지 볼 수 있으며, 7m 망원경의 한계등급도 21등급이기에 성간 매질의 소광현상 때문에 기껏 3kpc 정도까지가 한계이다. 이러한 한계는 천문학 관측의 역사에서도 엿볼 수 있다.

세 번째 질문 밤하늘의 별을 세어 우리 은하의 모양을 추정해낼 수 있을까?

세 번째 물음은 18세기 당대 최고의 천문학자 중 한 명인 윌리엄 허셜(Friedrich William Herschel, 1738~1822)의 물음이기도 하였다. 윌리엄 허셜은 천왕성을 발견한 업적으로 잘 알려져 있지만, 그의 또 다른 여러 뛰어난 업적 가운데 하나는 '별 세기(star counting)'를 통해 우리 은하의 모양을 추측해 낸 것이다.

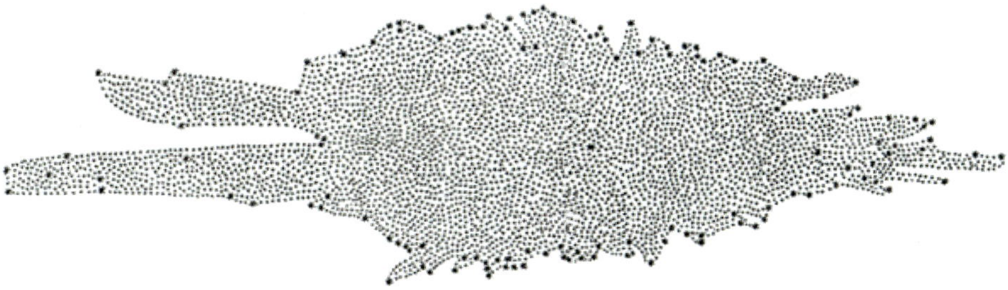

Source: On the Construction of the Heavens. By William Herschel, Esq. F. R. S. Philosophical Transactions of the Royal Society of London, Vol. 75. (1785), pp. 213-266.

| 그림 1-5 | 허셜이 그린 은하 지도

허셜은 밤하늘을 600개가 넘는 다른 구역으로 나누어 직접 제작한 망원경을 통해 각 구역별로 모든 별들의 개수를 세어 **| 그림 1-5 |**와 같은 최초의 은하 지도를 그렸다. 허셜의 시대에는 별까지의 거리를 구할 수 없었으므로 그는 별들의 고유한 본래 밝기, 즉 절대등급이 같다고 가정하고 관측되는 밝기로부터 거리를 계산하였다. 즉 밝은 별은 가까운 별들이고 어두운 별은 멀리 떨어진 별들이라 생각했던 것이다. 입체각 $\Delta\Omega$에 해당하는 원뿔의 부피는 $V = \Delta S r = r^3 \Delta\Omega$가 된다. 따라서 별들의 분포가 균일하다면 입체각 $\Delta\Omega$에 들어 있는 별의 개수는 입체각 $\Delta\Omega$가

이루는 원뿔의 부피 V에 비례하게 된다. 따라서 별을 세어 그 값이 작으면 그 방향으로의 은하 끝이 가깝다고 생각하였다. 성간 소광에 대한 지식이 전혀 없었기에 이러한 생각은 합리적이다. 이렇게 하여 허셜은 **|그림 1-5|**와 같은 은하의 모습을 그릴 수 있었다.

|그림 1-5|의 허셜의 은하지도에는 몇 가지 눈여겨볼 특징이 있다. 허셜이 은하의 가장자리에 굵게 표시한 점들은 구상성단을 표시한 것이다. 실제로 허셜은 구상성단과 관련하여 여러 업적을 남겼다. 허셜은 커다란 망원경들을 사용하여 당시에 알려져 있던 구상성단 33개의 별들을 모두 분석하고, 새로운 성단 37개를 더 발견하였다. '구상성단'이란 용어를 처음 만들어 낸 사람도 허셜이다. 이러한 구상성단이 은하의 끝에 위치해 있다.

또한 허셜이 그린 은하 중심 면의 왼쪽 부분에 두 갈래의 별의 분포 사이로 비어 있는 부분을 볼 수 있다. 이 부분은 성간 매질에 의해 소광되어 관측하지 못한 부분일 것이다. 은하수를 찍은 사진을 보면 은하면 사이로 암흑의 띠가 보이는데 이 암흑의 띠는 암흑성운으로 밝혀졌다. 이 부분은 **|그림 1-5|**의 두 갈래 사이의 비어있는 부분과 일치한다. 즉 이 부분은 은하면을 따른 부분을 나타낸다.

은하의 가운데에 표시된 굵은 점은 태양계를 나타낸 것이다. 실제 태양계는 우리 은하의 중심에 위치한 것이 아니라 중심에서 멀리 떨어져있다. 허셜은 왜 태양계가 우리 은하의 중심에 있다고 생각했을까? 허셜이 살던 시대의 망원경 성능으로는 우리 은하의 구조 전체를 파악하는 것에 한계가 있었을 것이다. 허셜은 지구에서 관측하였기 때문에, 이 관측만으로는 태양계가 우리 은하의 중심에 있어 보이는 것은 당연하다.

허셜의 은하지도에서 특히 눈여겨봐야 할 점은 은하의 모습을 자신이 센 별의 개수 데이터에 충실하게 표현해 냈고, 그 모양을 구형이 아니라 납작한 모양으로 나타내었다는 것이다. 그렇다면 현대 과학기술로 밝혀낸 우리 은하의 구조는 어떠할까?

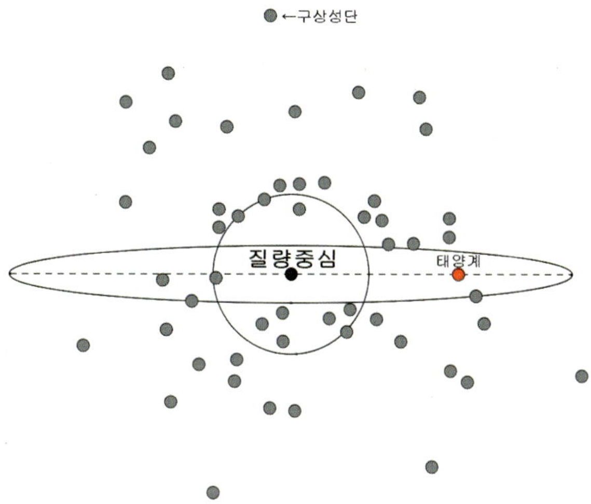

| 그림 1-6 | 우리 은하의 모형

현대에 와서는 구상성단이 우리 은하 내의 구형으로 분포한다는 사실과 구상성단이 질량중심을 갖고 있음을 알게 되었다. 현재 태양의 은하중심 거리가 약 8.5kpc이며, 은하 원반부의 지름이 대략 50kpc, 은하원반부의 수직방향 높이척도는 1kpc이라고 통용되고 있다.

아무리 좋은 망원경이라 하더라도 은하 중심 방향으로는 3kpc 이상을 관측하기 어렵고, 은하 수직 방향으로는 거의 은하의 끝까지 관측 가능하기에 허셜이 가지고 있던 망원경으로의 별 세기 관측으로 나타난 결과는 **| 그림 1-5 |**의 정도로 그려질 수밖에 없다.

현대의 모든 천문학 관측들을 통해 밝혀진 모든 사실들을 이용하여 미술가가 그린 우리 은하의 모습은 **| 그림 1-6 |**과 같다. 그림 안에는 태양을 중심으로 은하좌표의 은경을 표시하였는데, 태양을 중심으로 한 동심원은 5,000광년(대략 1.534kpc)

간격을 이룬다. 나선팔과 우리 은하 중심에 위치한 막대구조가 눈에 띈다. 나선팔에는 붉게 빛나는 새로 태어난, 질량이 큰, 밝은 별에 의한 HII[2]영역들이 보인다. 나선팔을 따라서 검은 줄의 암흑 성운도 보인다.

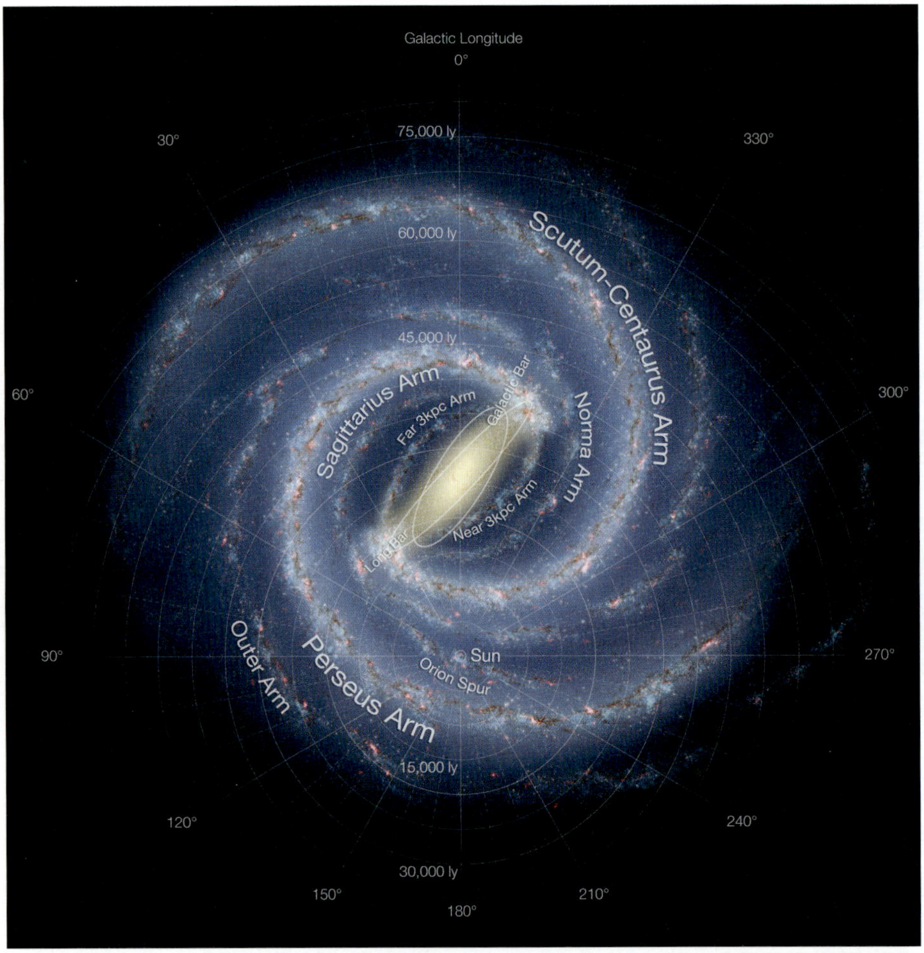

|그림 1-7| **최신 관측의 결과를 모두 이용하여 미술가가 그린 우리 은하의 모습**

---

2) HII라는 것은 H^+, 즉 전자를 잃은 수소 이온을 뜻하며, HI은 중성 수소를 뜻한다. 따라서 HII영역이란 전리 수소 영역을 의미한다. 대부분의 수소는 일반적인 성간 온도에서는 중성 상태로 있거나 밀도가 높은 성간운에서는 분자 상태로 존재한다. 그러나 저밀도지만 온도가 아주 높은 성간 공간에서는 충돌에 의하여 수소가 전자를 잃거나 혹은 주변의 자외선($E \geq 13.6\,eV$) 광자를 내는 천체에 의하여 수소가 전자를 잃게 되기 때문에 전리 수소 영역이 만들어진다.

네 번째 질문 우리 은하의 질량은 어떻게 구할 수 있을까?

앞에서 밤하늘의 별들이 모두 10pc 거리에서 5등급으로 보이는 별들이라 가정한다면, 눈의 한계등급인 6등급 밝기의 별은 거리가 대략 16pc 떨어져있다고 구하였다(**표 1-2** 참고). 이로부터 맨눈으로 관측 가능한 우주의 부피를 반경이 16pc인 구의 부피(V_e)로 구하면 다음과 같다.

$$V_e = \frac{4}{3}\pi r^3 = \frac{4}{3}\pi \times 16^3\ pc^3 = 17,157.18\ pc^3 \qquad [식\ 1-13]$$

또한 우리 은하의 모양을 원통같이 생겼다고 가정하고, 현재의 관측과 과학을 통해 얻은 은하의 지름과 높이 값인 지름 50kpc과 높이 1kpc을 각각 이 원기둥의 지름과 높이라 한다면, 다음과 같이 이 원기둥의 부피를 구할 수 있다. 즉

$$V_G = \pi r^2 h = \pi \times (25kpc)^2 \times 1\,kpc = 1.9635 \times 10^{12}\ pc^3 \qquad [식\ 1-14]$$

이다.

맨눈으로 별을 관측할 수 있는 거리까지의 부피가 V_e일 때, 맨눈으로 보이는 별의 개수가 5,000개 정도라면, 그리고 우리 은하 내에 별이 골고루 분포되어 있다고 가정한다면 우리는 우리 은하에 있는 별의 총수를 아주 대략적으로 구해볼 수 있다. 즉

$$V_e : V_G = 5{,}000 : \text{우리 은하 내 별의 개수} \qquad [\text{식 } 1-15]$$

이기에 우리 은하 내의 별의 개수는 대략 5.2×10^{11}개이다.

이는 우리 은하 내의 별이 모두 태양($M_\odot$)과 같은 별이라고 가정하여 얻은 결과이기 때문에, 이러한 가정하에 우리 은하의 질량을 태양질량 단위로 대략 $5.2 \times 10^{11} M_\odot$ 이라고 할 수 있을 것이다.

이 외에도 우리 은하의 질량을 구하는 방법은 다양하며, 그 값도 다양하다. 여기서 중요한 것은 정확한 값을 구하는 것보다 구하는 과정이라고 할 수 있다. 우리가 자연으로부터 얻을 수 있는 물리량은 다양한 방법을 통해 얻을 수 있어야 자연을 대표하는 값으로 타당성을 인정받을 수 있다. 이러한 다양한 방법도 창의적인 사고의 산물로 인정받을 수 있다.

우리는 이 장에서 다음의 4가지 질문을 다루었다. 밤하늘의 별의 개수를 구할 수 있는지, 밤하늘의 별들 가운데 5,000개 정도의 별만 맨눈으로 볼 수 있는 이유는 무엇인지 살펴보았다. 또한 실제로 밤하늘의 별의 수를 직접 세어 은하지도를 만든 윌리엄 허셜의 이야기와 실제 은하 구조의 모델을 살펴보고, 은하의 질량을 어떻게 구하는지도 알아보았다.

이 장의 계산과정에서 정확하지 않은 값에 의해 혼란스러웠을 수도 있다. 이번 장에서는 정확한 계산보다도 대략의 계산을 통한 수학적 추론과 과학하기의 '과정'에 주목하였으면 한다. 즉 휴지심과 같은 생활 속 도구를 이용한 '관측 활동'을 통해 밤하늘의 별의 개수를 구하고, 또 밤하늘의 별의 개수를 이용하여 은하의 질량을 구하는 과정을 통해 수학적 추론과 과학하기의 '과정'이 갖는 중요성을 강조하고 싶다.

우리는 과학책에 제시된 결과를 기억하는 데에 그치는 학생들을 종종 볼 수 있다. 과학책에 제시된 여러 지식들에 대하여 기억을 잘한다고 하여 과연 과학을 잘하는 것일까? 과학은 결과보다는 결과를 얻기 위한 '과정'이 중요하다. 학생들이 단순히 자연과 관련된 여러 지식들을 기억하기보다, 과학책에 쓰여진 내용에 의문을 가지고, 휴지심을 이용하여 별의 개수를 직접 구해보는 학생이 과학을 잘한다고 말해야 하는 것이 아닐까?

실제 휴지심을 가지고 별의 개수를 구하는 그 수행(practice), 허셜의 별 세기와 같은 수행이 바로 과학하기(doing science)이다. 허셜의 은하 모습은 단기간의 별 세기를 통해 나온 결과물이 아닐 것이다. 자신의 일생을 통한 긴 시간의 노력의 결과가 과학의 획기적인 발전을 가져온 걸작품으로 탄생하게 됨을 본다.

한편 아무리 큰 망원경이더라도 성간 티끌의 소광 현상으로 인하여 생각만큼 멀리까지 볼 수 없다는 사실도 살펴보았다. 이를 통해 과학을 함에 있어서 기구가 아무리 정교하여도 한계를 갖는다는 것에 대해 생각해보는 좋은 기회가 되었다. 또한 기구의 한계를 무시하고 데이터를 사용하는 것이 얼마나 위험한 일인지도 생각해 볼 수 있을 것이다.

무엇보다 많은 생각을 해 볼 수 있는 것은 허셜의 이야기를 통해서가 아닐까 한다. 허셜이 자신의 데이터를 통해 추정해낸 납작한 은하의 모양은 당시로서는 떠올리기도 어려운 것이지만, 데이터의 조작이 아니라 자신의 데이터에 충실한 결과 덕분에 태양이 중심에 있지만 납작한 우리 은하의 모양을 최초로 제시할 수 있었다.

두 번째

밤하늘에 밝게 빛나는 점들

첫 번째 질문 별 사이의 거리는 얼마나 될까?

우리 은하에는 셀 수 없을 정도의 많은 별들이 있고, 서로 옹기종기 모여 있는 것처럼 보인다. 그렇다면 실제 별 사이의 거리는 얼마나 될까?

빛의 소광을 고려하지 않아도 우리는 맨눈으로 대략 16pc에 위치한 6등급까지의 별들을 볼 수 있다. 밤하늘에 6등급 내의 별들을 대략 5,000개 정도 볼 수 있다고 가정하고 우주 내 별의 개수밀도를 다음과 같이 구하였다.

$$\text{개수밀도} = \frac{n(\text{별의 개수})}{V(\text{부피})} = \frac{5{,}000}{\frac{4}{3}\pi(16)^3} \approx 0.3\ \text{개}/(pc)^3 \qquad [\text{식 } 2-1]$$

이 계산 결과는 $1(pc)^3$에 별이 약 0.3개 정도 존재하는 것을 의미한다. 이러한 개수밀도는 별들 사이의 평균거리를 짐작할 수 있게 해 준다. 즉 평균거리 ℓ은

$$\ell = \frac{1}{\text{개수밀도}^{1/3}} = 1.11\ pc \qquad [\text{식 } 2-2]$$

정도가 된다. 실제로 태양에서 가장 가까운 별인 프록시마 켄타우리(Proxima Centauri) 별은 태양으로부터 약 4광년인 1.2pc 정도 떨어져 있다.

우리 실생활의 것들과 비교한다면 별들 간의 평균 간격이 1pc 이상이라는 것이 얼마나 멀리 떨어져 있는지를 더 실감할 수 있다. 모든 별들이 태양과 같다고 가정

하고, 이 별들을 모두 100원짜리 동전 크기로 줄인다고 생각해 보자. 물론, 별은 구형이고, 동전은 원형(정확하게 말하자면 아주 높이가 낮은 원통형)이므로, 우리는 별들의 반경을 100원짜리 동전의 반경으로 줄인다고 생각해야 할 것이다. 100원 동전의 반경은 약 1cm인데, 우리는 앞에서 모든 별들이 태양과 같은 밝기와 크기를 갖는다고 가정하였으므로 태양의 실제 반경인 약 7×10^5km을 1cm로 줄였을 때 별들 사이의 거리인 1pc을 계산해 보면,

$$7\times10^5\,\text{km} : 1\,\text{cm} = 3.094\times10^{13}\,\text{km} : \text{x cm}$$

$$x = \frac{3.094\times10^{13}}{7\times10^5}\,\text{cm} \approx 4.42\times10^7\,\text{cm} = 442\,\text{km} \qquad [식\ 2-3]$$

이 된다.

즉, 우리 은하에서 별과 별 사이의 거리는 별의 크기가 100원짜리 동전만큼 작다고 가정했을 때 100원 동전 두 개가 서로 450km 정도 떨어져 있는 만큼, 별과 별 사이가 떨어져 있는 것이다. 만약에 서울에 100원짜리 동전이 있다면 아마도 제주에 다른 100원짜리 동전이 있는 것과 같은 위치 관계이다. 밤하늘의 별을 보면 서로 가까이 있는 것처럼 보이지만 실제로는 굉장히 멀리 떨어져 있다. 이렇게 유추를 통해 공간 관계를 알아보면 별과 별 사이가 정말 넓고 거의 아무것도 없는 것과 같다는 것을 좀 더 쉽게 이해할 수 있을 것이다.

두 번째 질문 별들은 서로 충돌할 수 있을까?

별들이 범퍼카처럼 움직인다고 가정하면, 과연 별들끼리 서로 부딪힐 확률은 얼마나 될까? 이를 충돌 시간 척도(Collision Time Scale)라는 개념을 도입하여 좀 더 논리적이면서도 간단하게 생각해 볼 수 있다(물론 처음에는 그렇게 간단하게 느껴지지는 않겠지만!). 충돌 시간 척도는 한 번 부딪히는 데 걸리는 평균 시간으로, 이를 t_c로 표현하자. 별의 개수 밀도 n이 클수록, 별의 충돌 면적 σ가 클수록, 별의 속도 v가 클수록 별들이 서로 충돌할 수 있는 확률이 높아지므로, t_c의 값은 작아진다. 즉,

$$t_c \simeq \frac{1}{n\sigma v} \qquad \text{[식 2-4]}$$

이다. 별의 개수밀도가 $n \simeq 1$ 개$/pc^3$이고, 별의 충돌 면적은 별의 표면적이며, 우리는 모든 별들이 태양과 같은 별(밝기나 크기 모두)이라고 가정하였으므로, 그 반경을 7×10^5km로 하면,

$$\sigma = 4\pi r^2 = 4\pi \times (7 \times 10^5)^2 \,\text{km}^2 \approx 6.16 \times 10^{12} \text{km}^2 \qquad \text{[식 2-5]}$$

이다. 이제 별의 이동속도를 $v = 100$km/s로 가정하고 t_c를 구하면 다음과 같다.

$$
\begin{aligned}
t_c &\simeq \frac{1}{n\sigma v} \\
&= \frac{1}{\frac{1}{pc^3}\times(6.16\times10^{12}\,\mathrm{km}^2)\times100\,\mathrm{km/s}} \\
&= \frac{\left(\frac{pc}{\mathrm{km}}\right)^3}{6.16\times10^{14}}\,s \\
&= \frac{(3.094\times10^{13})^3}{6.16\times10^{14}}\,s \\
&\approx 4.5\times10^{25}s
\end{aligned}
\qquad \text{[식 2-6]}
$$

초단위로 표시하면 1년은 $3.156\times10^7 s$ 이고, 100억 년은 $3.156\times10^{17} s$ 이며 우주의 나이인 137억 년은 약 $4\times10^{17} s$ 이다. 우주의 나이와 비교해보면 별이 한 번 충돌하기 위해 걸리는 시간인 $4.5\times10^{25} s$ 는 우주의 나이의 약 10^8 배 이상이 됨을 알 수 있다. 즉, 우주의 나이의 약 10^8 배만큼 시간이 흘러야 별들이 한 번 충돌한다는 의미이므로, '일반적인 별들 사이의 충돌은 없다'고 생각할 수 있다.

세 번째 질문 별들은 지구에서 어떻게 보일까?

접근한 두 점이나 평행선을 구분하는 능력을 분해능이라 한다. 분해능은 파장(λ)에 비례하고, 망원경의 구경(D)에 반비례한다. 앞에서와 같이 모든 별들을 태양과 같다고 가정하자. 그러면 이 별들은 가시광선 영역에서 많은 빛을 발한다고 할 수 있는데, 가시광선의 평균 파장은 500nm 정도이다. 우리 눈의 동공의 지름을 약 7mm라 할 때, 파장이 550nm인 빛에 대한 우리 눈의 분해능은 [식 2−7]에서와 같이 약 20″가 된다. 구경에 따른 분해능은 아래의 **표 2-1** 과 같다. 맨눈의 분해능은 눈동자의 지름을 7mm라 할 때,

$$\text{눈의 분해능} = 1.22\frac{\lambda}{D} = 1.22 \times \frac{5000\,\text{Å}}{7\text{mm}}$$

$$= \frac{1.22 \times 5 \times 10^{3} \times 10^{-8}\text{cm}}{7 \times 10^{-1}\text{cm}} \approx 10^{-4}\text{rad} \approx 20'' \quad [\text{식 } 2-7]$$

식 2−7의 구경(D)를 변화시켜 가면서 가시광선(평균 파장 550nm로 할 때)에 대한 분해능을 구해 본 값은 **표 2-1** 에서 확인할 수 있다.

표 2-1 구경에 따른 분해능

구경	분해능
맨눈(7mm)	20″
7 cm 망원경	2″
70 cm 망원경	0.2″
7 m 망원경	0.02″

이제 태양과 같은 밝기와 크기인 별이 지구에서 1pc 거리에 있다고 생각해 보자. 우리 지구에서 1pc 떨어진 별(반경이 7×10^5 km)의 시직경은 아래와 같을 것이다.

$$\frac{2R}{1pc} \simeq \frac{2\times7\times10^5}{3\times10^{13}} \approx 4.67\times10^{-8}rad \approx 0.01'' \qquad \text{[식 2-8]}$$

┃표 2-1┃을 보면 7m 망원경의 경우, 대기에 의한 방해가 없을 때 0.02″ 정도의 분해능을 가진다. 즉 0.02″ 정도가 떨어져 있는 두 점을 구분할 수 있으므로, 별이 0.02″ 이상의 시직경을 가질 때라야 점이 아닌 원형으로 관측될 수 있다는 것이다. 그러나 앞서 [식 2−8]에서 계산했듯이 태양 정도의 별은 이보다 시직경이 작다. 0.02″도 대기에 의한 방해가 없을 때의 값이라는 것을 감안한다면, 우리는 태양 정도의 별이 1pc 이상 거리에 있을 때 이를 점으로밖에 인지할 수 없다는 것을 이해할 수 있을 것이다. 실제로 적색거성처럼 굉장히 큰 별이 아닌 이상 1pc 거리의 별을 명확하게 분해해서 보는 것은 불가능하다. 이렇듯 별이 지구에서 멀리 떨어져 있기에 밤하늘에서는 '점광원'으로 보일 것이다.

우리는 지금까지의 논의 과정에서 태양의 반경이 7×10^5km임을 안다고 가정했다. 그렇다면 이 태양의 반지름은 어떻게 구할 수 있었을까?

과거 그리스 과학자 에라토스테네스(Eratosthenes, B.C. 273?~192?)가 태양빛이 어느 곳에서나 평행하게 들어오는 점을 이용하여 지구의 크기를 구했다는 것을 생각할 때, 고대 그리스 사람들도 태양이 지구에서 아주 멀리 있다는 것을 알고 있었음을 짐작할 수 있다. 이제, 그렇게 멀리 있는 태양의 크기를 구하기 위해 어떠한 방법을 사용할 수 있는지를 살펴보도록 하자. 미리 말해두자면, 이 방법에서도 우리는 어떤 것은 이미 알고 있다고 가정하고 그 값을 구해 나간다. 이 부분에 대해서, 우리는 이 값을 미리 모른다 하더라도 앞으로 이 값을 알게 된다면 태양의 크기를 구할 수 있게 된다는, 즉, 우리는 태양의 크기를 구할 수 있는 방법을 만들어냈다는 것에 더 주안점을 두기로 한다. 그럼, 이제 인류가 태양의 크기를 알기 위해 고안한 여러 방법 중 하나를 한번 살펴보도록 하자.

일식이나 월식을 보면, 달과 태양의 크기가 비슷해 보이는데, 이는 달과 태양의 각크기(시직경)가 비슷하기 때문이다.

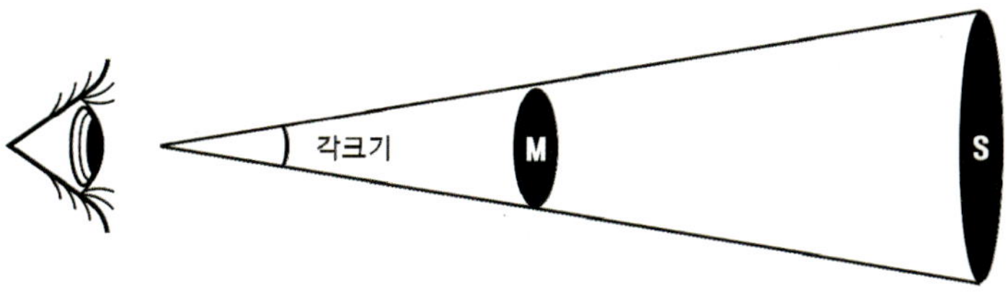

|그림 2-1| 달과 태양의 시직경

달의 시직경(θ_M)과 태양의 시직경(θ_S)은 약 0.5°인데 간단하게 다음과 같은 방법을 이용하면 쉽게 측정할 수 있다.

$360° = 2\pi\ rad$이므로 $1° = \frac{2\pi}{360}\ rad \approx \frac{1}{57.3}\ rad$이다. 따라서 1°는 57.3cm 떨어진 거리에서 1cm인 크기의 물체를 바라보았을 때 시직경이다. 이제 이것을 좀 더 우리에게 실용적인 거리로 바꾸어 활용해 보도록 하자. 그리고 그러기 위해, 지구상의 대부분의 단위[1)]가 사람의 손이나 발과 같이 우리가 그 대강의 크기를 느낄 수 있는 단위에서 시작하였던 것을 상기하면서, 57.3cm에 가까운 길이가 우리 신체에 어디에 있는지 생각해보자. 보통 사람들의 팔 길이를 약 57.3cm라고

1) 지구상의 단위들은 정치적인 이유로 도량형의 통일이 이루어지면서 표준화되어 왔지만, 처음 만들어진 것은 사람들의 필요에 의한 것이었고, 그래서 정확한 어떤 수치를 가진 것이 아니라 대략 누구나 알 수 있을 만한 것을 단위로 하였던 것 같고, 그래서 인체의 특정 부위들이 많이 사용되었을 듯하다. 예를 들어, 피트는 예전에는 성인 남자의 발의 길이 정도의 길이를 의미하였다고 하며, 인치는 엄지손가락의 너비 정도의 길이를 나타내는 단위였다. 그러나 우리가 사용하는 단위 중 인체와 무관한 단위가 있는데 바로 미터이다. 미터는 지구 둘레의 길이의 1/40,000,000을 기본 단위로 하고 있다. 약 6,400km라는 지구 반경으로부터 구한 지구의 둘레가 약 40,000,000m가 되는 것은 우연이 아니다!

가정하고, 손에 자를 들고 팔을 뻗어 눈에 보이는 아무 물체, 예를 들어, 산이나 나무 등의 길이를 재어 보자. 이때 1cm에 해당하는 것이 시직경 1도에 해당하는 것이다.

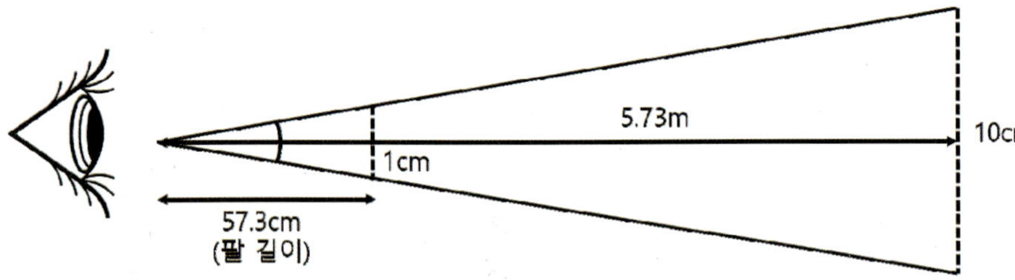

|그림 2-2| 팔을 이용한 시직경 측정

이제 우리의 팔을 뻗어 보았을 때 1°에 해당하는 것이 1cm인 것을 이용해 보자. 팔을 뻗어 달의 길이를 측정하면 약 0.5cm 정도 나오므로, 달의 시직경은 약 0.5°라 할 수 있다. 그리고 달과 태양의 시직경은 거의 같으므로, 태양의 시직경도 대략 0.5°가 된다.

이제 태양의 반지름을 구해보자.

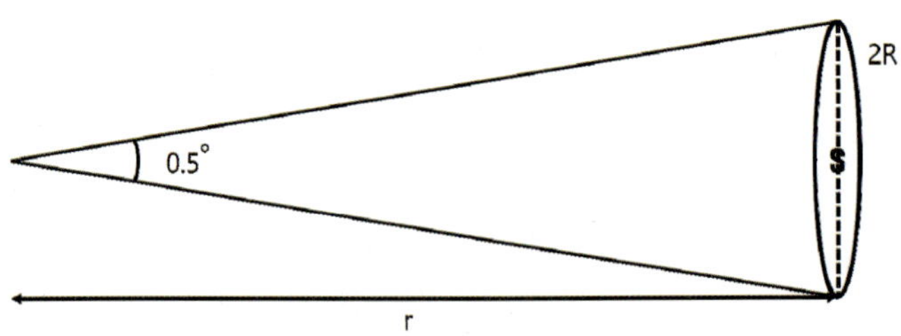

|그림 2-3| 시직경을 이용하여 태양의 반경 구하기

태양의 반지름을 R이라 하고, 지구에서 태양까지의 거리($r = 1.5 \times 10^8$km)를 안다고 가정하자. $r \times 0.5° \times \frac{\pi}{180°} = 2R$이므로 $R = \frac{\pi}{180} \times 0.5 \times 1.5 \times 10^8 \times \frac{1}{2}$

$\approx 6.55 \times 10^5 \approx 6.55 \times 10^5$km이다. 실제 태양의 지름은 6.96×10^5km로 우리가 구한 값보다는 조금 큰데, 이는 태양의 시직경이 0.5°보다 조금 더 크기 때문이다. 달의 반지름도 같은 방식으로 구하되 r값에 지구에서부터 달까지의 거리를 대입하면 된다. 이제 우리는 달과 태양의 시직경을 지구에서의 측정을 통해 직접 구해냈다. 물론 이 값을 구하기 위해서는 달까지의 거리, 그리고 태양까지의 거리를 알아야 하지만 말이다.[2)]

---

2) 태양과 달까지의 거리를 구하는 방법은 "최승언, 양슬기, 박신희, 가석현, 2018, 모델링활동과 함께하는 천문활동 (교육과학사)"를 참고하기 바람.

네 번째 질문
별과 인공위성을 어떻게 구분할까?

밤하늘에서 인공위성을 본 적이 있는가? 인공위성이 별과 구별이 될까? 아주 흥미로운 질문이지만 대답하기는 쉽지 않은 질문이다. 이러한 질문은 초등학생이나 중학생들이 망원경 관측을 하면서 많이 하는 질문이기도 하다. 이제 이 질문에 대하여 중등 천문 과학 수준 정도의 지식을 이용하여 답을 구해 보고자 한다.

우선 인공위성이 반지름이 1m이며 공같이 동그랗게 생겼고, 알루미늄으로 제작되어 반사율이 높아 알베도를 거의 1로 볼 수 있다고 가정하자. 그리고 대기의 영향을 받지 않는 1,000km 고도에 위치하면서 자신의 임무를 수행하고 있다고 가정해 보자.

이런 가정하에 우리는 "인공 위성을 볼 수 있을까"라는 질문에 대한 답을 찾아보자. 천문학에서 '본다'라는 의미에 대하여 우리는 3가지 측면으로 접근해 보려 한다.

분해능(구별해서 본다)

앞에서 우리는 가시광선(평균 파장 550nm)에 대해 우리 눈(동공의 지름을 약 7mm라 했을 때)의 분해능이 약 20″임을 계산하였는데, 실제 환경에서는 여러 가지 요인으로 인해 분해능이 20″보다도 더 낮아진다. 즉, 서로 다른 두 개의 점이 존재한다고 해도, 이 둘이 20″보다 적게 떨어졌을 때 우리는 이 둘을 하나로 인식하게 되는 것이다. 1,000km 고도에 있는 직경 2m 인공위성의 시직경은 $\theta = \frac{2}{1000 \times 10^3}$ $= 2 \times 10^{-6}(rad) \approx 0.4''$이므로 눈의 분해능보다 아주 작다. 빛이 눈까지 도달하는 경우라면 하나의 점처럼 보일 것이고, 도달하지 않는 경우에는 보이지 않을 것이다. 맨눈이 아닌 분해능이 좋은 망원경으로 본다면, 충분한 빛이 망원경으로 들어온다면 명확히 볼 수 있을 것이다.

겉보기 등급(빛을 발한다)

천문학에서 어떤 천체가 보인다고 할 때는 그 천체로부터의 빛이 감지된다는 것을 말한다. 만약 맨눈으로 그 빛을 감지한다고 한다면, 우리는 앞에서 살펴보았던 겉보기 등급으로 6등급보다 밝은 천체라면 보일 것이라는 것을 생각할 수 있다.

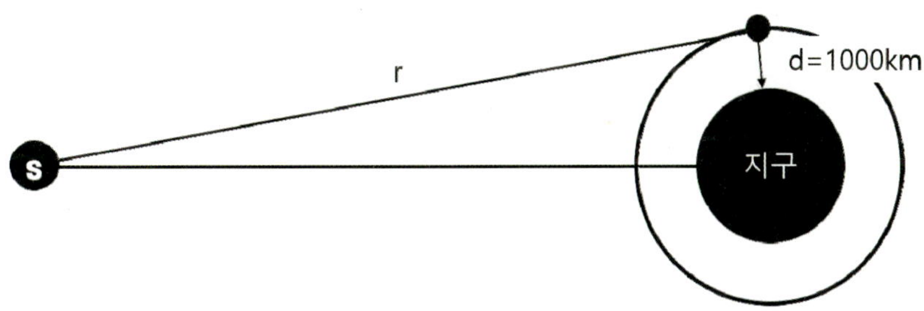

| 그림 2-4 | 고도 1,000km에 위치한 인공위성

| 그림 2-4 | 에서 태양(S)의 광도는 L이고 태양과 지구는 약 $1.5 \times 10^8 \mathrm{km}(r)$ 떨어져 있다. 태양의 광도 L은 구의 표면적으로 퍼져나가므로 지구에서 관측하는 태양의 단위 면적당 에너지의 양인 플럭스(Flux)는 $\frac{L}{4\pi r^2}$이 된다. 인공위성의 반지름을 R이라 놓는다면 인공위성은 태양에서부터 오는 에너지를 인공위성의 입사면적 (πR^2)만큼 받으므로 $\frac{L}{4\pi r^2} \times \pi R^2$만큼 에너지를 받는다. 인공위성에서 d만큼 떨

어진 지구에서 관측하는 인공위성의 플럭스는 $\frac{L}{4\pi r^2} \times \pi R^2 \times \frac{1}{4\pi d^2}$ 이 된다. 태양의 플럭스에 비해 인공위성의 플럭스가 얼마나 작을지 구해보면 다음과 같다.

$$\frac{F_{인}}{F_{태}} = \frac{\frac{L}{4\pi r^2} \times \frac{\pi R^2}{4\pi d^2}}{\frac{L}{4\pi r^2}} = \left(\frac{1}{4}\right)\left(\frac{R}{d}\right)^2 \approx \left(\frac{1}{4}\right)\left(\frac{1}{10^6}\right)^2$$

$$= \frac{1}{4 \times 10^{12}} \qquad \text{[식 2-9]}$$

따라서 인공위성에서 나오는 에너지가 태양에서 나오는 에너지보다 4×10^{12}배 만큼이나 작다. 태양의 겉보기 등급이 약 −26.5등급이고, 10^{12}은 100의 6제곱이다. 밝기가 100배 어두워질 때 5등급씩 떨어졌다는 것을 상기한다면, 100배씩 6번 떨어진 인공위성의 실시등급은 태양보다 30등급 더 어두워진다는 것을 쉽게 알 수 있을 것이다. 따라서 인공위성의 겉보기 등급은 −26.5+30=3.5등급보다 조금 어둡기는 하지만 6등급보다 작은 값이 될 것임을 짐작할 수 있게 된다. 따라서 우리는 이 인공위성을 분해해 볼 수는 없지만 맨눈으로 볼 수 있는 밝기로 빛을 발할 것이다. 즉 우리 눈에는 별같이 점광원으로 보일 것이다.

인공위성의 움직임

앞에서 우리는 인공위성이 맨눈으로 보아도 보이기는 하지만 그것이 인공위성임을 확인할 수 있는 '모습'으로 확인할 수는 없고 단지 '점'으로 보인다는 것을 수식을 통해 알아보았다. 그렇다면, 우리는 인공위성이 정말 인공위성인지를 어떻게 확인할 수 있을까? 모습을 통해 알 수 없다면, 움직임을 통해 확인할 수 있지 않을까? 실제로 인공위성은 별들과는 다르게 움직이므로 밤하늘에서 어떤 것이 인공위성인지 구별하기 위해서는 인공위성의 이러한 움직임을 포착해야 한다. 이제 우리는 인공위성의 움직임에 대해 생각해 보기로 하자.

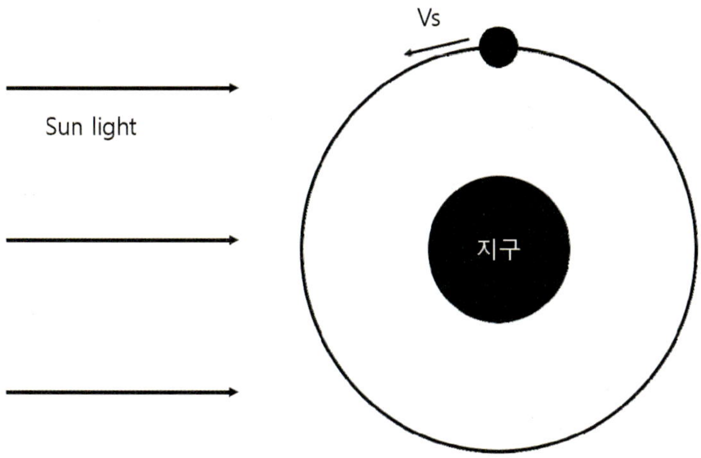

[그림 2-5] 움직이는 인공위성

지구의 질량은 $M_{\oplus}$ 이고, 지구의 반지름(R)이 6,400km이다. 인공위성의 질량을 m, 인공위성의 공전속도를 v_s, 인공위성과 지구의 사이의 거리를 d(여기서 우리는 인공위성이 지상 1,000km 높이에 있다고 가정)라고 하면, 인공위성의 구심력과 지구와 인공위성 사이의 만유인력이 같으므로 아래와 같이 힘의 평형을 이룰 것이다. 즉

$$\frac{GM_{\oplus}m}{(R+d)^2} = m\frac{v_s^2}{(R+d)} \rightarrow v_s = \sqrt{\frac{GM_{\oplus}}{(R+d)}} \qquad \text{[식 2-10]}$$

$$\begin{aligned} v_s &= \sqrt{\frac{6.67\times10^{-11}\times5.98\times10^{24}}{7.4\times10^6}} \\ &= \sqrt{\frac{6.67\times5.98\times10}{7.4}}\times10^3 \\ &\approx 7.34\times10^3\,\mathrm{m/s} \approx 7\,\mathrm{km/s} \end{aligned} \qquad \text{[식 2-11]}$$

지구의 자전 속도는 $\frac{2\pi R(\mathrm{km})}{1(day)} \approx 0.465\mathrm{km/s}$이고 인공위성의 공전속도에 비해 많이 작다. 그러나 지구의 자전에 의하여 밤하늘의 모든 천체들이 일주 운동을 한다. 그러기에 인공위성은 이러한 밤하늘의 천체들 사이를 움직이게 된다. 천체들 사이를 움직이는 인공위성의 각속도를 구한다면 각속도 $= \frac{7\ \mathrm{km/s}}{1000\ \mathrm{km}} \approx 0.4°/\mathrm{s}$가 나오는데, 이는 달의 시직경(약 0.5°)과 거의 같다. 즉, 1초에 달의 시직경만큼 밤하늘의 천체들 사이를 움직이는 인공위성을 우리의 맨눈으로 감지할 수 있다. 따라서 별처럼 점광원으로 보이지만, 1초에 달의 지름만큼 움직이는 천체가 있다면 그것을 인공위성이라고 생각해도 될 것이다. 아래 웹 사이트(두경택 선생 촬영, https://www.youtube.com/watch?v=B3NjG7iPD4k&sns=fb)는 서울 상공을 지나가는 국제우주정류장(ISS)의 움직임을 확인할 수 있게 해준다.

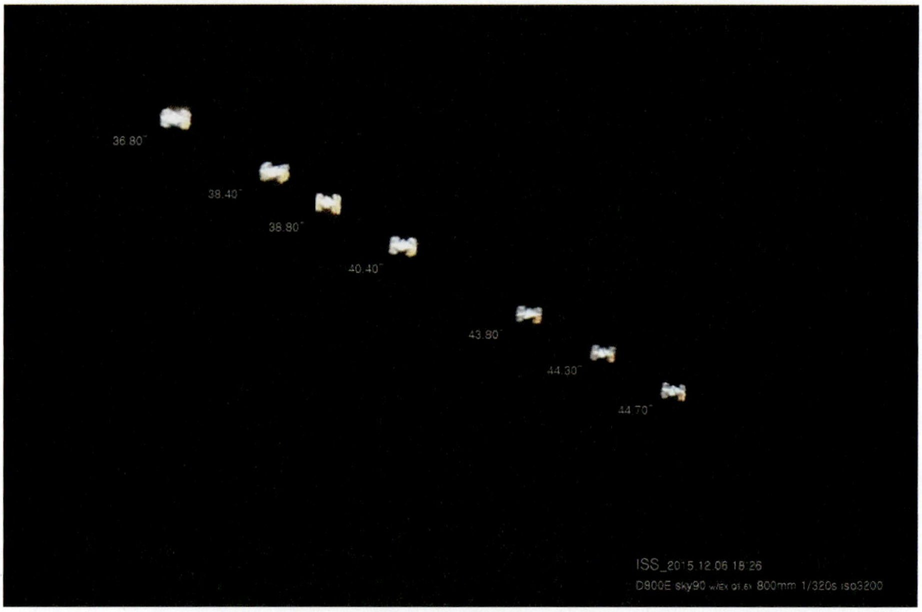

|그림 2-6| 두경택 선생이 2015년 12월 6일 18시 26분 36초~45초까지 촬영한 ISS 움직임

우리는 일상생활에서 일어나는 자연 현상에 대하여 왜 그러한 현상이 일어나는가에 대한 질문을 늘 해 오고 있다. 하지만 이러한 질문에 스스로 답을 하기보다는 자기보다 잘 알 것 같은 사람들에게 묻곤 하고, 그러한 질문을 받은 사람은 자신이 아는 범위 내에서 대답을 해 준다. 그러나 과학을 하는 것(doing science)은 누군가가 해주는 이야기만 듣는 것이 아니라, 질문에 대한 자신의 답을 찾아가는 과정이라고 할 수 있다. 질문에 대하여 자신의 답을 찾아가는 과정을 겪는 것이 바로 과학을 하는 것이다. 탐구는 의문을 품는 질문에서부터 시작된다. 이러한 질문에 대하여 답을 얻기 위한 과정을 설계해 보는 것은, 비록 그 결과가 현재로는 만족스럽지 못할지라도, 과학을 할 수 있는 사람으로 성장하기 위한 매우 중요한 첫걸음이라 할 수 있을 것이다. 걸음마를 할 때 누구나 수도 없이 넘어지지만, 걸음마를 시작하지 않는다면 걷거나 뛸 수 없는 것처럼 말이다.

세 번째

인공위성이 지구로 추락을 한다는데… 왜?

첫 번째 질문

행성은 어떻게 운동할까?

인공위성이 떨어지는 것, 인공위성을 쏘아 올리는 것, 야구공을 던지는 것은 모두 다 같은 뉴턴 역학으로 설명이 가능하다. 그런데 이를 설명하기 위해 우선 케플러(Johannes Kepler, 1571~1630) 이야기를 하지 않을 수 없다. 케플러는 티코 브라헤(Tycho Brahe, 1546~1601)의 평생에 걸친 관측 자료들을 이어받아 이를 분석하여 행성의 운동에 대해 다음과 같은 3가지 법칙을 발견하였다.

1. 타원 궤도의 법칙
   행성은 태양을 한 초점으로 하는 타원 궤도를 공전한다.
2. 면적속도 일정의 법칙
   행성과 태양을 연결하는 선분이 같은 시간 동안 쓸고 지나가는 면적은 항상 같다.
3. 조화의 법칙
   행성의 공전 주기의 제곱은 궤도 장반경의 세제곱에 비례한다.

행성의 운동에 대한 실제 관측 자료가 위의 3가지 법칙에 부합하였지만, 케플러는 보다 근본적인 물음, 즉, 행성들이 왜 타원 궤도로 공전하며, 왜 면적속도가 일정하고, 왜 공전주기의 제곱이 궤도 장반경의 세제곱에 비례하는지에 대해서는 설명하지 못했다. 후에 이를 물리역학으로 증명한 사람이 바로 뉴턴(Isaac Newton, 1642~1727)이다.

여기서 법칙이라는 물리학 용어가 나온다. 일반적으로 법칙은 자연현상을 관찰하여 얻어낸 것으로 항상 그러한 자연 현상이 예외 없이 발생할 때에 '법칙'이라는 용어를 붙여 부른다. 그러한 법칙이 왜 그렇게 될까를 설명하는 것은 '모델' 혹은 '이론'이라 한다. 따라서 케플러가 기술하는 행성의 운동은 경험적이기에 법칙이라 부르고, 뉴턴의 행성의 운동에 대한 기술은 '이론'이라 부르며 이 이론은 우주의 모든 물체의 운동을 기술할 수 있다고 인정한다. 물론 미시세계를 기술하는 양자물리 이론, 거시세계, 중력장이 강한 곳, 거의 빛의 속도로 운동하는 현상을 다루는 상대성 이론이 뉴턴의 이론으로 기술하지 못하는 세계를 기술한다. 그러나 일상생활에서는 대부분의 운동은 뉴턴의 이론으로 기술하는 데 거의 불편함이 없다.

뉴턴은 질량을 가진 두 물체 사이에 서로 끌어당기는 힘이 존재하며, 이 힘은 두 물체의 질량의 곱에 비례하고 두 물체 사이의 거리의 제곱에 반비례한다는 것을 발견하여 그의 책 『프린키피아(Principia)』에 기술하였다. 이것이 뉴턴의 만유인력의 법칙이다. 이를 식으로 표현하면 다음과 같다.

$$F = \frac{GMm}{r^2} \qquad \text{[식 3-1]}$$

여기에서 물체(bodies)는 질량이 점으로 모인 질점의 형태를 가정한 것이며, 만유인력이란 그 용어가 의미하는 바와 같이, '만유(萬有, universal)', 즉 우주의 어느 곳에서나 어떤 시간에도 질량으로 존재하는 모든 것에 대해 서로 끌어당기는 힘인 '인력(引力, attractive force)'이 작용한다는 의미이다. 다시 말해 만유인력의 법칙은 질량을 가진 우주에 있는 모든 물체에 적용되어 우주에서 통용되는 법칙이다. 또한 만유인력은 굉장히 멀리 떨어져 있는 물체 사이에도 작용하는 힘으로서, 'long range force'라고도 이야기된다. 즉, 만유인력은 우주 전체를 지배하는 힘이며 이러한 이유로 천문학에서 어떤 현상을 설명할 때 기본적으로 만유인력이 고려된다.

인공위성의 운동에 대한 물음을 조금 더 일반화하여, 질량(M)이 아주 큰 천체

주위를 질량(m)이 작은 천체가 궤도 운동하는 상황을 생각해보자. 지구 주위를 달이나 인공위성이 궤도 운동하는 것과 태양 주위를 행성이 궤도 운동하는 것 등이 모두 같은 맥락에서 이해될 수 있다. 물론, 질량이 아무리 큰 천체라고 하더라도 질량이 점으로 모인 질점으로 가정한다.

두 천체는 두 천체의 공통 질량 중심을 중심으로 서로 공전하는데, 만약 두 천체의 질량 차이가 크지 않다면 두 천체의 운동은 **▎그림 3-1▎**과 같은 형태로 나타날 수 있다.

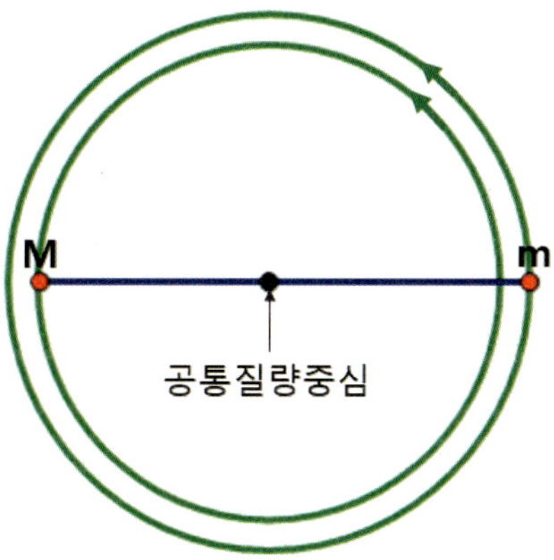

▎그림 3-1▎ $M \geq m$인 경우

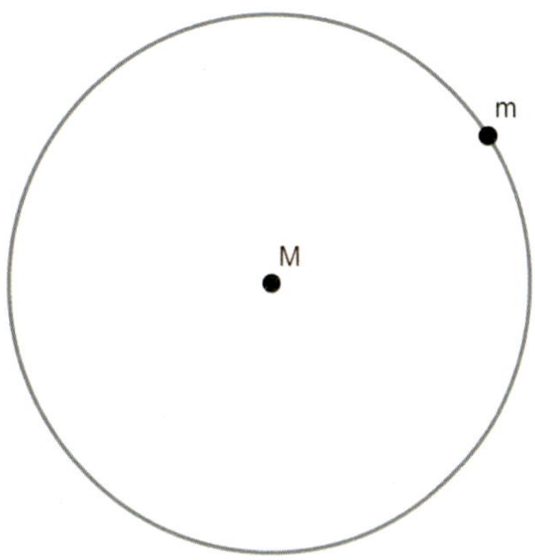

▎그림 3-2▎ $M \gg m$인 경우

질량 M과 m의 차이가 클수록 공통 질량 중심은 질량이 더 큰 M 쪽으로 이동할 것이며, 질량 M이 m보다 매우 큰 경우($M \gg m$)에는 M과 m의 공통 질량 중심이 질량이 M인 천체의 중심과 거의 일치한다고 생각할 수 있다. 가령, 인공위성의 질량은 지구의 질량에 비해 무시할 수 있을 정도로 작으며, 태양과 행성의 관계도 마찬가지이다. 이 경우 천체의 운동은 **▎그림 3-2▎**와 같이 단순하게 표현된다.

이제 뉴턴의 역학을 이용하여 천체의 운동을 수학적으로 기술해 보자. **▎그림 3-2▎**를 xy좌표계로 나타내면 **▎그림 3-3▎**과 같다. 좌표의 중심은 질량이 M인 천체의 중심으로 두고, 이를 중심으로 궤도 운동하는 질량이 m인 천체의 위치를 $(x,\ y)$로 나타낼 수 있다.

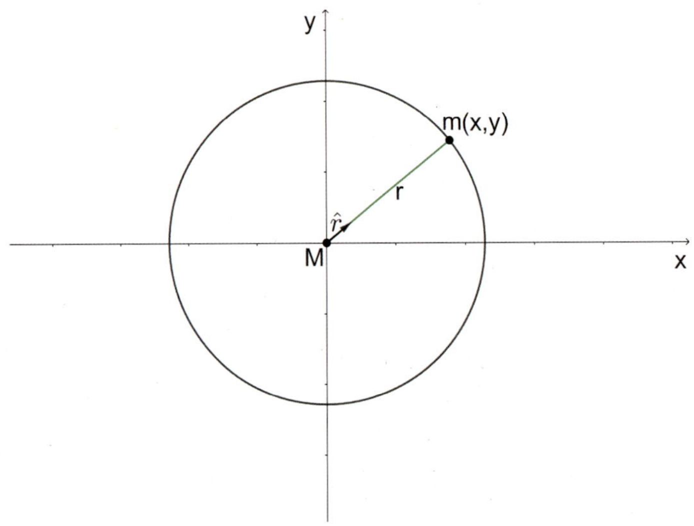

그림 3-3 좌표계에 나타낸 천체의 운동

뉴턴 역학에서는 $\vec{F} = m\vec{a}$이며, 가속도는 시간에 따른 속도의 변화$\left(\vec{a} = \dfrac{d\vec{v}}{dt}\right)$이고 속도는 시간에 따른 변위$\left(\vec{v} = \dfrac{d\vec{r}}{dt}\right)$이다. 따라서 가속도는 거리를 시간에 따른 변위로 두 번 미분한 것으로

$$\vec{a} = \frac{d\vec{v}}{dt} = \frac{d^2\vec{r}}{dt^2} = \ddot{\vec{r}} \qquad [식\ 3-2]$$

로 표현된다. 질량 M과 m인 두 천체 사이의 만유인력 $F = \dfrac{GMm}{r^2}$을 r방향의 단위 벡터 $\hat{r}$을 이용하여 나타내면,

$$\vec{F} = -\frac{GMm}{r^2}\hat{r} \qquad \text{[식 3-3]}$$

이다. 이 식에서 '−'는 두 천체 사이의 만유인력이 r방향의 반대 방향으로 작용하는 인력임을 나타낸다. 이를 종합하면

$$\vec{F} = m\vec{a} = m\ddot{\vec{r}} = -\frac{GMm}{r^2}\hat{r} \qquad \text{[식 3-4]}$$

이며,

$$m\ddot{\vec{r}} = -\frac{GMm}{r^2}\hat{r} \qquad \text{[식 3-5]}$$

$$\ddot{\vec{r}} = -\frac{GM}{r^2}\hat{r} \qquad \text{[식 3-6]}$$

이다. 여기에서 $\ddot{\vec{r}} = (\ddot{x}, \ddot{y})$이고, $\hat{r}$은 크기가 1인 단위 벡터로서, $\vec{r}$을 $\vec{r}$의 크기인 r로 나눈 것, 즉, $\hat{r} = (\frac{x}{r}, \frac{y}{r})$이다. 따라서 위 식은

$$(\ddot{x}, \ddot{y}) = -\frac{GM}{r^2}\left(\frac{x}{r}, \frac{y}{r}\right) \qquad \text{[식 3-7]}$$

이며,

$$\ddot{x} = -\frac{GM}{r^3}x \qquad \text{[식 3-8]}$$

$$\ddot{y} = -\frac{GM}{r^3}y \qquad \text{[식 3-9]}$$

으로 표현되고, x, y에 대한 2원 2차 연립 미분방정식이 얻어진다.

그런데 $\dot{x}=\frac{dx}{dt}=v_x$, $\dot{y}=\frac{dy}{dt}=v_y$이므로, 이를 다시 정리하면

$$\dot{v}_x=-\frac{GM}{r^3}x \quad \text{[식 3-10]}$$

$$\dot{v}_y=-\frac{GM}{r^3}y \quad \text{[식 3-11]}$$

이 되어, 변수(variable)가 4개인 4원 1차 연립 미분 방정식이 얻어진다.

이 미분 방정식을 풀이하기 위해, 다음과 같은 초기 조건이 필요하다.

$$t=t_0=0\text{일 때}, \ \vec{r_0}=(x_0, y_0), \ \vec{v_0}=(v_{x_0}, v_{y_0}) \quad \text{[식 3-12]}$$

보다 간단한 풀이를 위하여 이 미분 방정식을 규격화(scaling)하여 보자. $\ddot{x}=\frac{d^2x}{dt^2}=-\frac{GM}{r^3}x$를

$$\frac{d^2\left(\frac{x}{r_0}\right)r_0}{d\left(\frac{t}{t_0}\right)^2 t_0^2}=-\frac{G\left(\frac{M}{M_0}\right)M_0}{\left(\frac{r}{r_0}\right)^3 r_0^3}\left(\frac{x}{r_0}\right)r_0 \quad \text{[식 3-13]}$$

로 나타낼 수 있다. 여기에서 $\frac{x}{r_0}=x'$, $\frac{t}{t_0}=t'$, $\frac{r}{r_0}=r'$, $\frac{M}{M_0}=M'$라고 쓰고, $\frac{1}{t_0^2}=\frac{GM_0}{r_0^3}$이면, $\ddot{x}=\frac{d^2x}{dt^2}=-\frac{GM}{r^3}x$ 식은

$$\frac{d^2x'}{dt'^2} = -\frac{M'x'}{r'^3} \qquad \text{[식 3-14]}$$

이 된다.

만약 질량이 m인 천체의 공전 궤도를 원이라고 가정하면, 만유인력이 원운동을 일으키는 구심력으로 작용하므로

$$\frac{GM_0 m}{r_0^2} = \frac{mv_0^2}{r_0} \qquad \text{[식 3-15]}$$

이고, 질량이 m인 천체의 원운동 공전 주기가 P_0이면, $v_0 = \frac{2\pi r_0}{P_0}$이기에,

$$\frac{GM_0}{r_0^2} = (\frac{2\pi r_0}{P_0})^2 \frac{1}{r_0} = \frac{4\pi^2 r_0^2}{P_0^2}\frac{1}{r_0} \qquad \text{[식 3-16]}$$

로부터 $\frac{1}{t_0^2} = \frac{GM_0}{r_0^3} = \frac{4\pi^2}{P_0^2}$이 된다. 즉

$$t_0 = \frac{P_0}{2\pi} \qquad \text{[식 3-17]}$$

이다.

이와 같은 방식으로 위의 4원 1차 미분 방정식을 규격화(scaling)하여 나타내면 다음과 같다.

$$\dot{v}_{x}{}' = -\frac{M'x'}{r'^3} \qquad \text{[식 3-18]}$$

$$\dot{v}_{y}{}' = -\frac{M'y'}{r'^3} \qquad \text{[식 3-19]}$$

$$\dot{x}' = v_{x'} \qquad \text{[식 3-20]}$$

$$\dot{y}' = v_{y'} \qquad \text{[식 3-21]}$$

마찬가지로 이 미분방정식에 대한 초기 조건은 $\overrightarrow{r_0}' = (x_0{}', y_0{}')$, $\overrightarrow{v_0}' = (v_{x_0'}{}', v_{y_0'}{}')$이며, x'와 y'를 축으로 하는 좌표계에 천체의 운동을 나타낼 수 있다.

[그림 3-4]는 초기 조건의 운동을 좌표계에 나타낸 예로, 좌표의 중심에는 역시 거대한 질량체가 존재한다. $\overrightarrow{r_0}' = (1,0)$은 초기에 x축상에 r_0만큼 떨어져 있고, $\overrightarrow{v_0}' = (0,1)$에서 '1'은 v_0의 속도로 y축 방향으로 운동함을 의미한다.

실제로 Excel을 이용하여 수치 해석(numerical analysis)으로 이 미분 방정식을 풀이하고 나아가 천체의 운동을 그림으로 나타내어보자.

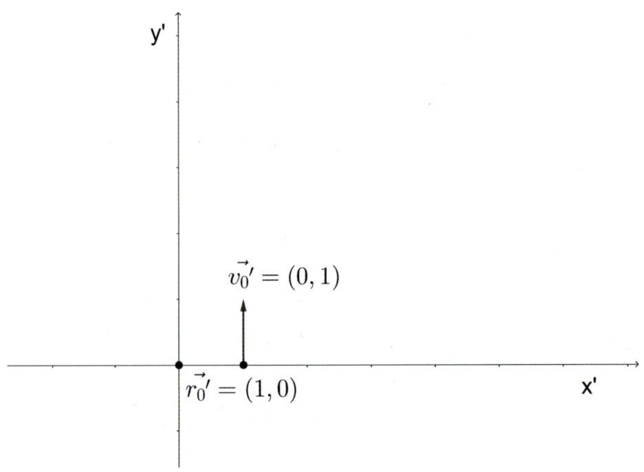

[그림 3-4] x', y'를 축으로 하여 나타낸 초기 운동의 예

M_0는 태양의 질량, r_0는 태양과 지구 사이의 거리인 1AU로 두면, $P_0 = 2\pi t_0$이므로

$$t_0 = \frac{1}{2\pi}\text{년} \qquad [식\ 3-22]$$

$$v_0 = \frac{r_0}{t_0} = \frac{1\,AU}{1/2\pi\,\text{년}} = 2\pi\,AU/\text{년} \qquad [식\ 3-23]$$

이다. 이를 우리가 아는 MKS 단위로 환산하면 **❙그림 3-5❙**와 같다.

	A	B	C	D	E	F	G
1	Mo=	1.99E+30	Kg				
2	ro=	1.50E+11	m				
3	Po	0.999963	1	year			
4	to	5022361	sec	58.12918	day	0.159149	year
5	vo	2.98E+04	m/s	29.78679	km/sec		
6	G=	6.67E-11					

❙그림 3-5❙ 엑셀 스프레드시트 계산

❙그림 3-5❙에서의 값을 이용하여, 수치 해석적인 방법으로 구한 위의 미분 방정식의 해로부터 우리가 아는 단위의 물리량을 구할 수 있다.

이를 수치 해석적으로 풀어 보자. 초기 조건은 **❙그림 3-4❙**에서와 같은 조건인 $\overrightarrow{v_0}' = (0,1)$, 즉, 지구의 공전 속도와 같은 초기 운동 속도를 대입하였다.[1)]

1) 이 미분방정식 수치해석학적인 풀이는 "최승언, 우홍균, 2009, 수학과 컴퓨터를 이용한 과학 이해하기 (청범출판사)"를 참조하시오.

8	M'=	1					
9	Δt=	0.04					
10	t'	$a_{x'}$	$a_{y'}$	$v_{x'}$	$v_{y'}$	x'	y'
11	0			0	1	1	0
12	0.04	-1	0	-0.04	1	0.9984	0.04
13	0.08	-1.0008	-0.0401	-0.08003	0.998396	0.995199	0.079936
14	0.12	-0.99998	-0.08032	-0.12003	0.995183	0.990397	0.119743
15	0.16	-0.99753	-0.12061	-0.15993	0.990359	0.984	0.159358
16	0.2	-0.99345	-0.16089	-0.19967	0.983924	0.976013	0.198714
17	0.24	-0.98771	-0.2011	-0.23918	0.97588	0.966446	0.23775
18	0.28	-0.98032	-0.24116	-0.27839	0.966233	0.955311	0.276399

|그림 3-6| 엑셀로 풀이한 값의 일부

이를 그래프로 나타내면 **|그림 3-7|**과 같다. 즉, 궤도가 원인 지구의 공전궤도를 확인할 수 있다.

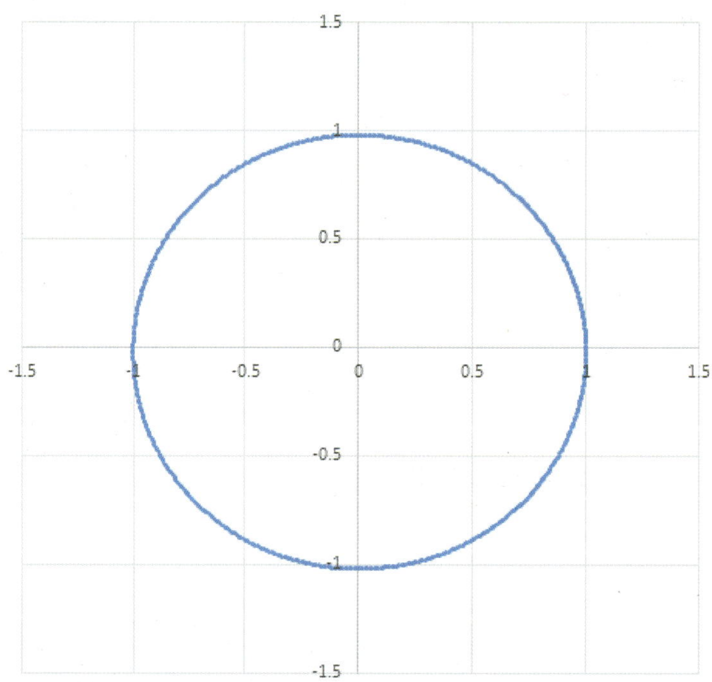

|그림 3-7| 지구의 공전 궤도($\overrightarrow{v_0}' = (0,1)$)

하지만 만약 v_{y_0}'값이 1보다 크다면, 다시 말해 지구의 공전 속도 v_0보다 더 빠른 속도의 초기 운동 속도를 가지는 경우에는 어떨까? $\overrightarrow{v_0}' = (0, 1.1)$로 운동하는 경우의 공전 궤도를 그리면 **|그림 3-8|**과 같다. **|그림 3-7|**과 비교하였을 때보다 이심률을 가진 타원 궤도임을 확인할 수 있다.

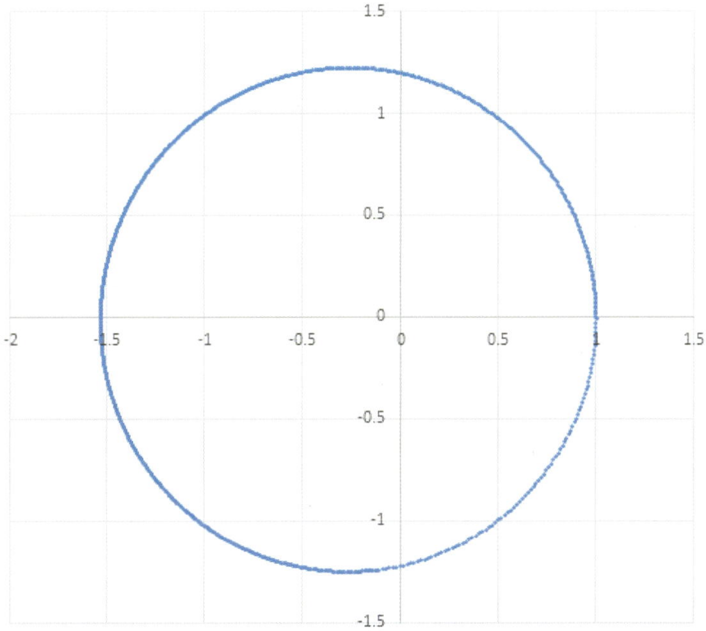

|그림 3-8| $\overrightarrow{v_0}' = (0, 1.1)$**일 경우의 궤도**

v_{y_0}'값을 더 크게 가정하여, 만약 $\overrightarrow{v_0}' = (0, \sqrt{2})$의 경우에는 궤도가 어떻게 달라질까? 역시 그래프를 그리면 **|그림 3-9|**와 같다. 이 경우에는 타원 궤도가 아닌 포물 궤도가 나타난다. 만약 어떤 물체가 지구의 공전 속도(v_0)의 $\sqrt{2}$배의 운동 속도로 던져질 경우, 중력을 이기고 시스템 밖으로 벗어날 수 있음을 보여준다. 행성의 원운동 공전 속도의 $\sqrt{2}$배, 즉, 약 1.4배에 해당하는 이 속도가 바로 행성의 탈출 속도(escape velocity)이다.

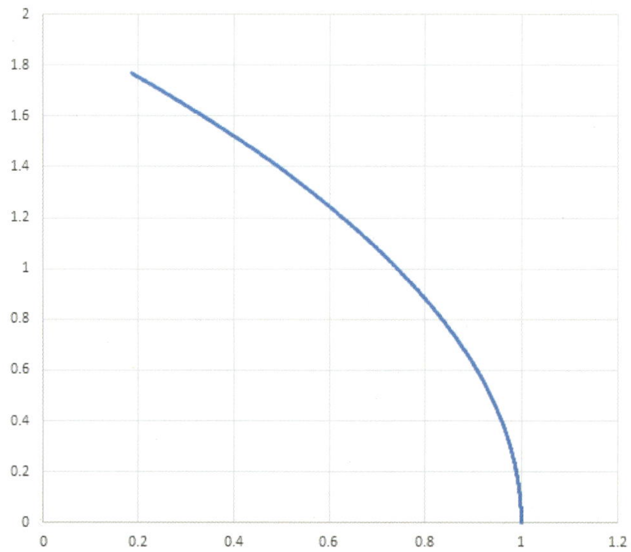

❙그림 3-9❙ $\overrightarrow{v_0}' = (0, \sqrt{2})$ **일 경우의 궤도**

v_{y_0}'값을 이보다 더 크게 가정하면 어떨까? 이번에는 **❙그림 3-10❙**과 같은 쌍곡선 궤도가 그려진다.

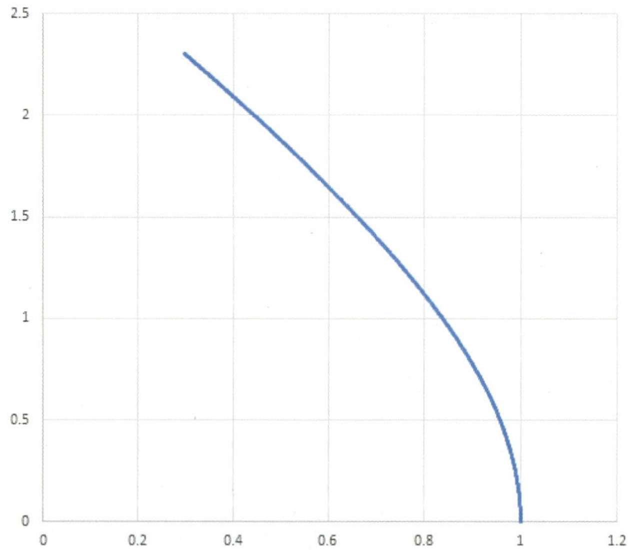

❙그림 3-10❙ $\overrightarrow{v_0}' = (0, 1.7)$ **일 경우의 궤도**

정리하면, 행성의 궤도는 초기 조건(initial condition)에 따라 매우 달라짐을 알 수 있다. 초기조건에 따라 원 궤도, 타원 궤도, 포물선 궤도, 쌍곡선 궤도, 즉, 원뿔을 평면으로 잘랐을 때 생기는 곡선이 모두 가능하며, 이를 원추 곡선(conic section)이라고 한다.

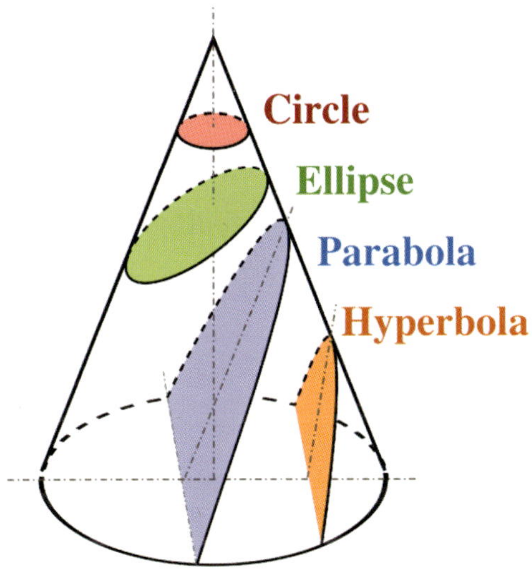

출처: http://commons.wikimedia.org/wiki/User:Magister_Mathematicae

그림 3-11 원추곡선

두 번째 질문 인공위성이 어떻게 지구로 떨어지고 있을까?

이제 인공위성에 대한 주제로 돌아오자. 인공위성이 어떻게 떨어지고 있을까? 인공위성이 떨어질 때 지구 대기로 인한 저항이 존재하므로 이에 대한 항을 추가할 필요가 있다. 공기의 저항은 일반적으로 운동하는 물체의 속도에 비례하므로 이를 고려한 인공위성의 운동 방정식은 다음과 같이 표현될 수 있다.

$$\dot{v}_x = -\frac{GM}{r^3}x - kv_x \quad \text{[식 3-24]}$$

$$\dot{v}_y = -\frac{GM}{r^3}y - kv_y \quad \text{[식 3-25]}$$

마찬가지로 엑셀을 이용하여 인공위성의 궤도를 그려보자.

공기 저항 계수(k)에 큰 값(0.1)을 대입하여 **그림 3-12**와 같은 과장된 형태의 그래프도 얻을 수 있는데, **그림 3-13**은 k값으로 0.003을 대입하여 그린 인공위성의 궤도이다. 어찌 되었건, 대기저항으로 인하여 인공위성의 궤도가 점점 줄어드는 것을 확인할 수 있다.

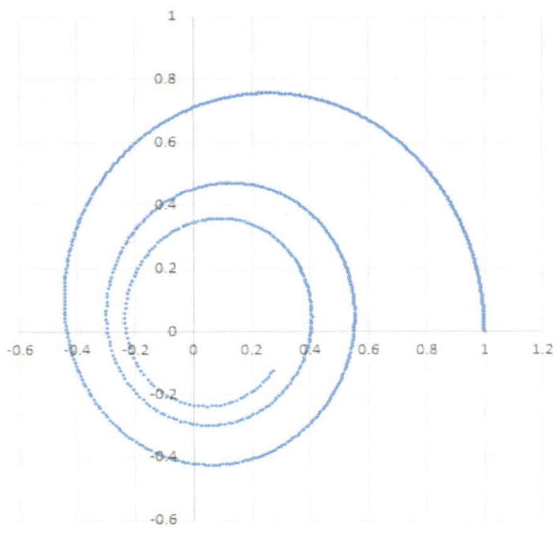

|그림 3-12| $k=0.1$로 계산한 궤도

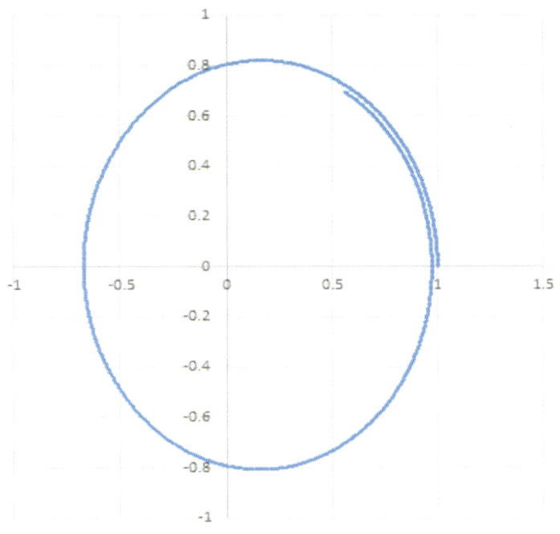

|그림 3-13| $k=0.003$으로 계산한 궤도

물론 실제 인공위성의 운동은 이보다 더 복잡하다. k값은 항상 일정하지 않다. 인공위성의 궤도가 낮아지면서 대기 밀도가 점점 높아지기 때문에 k값은 증가할 것이고, 따라서 인공위성이 지구로 들어오는 정도가 점점 더 빨라지며 결국 지구 표면으로 떨어질 것이다. 그러나 인공위성은 지구 대기와의 마찰에 의하여 모두 타서 지구로 떨어지기 전에 소멸할 수도 있다. 인공위성뿐 아니라 지구를 위협하는 유성체, 소행성, 혜성 등도 이와 유사한 경로를 따라 지구 표면으로 낙하할 것이다.

우리는 이번 장에서 수식을 많이 활용하였다. 수학을 좋아하지 않는 사람이라면, '뭐야, 왜 식을 쓰는 거야, 이렇게 하니까 안 그래도 어려운데 더 어렵잖아!'라고 생각할 수도 있을 것이다. 그러나 수학은 과학하기를 돕는 일종의 언어이다. 과학을 할 때에 우리는 실험도 하고, 관(찰)측도 한다. 그런데 양적인 자료를 다룰 때에는 수학이라는 언어를 많이 사용한다. 우리가 말이나 글이라는 언어로도 과학의 지식, 개념, 과정 등을 표현하지만 수학이라는 언어를 사용하게 되면, 좀 더 간결하게 우리의 생각을 표현하고 그 논리적인 흐름을 파악할 수 있게 된다. 따라서 수학이라는 언어로 자신과 소통(스스로 사고)하고, 서로 소통(communication)을 할 수 있다면, 언어나 글로 표현한 것으로부터 생기는 이해의 어려움을 극복하는 데 많은 도움을 받을 수 있게 된다. 비록 수학으로 표현하고 소통하는 것이 처음부터 쉽게 이루어질 수는 없겠지만, 이러한 수학적 표현을 계속 사용함으로써 스스로, 그리고 다른 사람과의 과학적 소통이 원활해질 수 있을 것이며, 이를 통해 좀 더 발전된 과학적 결과를 얻을 수 있을 것으로 기대한다.

네 번째

벡터를 활용한 행성과 달의 (겉보기) 운동 표현: 천동설과 지동설

첫 번째 질문 별이 뜨고 지는 시간을 어떻게 알 수 있을까?

어떤 천체를 관측하고자 할 때 그 천체가 뜨고 지는 시간을 안다면 좀 더 관측하는 데 도움이 될 것이다. 그렇다면 천체가 뜨고 지는 시간을 어떻게 알 수 있을까? 지구가 자전하기 때문에 북반구에서 천체는 동쪽 하늘에서 남쪽 하늘로 이동한 후 서쪽 하늘로 움직이는 것처럼 보인다. 천체가 천구의 정남쪽을 지날 때 천체가 남중한다고 말하는데, 별이 남중하는 시각을 어떻게 알 수 있을까? 이를 오리온자리의 별들을 통해 알아보도록 하자.

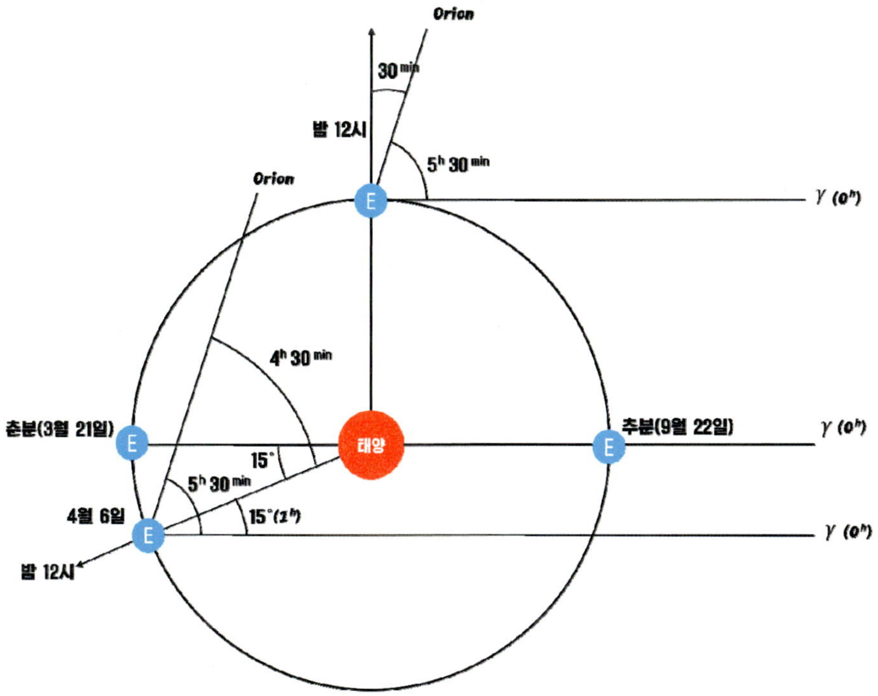

❙그림 4-1❙ 지구의 위치에 따른 오리온자리의 남중 시각

천체의 위치를 나타내는 방법은 무엇을 기준으로 하느냐에 따라 다양한데, 이 중 천구의 적도를 기준으로 천체의 위치를 나타내는 방법이 적도 좌표계이다. 적도 좌표계는 적경과 적위로 나뉜다. 적경은 천체가 천구의 적도에서 춘분점으로부터 반시계 방향으로 각이 얼마만큼 벌어졌는지를 알려주고, 360°를 24시간으로 환산하여 15°를 1^h로 표현한다. 따라서 적경의 범위는 $1^h \sim 24^h$이다. 적위는 천구의 적도를 기준으로 얼마만큼 북쪽(+) 혹은 남쪽(-)에 별이 위치하는지를 알려준다. 적위의 범위는 $+90° \sim -90°$이다.

|그림 4-1|을 보면 γ는 춘분점 방향이며, 이는 춘분(3월 21일)일 때 지구에서 태양을 바라본 방향을 말한다. 즉, 춘분날 태양의 적경은 0^h이다. 지구가 추분(9월 22일)일 때 γ와 지구에서 태양을 바라본 방향이 180°를 이루므로 태양의 적경은 12^h이다.

지구가 태양을 중심으로 1년에 360° 회전하기 때문에, 하루에는 약 1°씩 반시계(서 → 동) 방향으로 공전한다. 따라서 춘분에서 보름이 지난 4월 6일이면 지구가 약 15°(1^h) 정도 공전하여 태양의 적경은 1^h이다. 오리온자리의 적경은 $5^h\ 30^{min}$이므로 태양과의 적경이 약 $4^h\ 30^{min}$이 차이 날 것이다. 지구는 반시계 방향으로 자전하므로 오리온자리는 태양보다 4시간 30분 정도 더 늦게 남중한다. 따라서 4월 6일 오리온자리는 오후 4시 30분에 남중하는 것을 알 수 있다. 동짓날 태양의 적경이 18^h이므로 오리온자리는 태양과 적경이 $11^h\ 30^{min}$ 차이 난다. 따라서 오후 11시 30분에 남중하는 것을 확인할 수 있다.

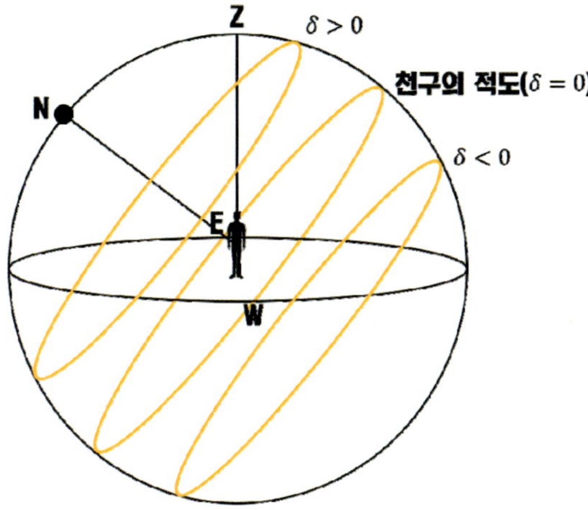

|그림 4-2| 지구의 위치에 따른 별들의 남중 시각

|그림 4-2|와 같이 별들의 적위(δ)에 따라 하늘에 떠있는 시간이 달라진다. $\delta=0$인 경우, 정동쪽에 떠서 정서쪽으로 지므로 하늘에 12시간 떠있고, $\delta>0$인 경우, 북동쪽에 떠서 북서쪽으로 지므로 하늘에 12시간 이상 뜬다(적위가 0보다 큰 경우에는 하루 종일 떠 있을 수도 있다). 마지막으로 $\delta<0$는 남동쪽에 떠서 남서쪽으로 지므로 하늘에 12시간 이하로 떠 있다(적위가 0보다 작으면 지평선 위로 올라오지 못할 수도 있다).[1)]

우리는 천체의 적경과 적위만 알면 모든 천체가 언제 관측 가능한지 알 수 있다는 것을 위에서 살펴보았다. 한국천문연구원 홈페이지에서는 태양과 달의 적경과 적위를 포함한 관측에 도움을 주는 다양한 자료를 담은 '역서'를 매년 제공하고 있으므로 이용해보자. 별자리판이나 스마트폰의 별지도 앱을 이용하여도 우리는 천체인 별을 언제 어느 방향으로 관찰할 수 있는지를 알 수 있다.

1) 천체의 적위에 따라 그 천체가 지평면 위에 얼마나 오랫동안 떠있는가를 계산하는 방법은 "최승언, 2008, 우주의 메시지 (시그마프레스)"를 참고하기 바람.

두 번째 질문 천동설이 행성의 겉보기 운동을 얼마나 잘 설명할까?

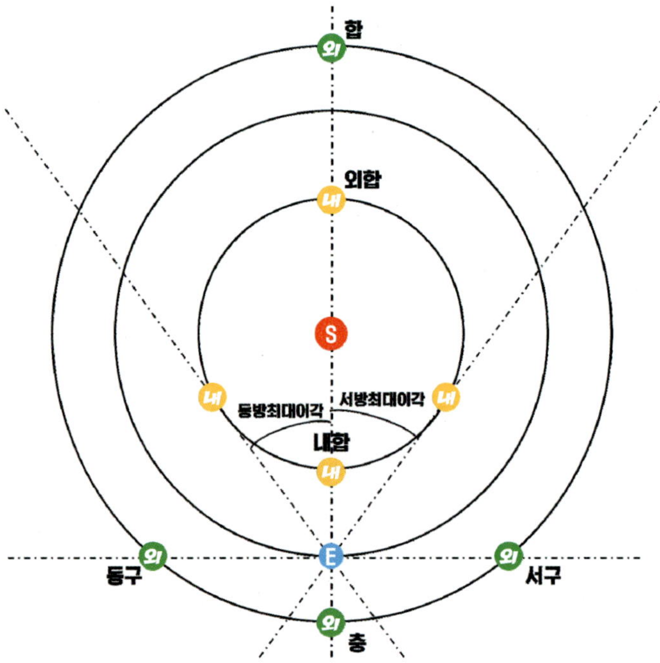

|그림 4-3| 태양계 행성의 운동

지동설과 천동설 모두 과학적인 관측을 바탕으로 발전한 것이다. 실제 태양계 행성들은 태양을 중심으로 공전하고 있는데, 어떻게 천동설은 주장이 되었고, 그렇게 오랫동안 유지될 수 있었을까? 그것은 천동설이 태양계 행성의 겉보기 운동을 어느 정도 무리 없이 설명했기 때문일 것이다. 이번 질문에서는 지동설과 천동설의 설명에 따라 태양계 행성의 겉보기 운동을 벡터를 이용하여 표현함으로써 지동설과 천동설이 각각 행성들의 겉보기 운동을 얼마나 잘 설명하는지 비교해볼 것이다.

태양계 행성의 운동을 벡터로 나타내기에 앞서 벡터로 표현하는 연습을 하기 위해, 태양을 중심으로 달이 어떻게 운동하는지를 벡터로 한번 나타내어 보자. 지구와 태양 사이의 거리를 1이라고 두면, 지구와 달 사이의 거리는 약 1/400 정도 된다. 이를 이용하여 그림을 그리면 **|그림 4-4|** 와 같다.

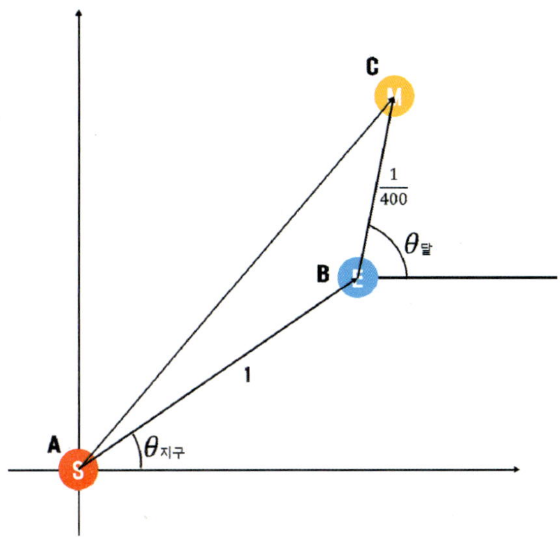

|그림 4-4| 태양-달-지구를 벡터로 표시한 그림

벡터의 합은 $\overrightarrow{AB}+\overrightarrow{BC}=\overrightarrow{AC}$ 이다. $\overrightarrow{AB}$는 태양에 대한 지구의 위치를, $\overrightarrow{BC}$는 지구에 대한 달의 위치를, $\overrightarrow{AC}$는 태양에 대한 달의 위치를 서술한다. 따라서 $\overrightarrow{AB}$와 $\overrightarrow{BC}$를 더하면 $\overrightarrow{AC}$를 구할 수 있으므로, 벡터의 합을 이용하여 쉽게 태양에 대한 달의 위치를 계산할 수 있다.

현재, 지구가 태양에 대해 $\theta_{지구}$에 위치하고, 달이 지구에 대해 $\theta_{달}$에 위치한다고 하면

$$\overrightarrow{AB}=(\cos\theta_{지구}, \sin\theta_{지구}) \qquad [식\ 4-1]$$

$$\overrightarrow{BC} = (\frac{1}{400}cos\theta_{달}, \frac{1}{400}sin\theta_{달}) \quad [식\ 4-2]$$

$$\overrightarrow{AC} = \left(\cos\theta_{지구} + \frac{1}{400}cos\theta_{달}, \sin\theta_{지구} + \frac{1}{400}sin\theta_{달}\right) \quad [식\ 4-3]$$

이다. 이는 위치를 나타낸 것이지, 시간에 따른 운동을 나타낸 것이 아니므로 우리는 달과 지구의 운동을 고려한 값을 생각해야 한다.

달의 각속도를 구하면 $\omega_{달} = \frac{2\pi}{27.3일}$ 이므로 t일 동안 공전한 각은 $\omega_{달}t = \frac{2\pi t}{27.3}$ 이다. 지구의 공전 각속도를 구하면 $\omega_{지구} = \frac{2\pi}{365.25일}$ 이고, t일 동안 공전한 각은 $\omega_{지구}t = \frac{2\pi t}{365.25}$ 이다. t일 후 태양에 대한 지구의 위치와 지구에 대한 달의 위치는 아래와 같다.

$$(\overrightarrow{AB_t}) = \left(\cos\left(\frac{2\pi t}{365.25} + \theta_{지구}\right), \ \sin\left(\frac{2\pi t}{365.25} + \theta_{지구}\right)\right)$$

(태양에 대한 지구의 위치) [식 4-4]

$$(\overrightarrow{BC_t}) = \left(\frac{1}{400}cos\left(\frac{2\pi t}{27.3} + \theta_{달}\right), \ \frac{1}{400}\sin\left(\frac{2\pi t}{27.3} + \theta_{달}\right)\right)$$

(지구에 대한 달의 위치) [식 4-5]

따라서 태양에 대한 달의 위치는 아래와 같다.

$$(\overrightarrow{AC_t}) = \left(\cos\left(\frac{2\pi t}{365.25} + \theta_{지구}\right) + \frac{1}{400}\cos\left(\frac{2\pi t}{27.3} + \theta_{달}\right), \right.$$
$$\left. \sin\left(\frac{2\pi t}{365.25} + \theta_{지구}\right) + \frac{1}{400}\sin\left(\frac{2\pi t}{27.3} + \theta_{달}\right)\right) \quad [식\ 4-6]$$

즉

$$(x_{달},\ y_{달}) = (\cos(\omega_{지구}t), \sin(\omega_{지구}t)) + \frac{1}{400}(\cos(w_{달}t), \sin(\omega_{달}t)) \qquad [식\ 4-7]$$

이다. 그러나 달의 공전 궤도 반경을 실제값 그대로 넣으면 그 값이 너무 작아 지구 공전궤도와 구별하기가 어려우므로 1/400 대신 0.03을 달의 공전 궤도 반경 값으로 하자. 이렇게 B열과 C열에 달의 위치를 x좌표, y좌표로 각각 구하고 이를 그래프로 나타낸 것이 **|그림 4-5|** 이다.

$$(x_{달},\ y_{달}) = (\cos(\omega_{지구}t), \sin(\omega_{지구}t)) + 0.03(\cos(w_{달}t), \sin(\omega_{달}t)) \qquad [식\ 4-8]$$

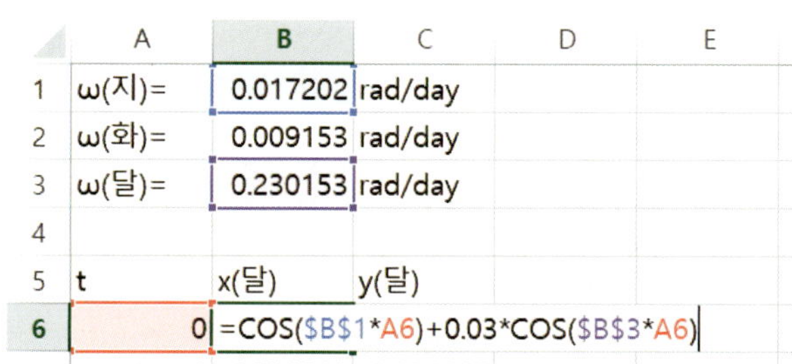

	A	B	C	D	E
1	ω(지)=	0.017202	rad/day		
2	ω(화)=	0.009153	rad/day		
3	ω(달)=	0.230153	rad/day		
4					
5	t	x(달)	y(달)		
6	0	=COS($B$1*A6)+0.03*COS($B$3*A6)			

|그림 4-5| 에서 알 수 있듯이 태양에서 바라본 달의 겉보기운동은 지구에서 바라본 달의 겉보기운동과 다르다. 이처럼 천체의 운동은 기준이 되는 위치에 따라 궤도의 형태가 상대적으로 달라진다.

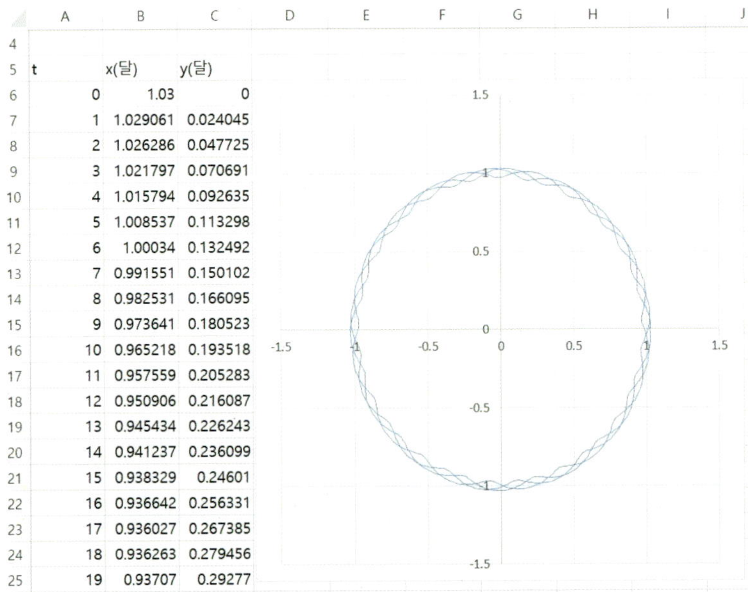

t	x(달)	y(달)
0	1.03	0
1	1.029061	0.024045
2	1.026286	0.047725
3	1.021797	0.070691
4	1.015794	0.092635
5	1.008537	0.113298
6	1.00034	0.132492
7	0.991551	0.150102
8	0.982531	0.166095
9	0.973641	0.180523
10	0.965218	0.193518
11	0.957559	0.205283
12	0.950906	0.216087
13	0.945434	0.226243
14	0.941237	0.236099
15	0.938329	0.24601
16	0.936642	0.256331
17	0.936027	0.267385
18	0.936263	0.279456
19	0.93707	0.29277

|그림 4-5| 태양에 대한 달의 운동 궤도

이제, 지동설에서 태양에 대한 행성의 운동을 서술해보자. 우리는 행성의 예시로 화성을 들 것이다. **|그림 4-6|**을 참고하자.

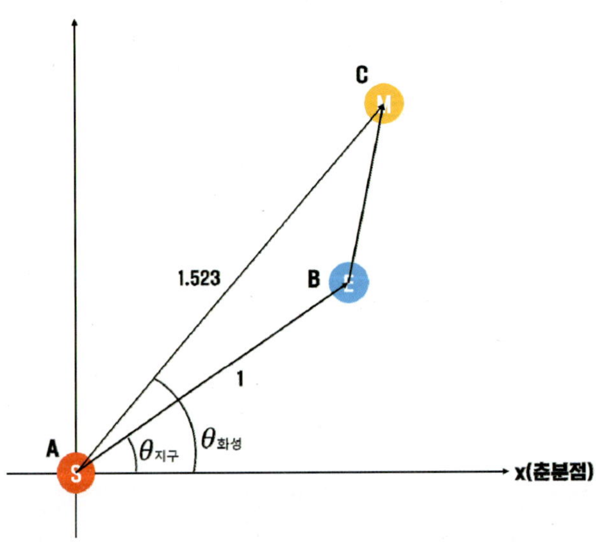

|그림 4-6| 태양-지구-화성을 벡터로 표시한 그림(지동설)

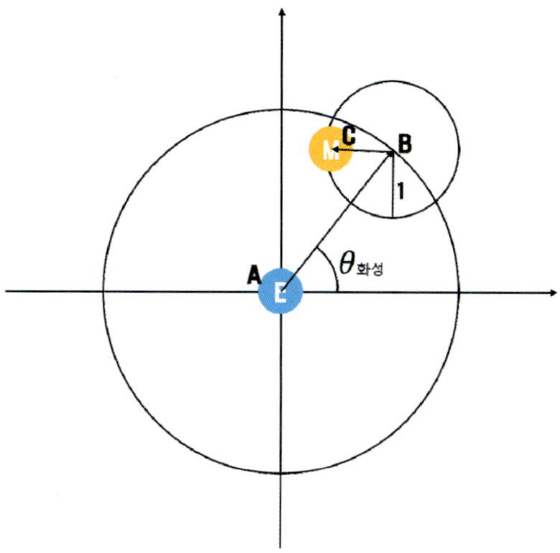

|그림 4-7| 지구-화성을 벡터로 표시한 그림(천동설)

지구의 각속도를 $\omega_{지구}$, 화성의 각속도를 $\omega_{화성}$라고 하자. 태양에 대한 지구와 화성의 운동을 벡터로 표현하면 다음과 같다.

$$(\overrightarrow{AB_t}) = (\cos(\theta_{지구} + \omega_{지구}t), \sin(\theta_{지구} + \omega_{지구}t)) \quad [식\ 4-9]$$

$$(\overrightarrow{AC_t}) = (1.523\cos(\theta_{화성} + \omega_{화성}t), 1.523\sin(\theta_{화성} + \omega_{화성}t)) \quad [식\ 4-10]$$

따라서 지구에서 보는 화성의 운동($\overrightarrow{BC}$)을 구할 수 있다. 즉 $\overrightarrow{BC} = \overrightarrow{AC} - \overrightarrow{AB}$ 이기에

$$(\overrightarrow{BC_t}) = (1.523\cos(\theta_{화성} + \omega_{화성}t) - \cos(\theta_{지구} + \omega_{지구}t), 1.523\sin(\theta_{화성} + \omega_{화성}t) - \sin(\theta_{지구} + \omega_{지구}t)) \quad [식\ 4-11]$$

이다. 이는 지구와 화성이 태양을 중심으로 돈다는 가정하에 푼 것이므로 지동설일

때의 운동을 표현한 것이다. 그렇다면 천동설일 때, 지구에 대한 화성의 운동을 표현하면 어떻게 될까? **|그림 4-7|**을 참고해서 보자.

천동설로 행성의 운동을 설명하기 위해 다음과 같이 우리가 현재 알고 있는, 즉 지동설에서의 태양과 지구, 화성의 거리와 위치 관계가 천동설에서 최대한 구현될 수 있도록 몇 가지 가정을 하기로 하자.

가정 ① 지구에서 화성의 주전원의 중심까지의 거리를 지동설에서 태양-화성 거리로 가정

가정 ② 화성의 주전원의 공전궤도 반경을 지동설에서 태양-지구 거리로 가정

가정 ③ 화성의 주전원 중심에 화성이 있다고 가정하고 이 화성의 공전 각속도를 지동설에서 화성의 공전 각속도로 가정

가정 ④ 화성의 주전원상의 공전 각속도를 지동설에서 지구의 공전 각속도로 가정

가정 ⑤ 화성의 주전원의 중심에 대한 화성의 공전 초기 위치($\overrightarrow{BC}$)를 지동설에서 지구의 위치와 180도 차이(−x방향) 난다고 가정

천동설에서 지구에 대한 화성의 주전원의 중심의 위치($\overrightarrow{AB}$)와 화성의 주전원의 중심에 대한 화성의 위치($\overrightarrow{BC}$)를 나타내면 아래 [식 4−12]와 [식 4−13]과 같다.

$$(\overrightarrow{AB_t}) = (1.523\cos(\theta_{화성} + \omega_{화성}t),\ 1.523\sin(\theta_{화성} + \omega_{화성}t)) \qquad [식\ 4-12]$$

$$\begin{aligned}(\overrightarrow{BC_t}) &= (\cos(\omega_{지구}t + \theta_{지구} + \pi), \sin(\omega_{지구}t + \theta_{지구} + \pi)) \\ &= (-\cos(\omega_{지구}t + \theta_{지구}), -\sin(\omega_{지구}t + \theta_{지구}))\end{aligned} \qquad [식\ 4-13]$$

그러므로, 지구에 대한 화성의 위치는 다음과 같이 나타낼 수 있다.

$$(\overrightarrow{AC_t}) = (1.523\cos(\theta_{화성} + \omega_{화성}t) - \cos(\omega_{지구}t + \theta_{지구}),$$
$$1.523\sin(\theta_{화성} + \omega_{화성}t) - \sin(\omega_{지구}t + \theta_{지구})) \quad [식\ 4-14]$$

[식 4−14]를 [식 4−11], 즉 지동설에서의 지구에 대한 화성의 위치와 비교해 보면 두 값이 같음을 알 수 있다. 즉, 천동설에서 화성의 겉보기 공전 궤도와 지동설에서 화성의 겉보기 공전 궤도가 같음을 알 수 있는 것이다. 수성이나 금성의 경우에는 천동설일 경우에는 지동설의 경우와 달리 거리가 가깝게 나타나지만 겉보기 운동의 형태는 같이 나타난다.[2)]

이번에는 지구에서 봤을 때 화성이 어떻게 보이는지 이해를 돕기 위해 스프레드시트 프로그램을 이용하여 직접 그래프로 그려볼 것이다. 행성뿐만이 아니라 모든 천체에 대해서 관측자가 지구에 있을 때와 그렇지 않을 때 천체의 겉보기 운동이 달라질 것이다. 예를 들어 우리는 달이 지구를 중심으로 원 궤도로 공전한다는 사실에 익숙하다. 그렇다면 태양에서 바라본 달의 겉보기 운동은 **| 그림 4-5 |** 와 같다.

이제 스프레드시트 프로그램을 실행할 것이다. 1행에서 지구의 각속도를 구한다. 지구는 365.25일 동안 태양 주위를 한 바퀴 공전하므로, 지구 공전 궤도 반경을 '1'이라 하여 구한다. 이때 각속도의 단위는 radian/day이다.

	A	B	C
1	ω(지)=	=2*PI()/365.25	

$$\omega_{지} = 2*\mathrm{PI}()/365.25 \qquad [식\ 4-15]$$

2행에서 화성의 각속도를 구한다.

화성의 주기는 케플러 제3법칙 '주기의 제곱이 장반경의 세제곱에 비례한다.'를 이용하여 구한다.

	A	B	C
1	ω(지)=	0.017202	rad/day
2	ω(화)=	=B1/1.523^1.5	

2) 이에 대한 자세한 내용은 "최승언, 우홍균, 2009, 수학과 컴퓨터를 이용한 과학이해하기 (청범출판사)"를 참조하기 바람.

$$p_{화}^{2} = a_{화}^{3} \quad \therefore p_{화} = a_{화}^{\frac{3}{2}} \qquad [식\ 4-16]$$

$$\omega_{화} = 2^{*}\mathrm{PI}(\,)/(365.25^{*}1.523^{1.5}) = w_{지}/1.523^{1.5} \qquad [식\ 4-17]$$

3행에서 달의 각속도를 구한다. 달은 지구 둘레를 약 27.3일을 주기로 공전하므로 아래와 같이 구한다.

	A	B	C
1	ω(지)=	0.017202	rad/day
2	ω(화)=	0.009153	rad/day
3	ω(달)=	=2*PI()/27.3	

$$\omega_{달} = 2^{*}\mathrm{PI}(\,)/27.3 \qquad [식\ 4-18]$$

A열(4행 아래)에 시간 t(단위: day)를 0부터 1일 간격으로 입력한다.

B열과 C열에서는 벡터의 합을 이용하여(**▎그림 4-4▎** 참고) 달의 x좌표와 y좌표를 각각 구한다. 이때 원점에 태양이 위치한다고 가정하고, 초기 위치 각도를 '0'으로 한다. 그러면 **▎그림 4-5▎**를 얻는다.

이번에는 지구에서 바라본 화성의 겉보기 운동을 스프레드시트를 이용하여 나타내보자. 태양을 초점으로 타원 궤도로 운동하는 화성의 궤도는 머릿속으로 상상하기가 쉽다. 그렇다면 지구에서 바라본 화성은 어떤 궤도로 운동할까?

D열과 E열에서 벡터의 차를 이용하여(**▎그림 4-5▎** 참고) 지구에서 바라본 화성의 상대적인 위치를 구한다. 이때 t값의 범위를 넉넉하게 하여 화성의 궤도를 구하였다.

$$(x_{화성}, y_{화성}) = 1.523(\cos(\omega_{화}t), \sin(\omega_{화}t)) - (\cos(w_{지}t), \sin(\omega_{지}t)) \qquad [식\ 4-19]$$

	A	B	C	D	E	F	G
1	ω(지)=	0.017202	rad/day				
2	ω(화)=	0.009153	rad/day				
3	ω(달)=	0.230153	rad/day				
4							
5	t	x(달)	y(달)	x(화성)	y(화성)		
6	0	1.03	0	=1.523*COS($B$2*A6)-COS($B$1*A6)			

D열과 E열을 그래프로 나타내면 **|그림 4-8|** 과 같다.

x(화성)	y(화성)
0.523	0
0.523084	-0.00326
0.523337	-0.00652
0.523757	-0.00977
0.524346	-0.01301
0.525102	-0.01623
0.526026	-0.01944
0.527117	-0.02262
0.528374	-0.02577
0.529797	-0.02889
0.531385	-0.03198
0.533138	-0.03503
0.535054	-0.03803

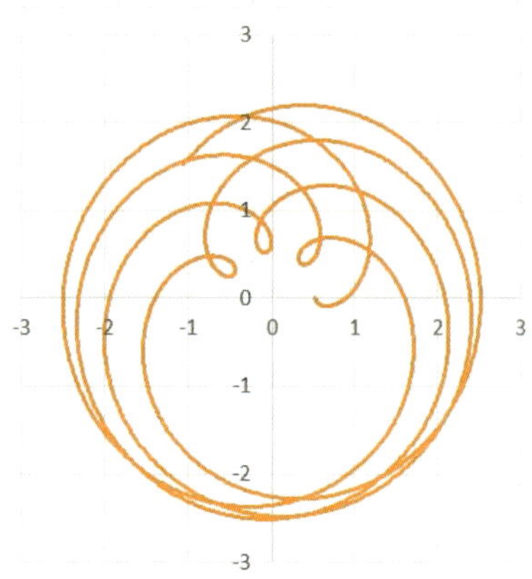

|그림 4-8| 지구에 대한 화성의 운동 궤도

|그림 4-8| 을 통해 지구에서 바라보는 화성의 운동 궤도는 태양을 중심으로 공전하는 타원 궤도와 전혀 다름을 알 수 있다. 또한 이 그래프를 통해 화성이 지구에서 봤을 때 순행, 역행한다는 사실도 확인 가능하다.

이번에는 지구에서 화성까지 거리를 구하여, 거리에 따른 화성의 겉보기 밝기의 경향을 구해보고자 한다. 화성의 절대 등급을 M, 겉보기 등급을 m, 지구에서 화성까지의 거리를 d라고 할 때, 거리에 따른 겉보기 등급은 다음과 같은 관계를 갖는다.

$$m = M + 5\log d - 5 \qquad [식\ 4-20]$$

F열에 지구에서 화성까지의 거리를 구한다.

D	E	F	G
x(화성)	y(화성)	$d_{지구-화성}$	
0.523	0	=SQRT(D6^2+E6^2)	

G열에서 화성의 겉보기 밝기를 나타내는 값을 구하는데, 이때 정확한 밝기가 아니라 밝기의 경향만 알아보기 위해, 위의 겉보기 등급을 구하는 공식에서 일정한 상수항 제외한 거리항만 이용하여 구한다.

F	G
$d_{지구-화성}$	m
0.523	=5*LOG(F6)

$$m = 5\log d \qquad [식\ 4-21]$$

시간에 따른 화성의 겉보기 밝기를 구하기 위해, A열과 G열을 참조하여 그래프로 나타내면 아래와 같다.

	A	B	C	D	E	F	G
5	t	x(달)	y(달)	x(화성)	y(화성)	$d_{지구-화성}$	m
6	0	1.03	0	0.523	0	0.523	-1.40749
7	1	1.029061	0.024045	0.523084	-0.00326	0.523094	-1.4071
8	2	1.026286	0.047725	0.523337	-0.00652	0.523377	-1.40593
9	3	1.021797	0.070691	0.523757	-0.00977	0.523848	-1.40397
10	4	1.015794	0.092635	0.524346	-0.01301	0.524507	-1.40124
11	5	1.008537	0.113298	0.525102	-0.01623	0.525353	-1.39774
12	6	1.00034	0.132492	0.526026	-0.01944	0.526385	-1.39348
13	7	0.991551	0.150102	0.527117	-0.02262	0.527602	-1.38847
14	8	0.982531	0.166095	0.528374	-0.02577	0.529002	-1.38271
15	9	0.973641	0.180523	0.529797	-0.02889	0.530584	-1.37623
16	10	0.965218	0.193518	0.531385	-0.03198	0.532347	-1.36903
17	11	0.957559	0.205283	0.533138	-0.03503	0.534287	-1.36113
18	12	0.950906	0.216087	0.535054	-0.03803	0.536404	-1.35254

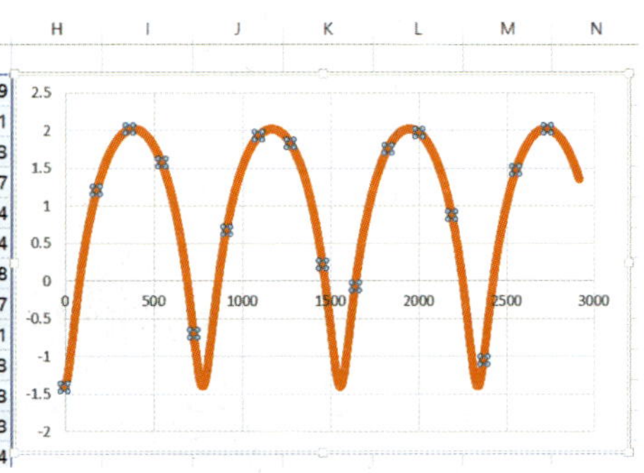

그런데 별이 밝을수록 등급이 작으므로, 별의 밝기를 나타내는 세로축의 [축 서식]-[축 옵션]-[값을 거꾸로]를 적용하여 그래프를 다시 나타내면 **▌그림 4-9▐**와 같다.

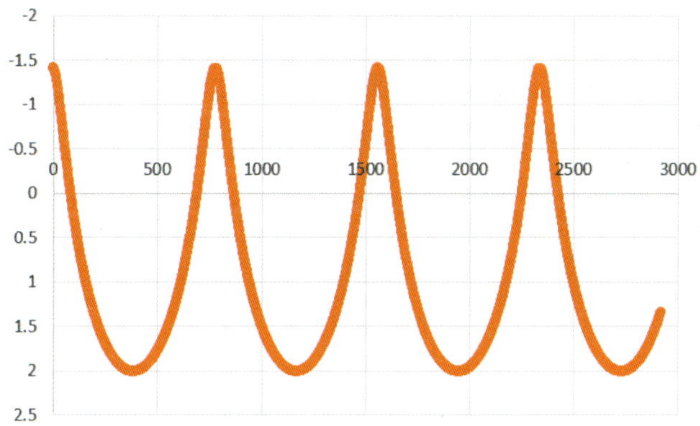

▌그림 4-9▐ 거리에 따른 화성의 밝기 경향

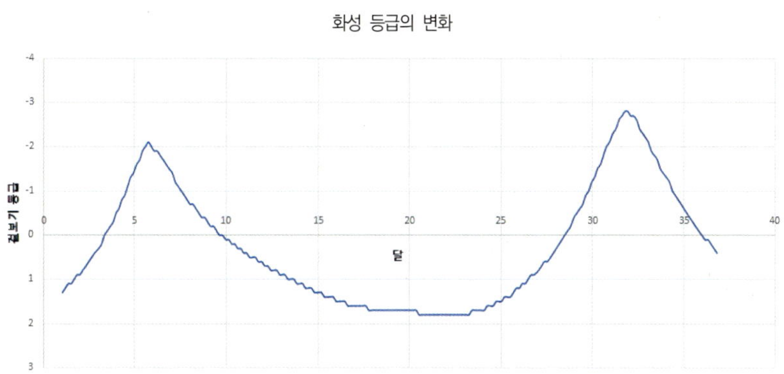

▌그림 4-10▐ 화성의 겉보기 등급의 실제 변화

▌그림 4-9▐는 원운동을 가정하여 그린 것이고, **▌그림 4-10▐**은 화성의 궤도가 실제로는 타원 궤도이기에 지구로부터 더 멀어질 수도 있고, 더 가까워질 수도 있다. 이를 감안하면 그 모습이 아주 유사하다.

지구 주위를 공전하는 달의 운동과 태양 주위를 공전하는 화성의 운동을 달은 태양에 대해서, 또 화성은 지구에 대해서 운동한다고 할 때 궤도가 어떤 모양인지 각각을 벡터를 이용하여 수학적으로 기술하고 스프레드시트를 이용하여 시각적으로 나타내어보았다. 무엇을 기준으로 하느냐에 따라 같은 천체의 겉보기 운동이 달라짐을 확인하였다.

우리는 아주 간단한 모델을 이용하여 복잡한 자연을 설명할 수 있고, 그러한 설명을 통하여 자연의 현상을 쉽게 이해할 수 있다. 더구나 더 자세한 모델을 만들 수 있게 해 주고, 이 자세한 모델을 통하여 이제 미래의 시간에 어떤 모습을 보일지 예측도 가능하다.

다섯 번째

케플러 법칙 이해하기

첫 번째 질문 케플러 제2법칙(면적 속도 일정의 법칙)은 무엇을 의미하나?

태양을 하나의 초점으로 하여 타원 궤도로 공전하는 행성의 모습을 좌표계에 나타내보자. 태양의 위치를 원점으로 하고 춘분점 방향을 x축 양의 방향으로 하여 좌표계에 나타내면 **❙그림 5-1❙**과 같다. 3장에서도 이야기했듯이(**❙그림 3-1, 3-2❙** 참고), 태양의 질량이 M이고, 행성의 질량이 m일 때 $M \gg m$이므로, 태양과 행성의 공통 질량 중심은 태양의 중심과 거의 일치한다.

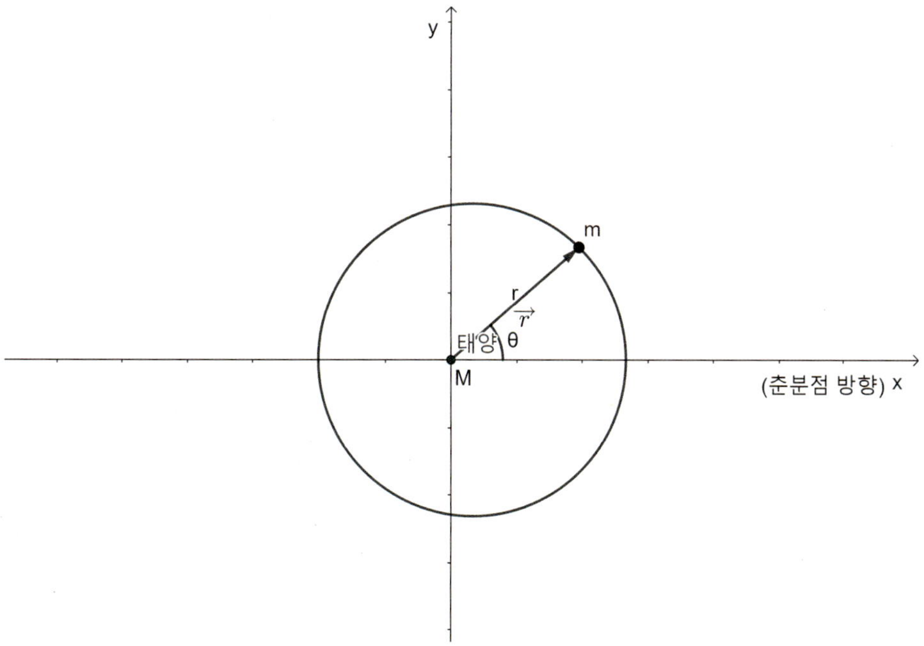

❙그림 5-1❙ 좌표계에 나타낸 행성의 운동

춘분점 방향으로부터 행성이 θ의 각도만큼 떨어져 있을 때, 태양으로부터 행성의 위치를 나타내는 벡터 $\vec{r}=(rcos\theta, rsin\theta)$이며, r방향의 단위벡터 $\hat{r}=\frac{\vec{r}}{r}=(\cos\theta, \sin\theta)$이다. 그리고 $\hat{r}$에 수직인 단위벡터를 $\hat{\theta}$라고 할 때, 서로 수직인 두 벡터의 내적은 0이므로, $\hat{\theta}=(-\sin\theta, \cos\theta)$로 나타낼 수 있다. $\vec{r}$을 시간에 대해 미분하면, $\frac{d}{dt}(\vec{r})=\dot{\vec{r}}$로 표현할 수 있고 이는 r방향의 속도벡터($\vec{v}$)에 해당한다. 즉, $\vec{r}=(rcos\theta, rsin\theta)$를 미분하면,

$$
\begin{aligned}
\vec{v} &= \dot{\vec{r}} = (\dot{r}\cos\theta - r\sin\theta\dot{\theta}, \dot{r}\sin\theta + r\cos\theta\dot{\theta}) \\
&= \dot{r}(\cos\theta, \sin\theta) + r\dot{\theta}(-\sin\theta, \cos\theta)
\end{aligned}
$$ [식 5-1]

인데, $\hat{r}=(\cos\theta, \sin\theta)$, $\hat{\theta}=(-\sin\theta, \cos\theta)$이므로,

$$\vec{v}=\dot{r}\hat{r}+r\dot{\theta}\hat{\theta}$$ [식 5-2]

로 나타낼 수 있다. 여기에서 $\dot{r}\hat{r}$은 행성이 타원으로 공전하면서 태양으로부터의 거리 변화와 관련되며, $r\dot{\theta}\hat{\theta}$는 $\vec{\theta}$방향, 즉, $\vec{r}$에 수직 방향으로의 행성의 운동과 관련된다.

또한 행성의 운동 가속도는 시간에 따른 속도의 변화, 즉, $\vec{v}=\dot{r}\hat{r}+r\dot{\theta}\hat{\theta}$를 시간에 대해 미분한 것이므로,

$$\vec{a}=\dot{\vec{v}}=\ddot{r}\hat{r}+\dot{r}\dot{\hat{r}}+\dot{r}\dot{\theta}\hat{\theta}+r\ddot{\theta}\hat{\theta}+r\dot{\theta}\dot{\hat{\theta}}$$ [식 5-3]

이다.

여기에서

$$\dot{\hat{r}} = (-\sin\theta\dot{\theta}, \cos\theta\dot{\theta}) = \dot{\theta}(-\sin\theta, \cos\theta) = \dot{\theta}\hat{\theta} \qquad [식\ 5-4]$$

$$\dot{\hat{\theta}} = (-\cos\theta\dot{\theta}, -\sin\theta\dot{\theta}) = -\dot{\theta}(\cos\theta, \sin\theta) = -\dot{\theta}\hat{r} \qquad [식\ 5-5]$$

이므로, 이를 위 식에 다시 대입하면,

$$\vec{a} = \ddot{r}\hat{r} + \dot{r}\dot{\theta}\hat{\theta} + \dot{r}\dot{\theta}\hat{\theta} + r\ddot{\theta}\hat{\theta} - r\dot{\theta}^2\hat{r} = (\ddot{r} - r\dot{\theta}^2)\hat{r} + (2\dot{r}\dot{\theta} + r\ddot{\theta})\hat{\theta} \qquad [식\ 5-6]$$

이 된다.

이제 행성에 작용하는 만유인력은 태양 쪽으로 끌어당겨지는 방향, 즉, $\hat{r}$의 반대 방향으로 작용하므로, $\vec{F} = -\frac{GMm}{r^2}\hat{r} = m\vec{a}$로 나타낼 수 있다. 따라서

$$-\frac{GM}{r^2}\hat{r} = \vec{a} = (\ddot{r} - r\dot{\theta}^2)\hat{r} + (2\dot{r}\dot{\theta} + r\ddot{\theta})\hat{\theta} \qquad [식\ 5-7]$$

이므로,

$$-\frac{GM}{r^2} = \ddot{r} - r\dot{\theta}^2 \qquad [식\ 5-8]$$

$$2\dot{r}\dot{\theta} + r\ddot{\theta} = 0 \qquad [식\ 5-9]$$

이다.

$r^2\dot{\theta}$을 시간에 대해 미분하면,

$$\frac{d}{dt}(r^2\dot{\theta}) = 2r\dot{r}\dot{\theta} + r^2\ddot{\theta} = r(2\dot{r}\dot{\theta} + r\ddot{\theta}) = 0 \qquad [식\ 5-10]$$

이기에 $r^2\dot{\theta}$의 값은 항상 일정하다. 이것의 의미를 좀 더 생각해보자.

$r^2\dot{\theta}$에서 $r\dot{\theta}$은 θ방향의 선속도(v_θ)이므로 $r^2\dot{\theta} = rv_\theta$이고, rv_θ는 단위 질량당 각 운동량을 나타낸다. $r^2\dot{\theta}$의 값이 일정하다는 것은 결국 단위 질량당 각 운동량이 일정하다는 것을 뜻한다. 이것이 바로 각 운동량 보존 법칙이다.

또한 **[그림 5-2]**와 같이 Δt의 시간 동안 행성이 $\Delta\theta$만큼의 각도를 공전해 갔을 때, 행성이 이동해 간 거리는 $r\Delta\theta$이며, 이 시간 동안 행성과 태양을 잇는 가상의 선분이 쓸고 지나간 면적 $\Delta A = \frac{1}{2}r^2\Delta\theta$이다.

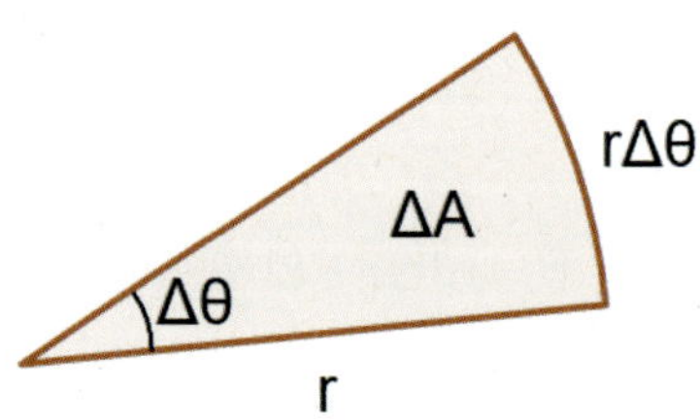

[그림 5-2] Δt 동안 행성의 운동

이때 시간에 따른 면적의 변화, 다시 말해, 면적속도는 $\frac{\Delta A}{\Delta t} = \frac{1}{2}r^2\frac{\Delta\theta}{\Delta t}$이고, $\Delta t \to 0$으로 극한을 취하면,

$$\lim_{\Delta t \to 0}\frac{\Delta A}{\Delta t} = \lim_{\Delta t \to 0}\frac{1}{2}r^2\frac{\Delta\theta}{\Delta t} \qquad [식\ 5-11]$$

인데, 좌변은 $\frac{dA}{dt}$, 우변은 $\frac{1}{2}r^2\frac{d\theta}{dt}$를 나타낸다. 즉 $\dot{A} = \frac{1}{2}r^2\dot{\theta}$인데, $r^2\dot{\theta}$이 일정

하므로, 시간에 대해 면적을 미분한 면적 속도 $\dot{A}$ 역시 일정하다. 따라서 행성과 태양을 연결하는 가상의 선분이 같은 시간 동안 쓸고 지나가는 면적은 항상 일정하다. 이렇게 케플러의 제2법칙, 면적속도 일정의 법칙이 유도된다.

두 번째 질문

행성의 궤도는 어떻게 결정될까? (케플러 제1법칙)

우리는 앞에서 지구의 궤도를 excel을 이용하여 그려 보았다. 이는 미분방정식의 수치 해석적 방법(numerical method)이고, 여기서는 해석학적인 방법(analytical method)을 사용해 보려 한다.

단위 질량당 각운동량(l)이 $r^2\dot{\theta}$로 표현되며, 이 값이 일정하게 보존됨을 확인하였다. 앞에서 $\ddot{r} = r\dot{\theta}^2 - \frac{GM}{r^2}$이었다. 따라서 단위 질량당 각 운동량 $l = r^2\dot{\theta}$에서 $\dot{\theta} = \frac{l}{r^2}$이므로, 이를 위의 식 $\ddot{r} = r\dot{\theta}^2 - \frac{GM}{r^2}$에 대입하면, $\ddot{r} = r\left(\frac{l}{r^2}\right)^2 - \frac{GM}{r^2}$, 즉,

$$\ddot{r} = \frac{l^2}{r^3} - \frac{GM}{r^2} \qquad [식\ 5-12]$$

을 얻는다. 이 식에서 $\frac{l^2}{r^3}$은 단위 질량당 원심력, $\frac{GM}{r^2}$은 단위 질량당 중력에 해당한다. 이 두 가지의 그래프의 개형을 그려보면 **그림 5-3**과 같다.

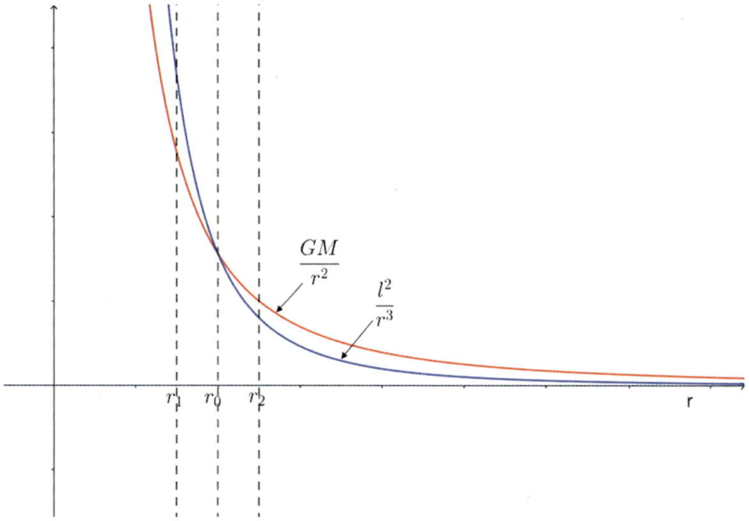

▌그림 5-3▐ 단위 질량당 중력$\left(\frac{GM}{r^2}\right)$ 및 원심력$\left(\frac{l^2}{r^3}\right)$ 그래프 개형

두 그래프의 교점은 단위 질량당 원심력 및 중력이 같은 상태를 의미한다. 즉, $\ddot{r}=0$이 되는 순간을 뜻한다. 이때의 r값을 r_0라고 할 때, $\frac{l^2}{r_0^3}=\frac{GM}{r_0^2}$이므로 $r_0=\frac{l^2}{GM}$이다. 즉 r_0에서 단위 질량당 중력과 원심력이 평형을 이루면서 원 궤도 운동을 할 것이다. 그렇다면 r값이 r_0보다 작은 경우는 어떨까? 예를 들어, **▌그림 5-3▐**에서 $r=r_1$일 때, $\frac{l^2}{r_1^3}$값이 $\frac{GM}{r_1^2}$값보다 크다. 즉, 이 경우에는 단위 질량당 원심력이 중력보다 더 크게 작용하여 바깥 방향(r이 커지는 방향)으로 운동하게 된다. 반대로 r값이 r_0보다 큰 경우도 생각해보자. 예시로 **▌그림 5-3▐**에서 $r=r_2$인 경우를 보면, 이번에는 $\frac{GM}{r_2^2}$가 $\frac{l^2}{r_2^3}$보다 큼을 확인할 수 있다. 즉, 이 경우에는 단위 질량당 중력이 원심력보다 크게 작용하므로, 안쪽 방향(r이 작아지는 방향)으로 운동하게 된다. 정리하면, 중력과 원심력의 평형 위치(equilibrium position)를 중심으로 행성이 바깥쪽으로 나가거나 안쪽으로 들어오는 운동으로 나타난다. 이러한 운동은 궤도가 열려있지 않고 닫혀있다. 타원 궤도 운동이 닫힌 궤도 운동이고, 포물선이나 쌍곡선 궤도 운동이 열린 궤도 운동이다.

계속해서 행성의 궤도 운동에 대해 생각해보자. $\ddot{r}-\frac{l^2}{r^3}+\frac{GM}{r^2}=0$에서,

$$\ddot{r}=\frac{dv_r}{dt}=\frac{dv_r}{dr}\frac{dr}{dt}=v_r\frac{dv_r}{dr}=\frac{d}{dr}\left(\frac{1}{2}v_r^2\right) \qquad \text{[식 5-13]}$$

$$\frac{l^2}{r^3}=\frac{d}{dr}\left(-\frac{1}{2}\frac{l^2}{r^2}\right) \qquad \text{[식 5-14]}$$

$$\frac{GM}{r^2}=\frac{d}{dr}\left(-\frac{GM}{r}\right) \qquad \text{[식 5-15]}$$

이므로,

$$\ddot{r}-\frac{l^2}{r^3}+\frac{GM}{r^2}=\frac{d}{dr}\left(\frac{1}{2}v_r^2+\frac{1}{2}\frac{l^2}{r^2}-\frac{GM}{r}\right)=0 \qquad \text{[식 5-16]}$$

으로 나타낼 수 있다. 결국 $\frac{d}{dr}\left(\frac{1}{2}v_r^2+\frac{1}{2}\frac{l^2}{r^2}-\frac{GM}{r}\right)=0$이라는 의미는

$$\frac{1}{2}v_r^2+\frac{1}{2}\frac{l^2}{r^2}-\frac{GM}{r}=E(\text{상수}) \qquad \text{[식 5-17]}$$

임을 의미한다. 그런데 단위 질량당 각운동량 $l=rv_\theta$ (v_θ:θ방향의 선속도)이므로, 이를 대입하여 다시 정리하면, $\frac{1}{2}v_r^2+\frac{1}{2}v_\theta^2-\frac{GM}{r}=E$이고, $v_r^2+v_\theta^2=v^2$이므로, $\frac{1}{2}v^2-\frac{GM}{r}=E$ 이 된다. 여기서 $\frac{1}{2}v^2$은 단위 질량당 운동 에너지, $-\frac{GM}{r}$은

단위 질량당 중력 퍼텐셜 에너지를 의미하며, 단위 질량당 운동 에너지와 퍼텐셜 에너지의 합인 단위 질량당 총 에너지가 일정하게 유지됨을 알 수 있다. 즉, 단위 질량당 총 에너지가 보존된다.

이것이 행성의 궤도 운동에서 어떠한 의미를 갖는지 유효 퍼텐셜(effective potential)을 그려서 이해해 보자. 우선, $v_r = \frac{dr}{dt}$ 이므로 위의 총 에너지 보존식은

$$\frac{1}{2}\left(\frac{dr}{dt}\right)^2 + \frac{1}{2}\frac{l^2}{r^2} - \frac{GM}{r} = E \qquad \text{[식 5−18]}$$

으로 나타낼 수 있다. 이를 규격화(scaling)하면,

$$\frac{1}{2}\left(\frac{d\left(\frac{r}{r_0}\right)r_0}{d\left(\frac{t}{t_0}\right)t_0}\right)^2 + \frac{1}{2}\left(\frac{l^2}{\left(\frac{r}{r_0}\right)^2 r_0^2}\right) - \frac{GM}{\left(\frac{r}{r_0}\right)r_0} = E \qquad \text{[식 5−19]}$$

로 표현될 수 있다. $\frac{r}{r_0} = r'$, $\frac{t}{t_0} = t'$ 라고 하면,

$$\frac{1}{2}\left(\frac{dr'}{dt'}\right)^2 \frac{r_0^2}{t_0^2} + \frac{1}{2}\frac{1}{r'^2}\frac{l^2}{r_0^2} - \frac{1}{r'}\frac{GM}{r_0} = E \qquad \text{[식 5−20]}$$

이고, 양변을 $\frac{r_0^2}{t_0^2}$ 로 나누면,

$$\frac{1}{2}\left(\frac{dr'}{dt'}\right)^2 + \frac{1}{2}\frac{1}{r'^2}\frac{t_0^2 l^2}{r_0^4} - \frac{1}{r'}\frac{t_0^2 GM}{r_0^3} = \frac{E}{\left(\frac{r_0^2}{t_0^2}\right)} \qquad [식\ 5-21]$$

이 된다. 여기에서 $\frac{t_0^2 GM}{r_0^3} = 1$이면, $t_0^2 = \frac{r_0^3}{GM}$이고 $\frac{t_0^2 l^2}{r_0^4} = \frac{r_0^3}{GM}\frac{l^2}{r_0^4} = \frac{l^2}{GMr_0}$이며 이를 α라고 하자. 그리고 $\frac{E}{\left(\frac{r_0^2}{t_0^2}\right)} = \frac{E}{r_0^2}\frac{r_0^3}{GM} = \frac{E}{\left(\frac{GM}{r_0}\right)}$이며, 이를 E'라고 하자. 또한 $\frac{dr'}{dt'} = v_r{}'$라고 하고, 위 식을 다시 정리하면,

$$\frac{1}{2}v_r{}'^2 + \frac{1}{2}\frac{\alpha}{r'^2} - \frac{1}{r'} = E' \qquad [식\ 5-22]$$

로 표현된다.

역학에서 구심력이 작용하는 물체의 운동에서 유효 퍼텐셜(V_{eff}, effective potential)은 중력 퍼텐셜 에너지와 회전 운동에 따르는 에너지, 다시 말해 원심력에 대한 퍼텐셜 에너지의 합으로 표현된다. 즉, 위 식에서 유효 퍼텐셜은

$$V_{eff} = \frac{1}{2}\frac{\alpha}{r'^2} - \frac{1}{r'} \qquad [식\ 5-23]$$

로 정의된다. 간단하게 $\alpha = 1$일 때를 가정하자. $V_{eff} = \frac{1}{2r'^2} - \frac{1}{r'}$의 그래프를 그려보면, **❙그림 5-4❙**와 같다. V_{eff}가 0이 되는, 즉, $\frac{1}{2}\frac{1}{r'^2} - \frac{1}{r'} = 0$인 r'값이 $\frac{1}{2}$이므로, 이 그래프는 $r' = \frac{1}{2}$에서 x축과 만난다. 또한 $r' = 1$일 때 V_{eff}는 $-\frac{1}{2}$이므

로 점 $\left(1, -\frac{1}{2}\right)$을 지나며, $\frac{1}{2r'^2} - \frac{1}{r'}$을 미분하면 $-\frac{1}{r'^3} + \frac{1}{r'^2}$이고 $r' = 1$일 때 이 값이 0이다. 즉, $r' = 1$에서 V_{eff} 그래프의 기울기가 0임을 확인할 수 있다.

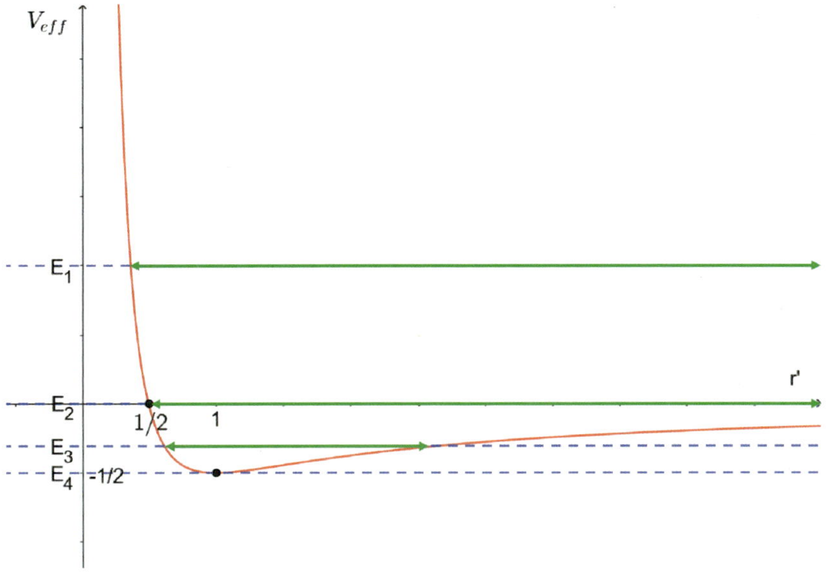

|그림 5-4| $V_{eff} = \frac{1}{2r'^2} - \frac{1}{r'}$의 그래프

이제 V_{eff}에 따른 r'의 범위를 통해 행성의 궤도를 예측할 수 있다. V_{eff}값에 따라 가능한 r'의 범위를 **|그림 5-4|**에 화살표로 나타내었다. 각각의 경우를 살펴보면 먼저, $V_{eff} > 0$일 때, 예를 들어 **|그림 5-4|**에서 $V_{eff} = E_1$일 경우에는 r'이 1/2보다 작은 최솟값만을 가지고 무한히 커질 수 있는 비속박 운동을 하며, 이 궤도는 쌍곡선 궤도에 해당한다. $V_{eff} = 0$(**|그림 5-4|**에서 E_2)인 경우에는 마찬가지로 r'가 1/2인 최솟값을 가지고 무한히 커질 수 있는 비속박 운동을 하는 포물선 궤도를 나타낸다. $-\frac{1}{2} < V_{eff} < 0$인 경우, 예를 들어 **|그림 5-4|**에서 E_3의 유효 퍼텐셜을 가질 때에는 r'의 최솟값과 최댓값, 즉, 근일점과 원일점이 나타

나는 속박운동을 하게 되며 이는 타원 궤도를 의미한다. 마지막으로 $V_{eff}=-\frac{1}{2}$ (**그림 5-4**에서 E_4)인 경우는, $r'=1$인 원 궤도로 나타난다.

이번에는 원추 곡선(conic section)의 일반적 식이 행성의 궤도를 어떻게 나타내는지 알아보자. $\frac{1}{2}\left(\frac{dr}{dt}\right)^2+\frac{1}{2}\frac{l^2}{r^2}-\frac{GM}{r}=E$ 는 $\frac{dr}{dt}=\pm\sqrt{2E-\frac{l^2}{r^2}+\frac{2GM}{r}}$ 이고 단위 질량당 각 운동량 $l=r^2\dot{\theta}$에서 $\frac{d\theta}{dt}=\frac{l}{r^2}$이므로

$$\frac{dr}{d\theta}=\frac{\left(\frac{dr}{dt}\right)}{\left(\frac{d\theta}{dt}\right)}=\pm\frac{\sqrt{2E-\frac{l^2}{r^2}+\frac{2GM}{r}}}{\frac{l}{r^2}} \qquad \text{[식 5-24]}$$

이다. 따라서

$$\frac{1}{r^2}\frac{dr}{d\theta}=\pm\sqrt{\frac{2E}{l^2}-\frac{1}{r^2}+\frac{2GM}{rl^2}} \qquad \text{[식 5-25]}$$

이 된다. $a^2+2ab+b^2=(a+b)^2$이므로, [식 5-25]의 우변 근호 안에 $-\left(\frac{GM}{l^2}\right)^2+\left(\frac{GM}{l^2}\right)^2$을 넣으면

$$\frac{1}{r^2}\frac{dr}{d\theta}=\pm\sqrt{\frac{2E}{l^2}-\frac{1}{r^2}+\frac{2GM}{rl^2}-\left(\frac{GM}{l^2}\right)^2+\left(\frac{GM}{l^2}\right)^2} \qquad \text{[식 5-26]}$$

이 되는데, 이 중 $-\frac{1}{r^2}+\frac{2GM}{rl^2}-\left(\frac{GM}{l^2}\right)^2$은 $-\left(\frac{1}{r}-\frac{GM}{l^2}\right)^2$로 쓸 수 있으므로

$$\frac{1}{r^2}\frac{dr}{d\theta} = \pm\sqrt{\frac{2E}{l^2}+\frac{(GM)^2}{l^4}-\left(\frac{1}{r}-\frac{GM}{l^2}\right)^2} \qquad [식\ 5-27]$$

으로 표현할 수 있다.

여기에서 $\frac{1}{r}-\frac{GM}{l^2}=u$, $\frac{2E}{l^2}+\frac{(GM)^2}{l^4}=u_0^2$로 치환하면, $\frac{du}{d\theta}=-\frac{1}{r^2}\frac{dr}{d\theta}$이므로 위 식은

$$\frac{du}{d\theta} = \mp\sqrt{u_0^2-u^2} \qquad [식\ 5-28]$$

이 된다. 이 미분방정식의 해는 $u=u_0\cos\theta$이다. 왜냐하면, $0\le\theta\le\pi$에서는 $\frac{du}{d\theta}=-\sqrt{u_0^2-u^2}$이고, $\pi\le\theta\le 2\pi$에서는 $\frac{du}{d\theta}=\sqrt{u_0^2-u^2}$이기 때문이다. 따라서 위 식의 해는

$$\frac{1}{r}-\frac{GM}{l^2}=\sqrt{\frac{2E}{l^2}+\frac{(GM)^2}{l^4}}\,cos\theta \qquad [식\ 5-29]$$

이며, 양변을 $\frac{GM}{l^2}$으로 나누면

$$\frac{\left(\frac{l^2}{GM}\right)}{r}-1=\sqrt{\frac{2El^2}{(GM)^2}+1}\,cos\theta \qquad [식\ 5-30]$$

이므로

$$r = \frac{\frac{l^2}{GM}}{1+\sqrt{\frac{2El^2}{(GM)^2}+1}\,cos\theta} \qquad \text{[식 5-31]}$$

이다.

이는 원추 곡선의 수학식이 $r = \frac{p(1+e)}{1+e\cos\theta}$ 과 같은 형태이므로, 우리는 이 식으로부터 이 그래프의 형태가 원추 곡선이 될 것임을 알 수 있다. 여기에서 p는 한 초점과 궤도와 가장 가까운 거리, 즉 최근접 거리를 의미한다. 만약 타원 궤도라면 이심률(eccentricity)은

$$e = \sqrt{\frac{2El^2}{(GM)^2}+1} \qquad \text{[식 5-32]}$$

이다. 예를 들어 총 에너지 $E=0$일 때, $e=1$이다. 따라서 포물선 궤도는 $r = \frac{2p}{1+\cos\theta}$가 된다. $E>0$일 때에는 $e>1$이며, 쌍곡선 궤도가 된다. $E<0$일 때에는 $0<e<1$이며 타원 궤도이고, $E=-\frac{(GM)^2}{2l^2}=\frac{GM}{2p}$인 경우에는 $e=0$이며 r값이 p로 일정한 원 궤도가 된다. 정리하면, 운동 에너지와 퍼텐셜 에너지를 합한 총 에너지에 따라 이심률이 달라지고, 쌍곡선, 포물선, 타원, 원 궤도가 모두 나타날 수 있음을 알 수 있다.

세 번째 질문 케플러 제3법칙(조화의 법칙)이란?

총 에너지의 보존 법칙을 이용하여 케플러 제3법칙을 수학적으로 유도해보자. 장반경 a, 단반경 b, 이심률 e인 타원을 그리면 **|그림 5-5|**와 같다. 케플러 제2법칙에서 면적속도는 일정하게 유지되며 $\dot{A}=\frac{1}{2}r^2\dot{\theta}=\frac{1}{2}rv_\theta$로 표현된다. 또 다르게 표현하면, 면적속도($\dot{A}$)는 그 정의에 의해 $\frac{\text{궤도 전체면적}}{\text{공전주기}}=\frac{\pi ab}{P}$라고 쓸 수 있고, 단반경 $b=a\sqrt{1-e^2}$이므로,

$$\dot{A}=\frac{1}{2}rv_\theta=\frac{\pi a^2\sqrt{1-e^2}}{P} \qquad \text{[식 5-33]}$$

가 된다.

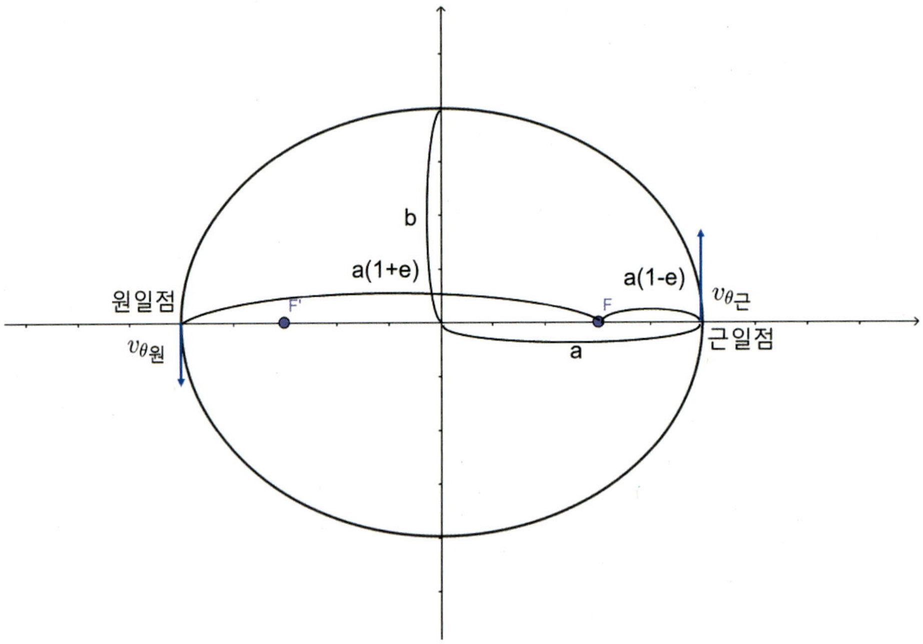

|그림 5-5| 타원

이제 근일점과 원일점에서의 운동속도를 구해보자. 근일점과 원일점에서는 r방향으로의 속도(v_r)가 0이고, r방향에 수직인 θ방향으로의 속도(v_θ)만 존재하므로, 각 지점에서의 운동속도는 곧 v_θ에 해당한다. 먼저 근일점에서의 운동속도를 $v_{\theta_{근}}$, 근일점 거리를 $r_{근}$이라고 하면, 위 식에서

$$r_{근} v_{\theta_{근}} = \frac{2\pi a^2 \sqrt{1-e^2}}{P} \qquad [식\ 5-34]$$

이고, 근일점 거리 $r_{근} = a(1-e)$이므로 이를 대입하여 식을 정리하면, 근일점 속도는

$$v_{\theta_{근}} = \frac{2\pi a}{P} \sqrt{\frac{1+e}{1-e}} \qquad [식\ 5-35]$$

이다. 원일점 거리 $r_{원} = a(1+e)$임을 고려하여, 원일점에서의 운동속도는

$$v_{\theta_{원}} = \frac{2\pi a}{P}\sqrt{\frac{1-e}{1+e}} \qquad \text{[식 5-36]}$$

이다.

그런데 총 에너지가 $\frac{1}{2}v_r^2 + \frac{1}{2}v_\theta^2 - \frac{GM}{r} = E$로 일정하므로, 근일점에서의 총 에너지와 원일점에서의 총 에너지는 같다. 따라서 $v_{\theta_{근}}$, $r_{근}$, $v_{\theta_{원}}$, $r_{원}$을 대입하여 각각을 계산하면,

$$\frac{1}{2}\left(\frac{2\pi a}{P}\sqrt{\frac{1+e}{1-e}}\right)^2 - \frac{GM}{a(1-e)} = \frac{1}{2}\left(\frac{2\pi a}{P}\sqrt{\frac{1-e}{1+e}}\right)^2 - \frac{GM}{a(1+e)}$$

[식 5-37]

이고, 이를 정리하면

$$\frac{1}{2}\left(\frac{2\pi a}{P}\right)^2\left(\frac{1+e}{1-e} - \frac{1-e}{1+e}\right) = \frac{GM}{a}\left(\frac{1}{1-e} - \frac{1}{1+e}\right)$$

$$\frac{1}{2}\left(\frac{2\pi a}{P}\right)^2\left(\frac{4e}{1-e^2}\right) = \frac{GM}{a}\left(\frac{2e}{1-e^2}\right)$$

$$\left(\frac{2\pi a}{P}\right)^2 = \frac{GM}{a} \qquad \text{[식 5-38]}$$

이다. 그리고 $\left(\frac{2\pi a}{P}\right)^2 = \frac{4\pi^2 a^2}{P^2}$이므로,

$$\frac{4\pi^2 a^3}{P^2} = GM \qquad \text{[식 5-39]}$$

으로 $\frac{a(\text{장반경})^3}{P(\text{공전주기})^2}$의 값이 일정하다는 케플러 제3법칙, 조화의 법칙이 유도된다.

또한 지금까지의 내용으로 고전적 활력 방정식(vis-viva equation)도 유도할 수 있다. 원추 곡선의 일반적 식인 $r = \frac{p(1+e)}{1+e\cos\theta}$에서 타원 궤도의 경우에는, 최근접 거리($p$)가 근일점 거리이므로 $p = a(1-e)$이다. 따라서 이를 대입하면, 타원 궤도의 식은 $r = \frac{a(1-e^2)}{1+e\cos\theta}$ 가 된다. 마찬가지로 총 에너지 보존의 법칙에 의해 근일점에서의 총 에너지는 $\frac{1}{2}\frac{4\pi^2 a^2}{P^2}\frac{1+e}{1-e} - \frac{GM}{a(1-e)} = E$로 일정하며, $\frac{4\pi^2 a^3}{P^2} = GM$이므로, 총 에너지는

$$\frac{1}{2}\frac{GM}{a}\frac{1+e}{1-e} - \frac{GM}{a(1-e)} = E \qquad \text{[식 5-40]}$$

$$\frac{GM}{a}\left(\frac{1+e-2}{2(1-e)}\right) = E \qquad \text{[식 5-41]}$$

$$E = -\frac{1}{2}\frac{GM}{a} \qquad \text{[식 5-42]}$$

이 된다. 이를 총 에너지 식 $\frac{1}{2}v^2 - \frac{GM}{r} = E$에 대입하면,

$$\frac{1}{2}v^2 - \frac{GM}{r} = -\frac{1}{2}\frac{GM}{a} \qquad \text{[식 5-43]}$$

이므로

$$v^2 = GM\left(\frac{2}{r} - \frac{1}{a}\right) \qquad \text{[식 5-44]}$$

인 '활력 방정식(vis-viva equation)'이 유도되며, 이 활력 방정식이 결국 총 에너지의 보존을 나타냄을 알 수 있다.

지금까지 행성의 운동을 수학적으로 유도한 내용을 종합적으로 정리하면 다음과 같다.

뉴턴의 고전역학에 의하면 각운동량 보존은 케플러 제2법칙(면적속도일정의 법칙)과 같은 의미이고, 각운동량 보존과 총 에너지의 보존으로부터 케플러 제1법칙(타원궤도의 법칙)과 케플러 제3법칙(조화의 법칙)이 유도되었다. 이와 같이 행성의 운동에 대한 케플러의 3가지 법칙은 모두 뉴턴 역학에 의해 이론적으로 설명된다는 것은 우리에게 뉴턴 역학의 위대함을 또 한 번 느끼게 한다. 그러나 뉴턴의 위대함은 이보다 훨씬 큰데, 케플러의 경험 법칙인 타원 궤도 법칙과 면적 속도 일정의 법칙을 이용하여 미분의 개념과 타원에서의 기하학적인 원리를 이용하여 뉴턴은 태양과 행성 사이에 거리의 제곱에 반비례하는 만유인력을 수학적으로 얻어낸 것이다. 이는 수학적 모델링의 극치를 보여주는 아주 좋은 과학사적인 예 중에 하나이다.

네 번째 질문 우주탐사선의 궤도는 어떻게 결정되는가?

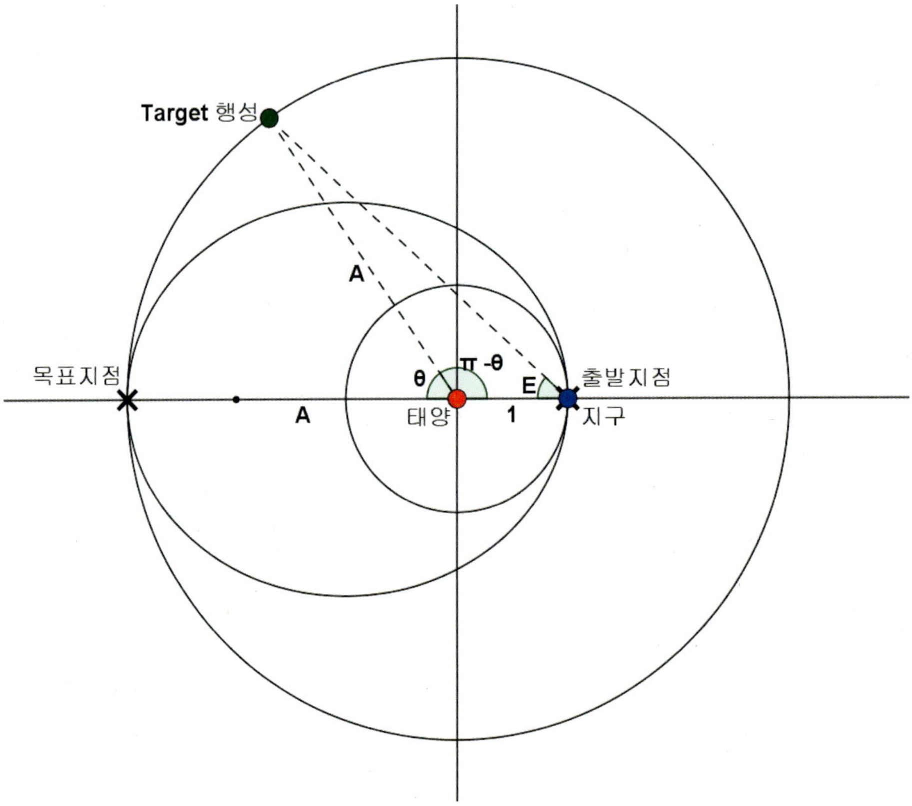

▎그림 5-6▎ 행성 탐사 우주선의 궤도

어떤 행성을 탐사하기 위해 지구에서 우주 탐사선을 보내는 상황을 가정해보자. 이때, 가장 에너지가 적게 드는 방법은 무엇일까? 바로 **▎그림 5-6▎**과 같이 지구에서 우주 탐사선을 발사하는 지점을 근일점으로 하여 우주 탐사선이 타원 궤도를 그리며 운동하다가, 출발 지점과 180° 되는 목표 지점에 타깃 행성이 도달할 때

만나도록 하는 것이다. 근일점에서 지구 공전 방향과 같은 방향으로 우주 탐사선을 발사하면 지구의 공전속도를 이용하게 되어 최소한의 에너지로 비행할 수 있다. 이처럼 목표한 행성까지 최소한의 연료로 갈 수 있는 비행 궤도를 '호만 궤도(Hohmann orbit)'라 한다.

이 궤도는 태양과 지구 사이의 거리를 '1'이라 하였을 때 태양으로부터 타깃 행성까지의 거리인 'A'값에 의해 결정된다.

┃그림 5-4┃에서 이 타원 궤도의 장반경(a)은 다음과 같다.

$$2a = 1 + A \rightarrow a = \frac{1+A}{2} \qquad \text{[식 5-45]}$$

근일점 거리 및 원일점 거리가 각각 $a(1-e)=1$, $a(1+e)=A$이므로 이 타원 궤도의 이심률(e)은 다음과 같다.

$$e = \frac{A-1}{A+1} \qquad \text{[식 5-46]}$$

앞에서 구한 타원 궤도의 식 $r = \dfrac{a(1-e^2)}{1+ecos\theta}$에 a, e 값을 대입하여 타원 궤도의 식을 정리해보자. 즉

$$r = \frac{\left(\frac{1+A}{2}\right)\left(1-\left(\frac{A-1}{A+1}\right)^2\right)}{1+\left(\frac{A-1}{A+1}\right)\cos\theta} \qquad \text{[식 5-47]}$$

으로부터

$$r = \frac{2A}{(A+1)+(A-1)\cos\theta} \quad \text{[식 5-48]}$$

가 된다.

이제 우주선 도착 시간을 구해보자. 우주선 도착 시간은 우주선의 주기와 관련 있다. 우주선의 주기를 구하기 위해 앞에서 유도한 케플러 제3법칙 '행성의 궤도 운동의 주기의 제곱이 행성궤도의 장반경의 세제곱에 비례함'을 이용한다.

우주선의 주기를 $P_{우}$, 행성의 주기를 $P_{행}$라 하자. $P^2 = a^3 (P: year, a: AU)$ 이므로 $P_{우}^2 = (\frac{1+A}{2})^3$ 로부터

$$P_{우} = \left(\frac{1+A}{2}\right)^{\frac{3}{2}} \quad \text{[식 5-49]}$$

이다. 그런데 이 우주선은 목표 지점까지 타원 궤도의 절반만 이동하므로 우주선이 목표 지점까지 도달하는 데 걸리는 시간은 다음과 같다.

$$\frac{1}{2}P_{우} = \frac{1}{2}\left(\frac{1+A}{2}\right)^{\frac{3}{2}} \quad \text{[식 5-50]}$$

우주선이 지구로부터 목표 지점까지 이동하는 동안 타깃 행성이 목표 지점까지 도달하며 이동한 각(θ)을 다음과 같이 구한다.

$$P_{행} : 2\pi = \frac{P_{우}}{2} : \theta \quad \text{[식 5-51]}$$

이는

$$A^{\frac{3}{2}} : 2\pi = \frac{1}{2}\left(\frac{1+A}{2}\right)^{\frac{3}{2}} : \theta \qquad \text{[식 5−52]}$$

와 같고, 이 비례식으로

$$\theta = \pi\left(\frac{1+A}{2A}\right)^{\frac{3}{2}} \qquad \text{[식 5−53]}$$

을 얻는다.

이제 우주선이 지구에서 출발하는 순간 지구로부터 타깃 행성까지의 거리(y)를 구해보자. 제2코사인 법칙에 의해 다음과 같이 구한다.

$$y^2 = A^2+1-2Acos(\pi-\theta) = A^2+1+2Acos\theta \qquad \text{[식 5−54]}$$

$$y = \sqrt{A^2+1+2Acos\theta} \qquad \text{[식 5−55]}$$

우주선의 출발지점인 지구가 태양 및 타깃 행성과 이루는 이각을 E라 할 때, 사인 법칙에 의해 다음과 같은 관계식이 성립한다. 이때 이각(E)이 서방 이각일 때 우주선을 쏘아야 타깃 행성과 만날 수 있다.

$$\frac{A}{\sin E} = \frac{y}{\sin(\pi-\theta)}$$

$$\sin E = \frac{A}{y}\sin\theta$$

$$\therefore \sin E = \frac{A\sin\theta}{\sqrt{A^2+1+2A\cos\theta}} \qquad \text{[식 5−56]}$$

이제 우주선을 얼마의 속도로 쏘아 올려야 할지 구해보자. 앞에서 구한 타원 궤도의 근일점에서 운동속도 $V_{근} = \frac{2\pi a}{P}\sqrt{\frac{1+e}{1-e}}$ 를 이용한다. 우주선의 타원 궤도에서 $P = a^{\frac{3}{2}}$, $A = \frac{1+e}{1-e}$, $a = \frac{1+A}{2}$ 이므로, 근일점에서 우주선의 운동속도 $V_{근 \cdot 우}$는 다음과 같다.

$$V_{근 \cdot 우} = \frac{2\pi a}{a^{3/2}}\sqrt{A} = 2\pi\sqrt{\frac{2A}{A+1}} \qquad \text{[식 5-57]}$$

또한 지구의 공전 궤도는 거의 원이므로 $e=0$이며, $a = 1AU$, $P = 1\,year$이다. 따라서 지구의 운동 속도 $V_{지}$는 $V_{지} = 2\pi\,(AU/년)$이다. 우주선이 지구의 근일점에서 출발할 때에 지구가 태양 주위를 공전하고 있기 때문에 우주선은 이미 지구의 공전 에너지를 가지고 있다. 따라서 지구의 공전 에너지를 제외한 실제적으로 우주선이 필요한 에너지를 구해보자. $V^2_{근 \cdot 우}$과 $V^2_{지}$는 각각 근일점에서의 우주선과 지구의 단위 질량당 운동에너지를 나타내므로 앞에서 구한 $V_{근 \cdot 우}$과 $V_{지}$를 이용하여 다음과 같이 나타낸다.

$$\begin{aligned}\frac{1}{2}(V^2_{근 \cdot 우} - V^2_{지}) &= \frac{1}{2}\left(\left(2\pi\sqrt{\frac{2A}{A+1}}\right)^2 - (2\pi)^2\right)\\ &= 2\pi^2\left(\frac{A-1}{A+1}\right) \qquad \text{[식 5-58]}\end{aligned}$$

즉, 우주선을 쏘아 올리는 데 필요한 에너지는 A값에 의해 결정된다. 더 먼 곳으로 우주선을 보내기 위해서는 단위 질량당 운동에너지가 더 많이 요구된다.

우주선을 목성 이상으로 멀리 보내는 상황, 즉 많은 에너지를 필요로 하는 상황에는 가장 경제적인 비행궤도인 '호만궤도'보다도 더 발전된 형태의 항법인 '슬링샷'

을 대부분 이용한다. 슬링샷(slingshot)이란 gravity assist, swing-by라고도 하는데, 행성의 중력을 이용하여 궤도를 조정하는 우주 탐사선의 항법이다. 슬링샷의 예를 들면 타깃 행성을 목표로 하는 우주 탐사선이 중간에 다른 행성 근처를 지나가는 상황을 가정해 보자. 이 우주선이 중간 행성에 가까워질수록 행성의 중력에 의해 끌려가기 때문에 점점 빨라진다. 게다가 중간 행성 또한 태양 주위를 공전하는 궤도 운동을 하고 있기 때문에 탐사선이 행성에 접근하는 시간이 길어지면서 가속되는 시간이 길어진다. 다시 멀어지면서 행성의 중력에 의해 감속이 되지만 감속되는 시간이 짧기 때문에 연료를 쓰지 않고도 슬링샷만으로 원래 속도보다 더 빠른 속도를 얻을 수 있다. 실제 슬링샷 항법을 이용하여 보이저 호가 목성을 넘어 해왕성을 탐사하였다.[1)]

1) 슬링샷에 대한 자세한 내용은 "최승언, 2008, 우주의 메시지 (시그마프레스)"와 "최승언, 우홍균, 2009, 수학과 컴퓨터를 이용한 과학이해하기 (청범출판사)"를 참조하시오.

부록 호만 궤도와 슬링샷(gravity assist)

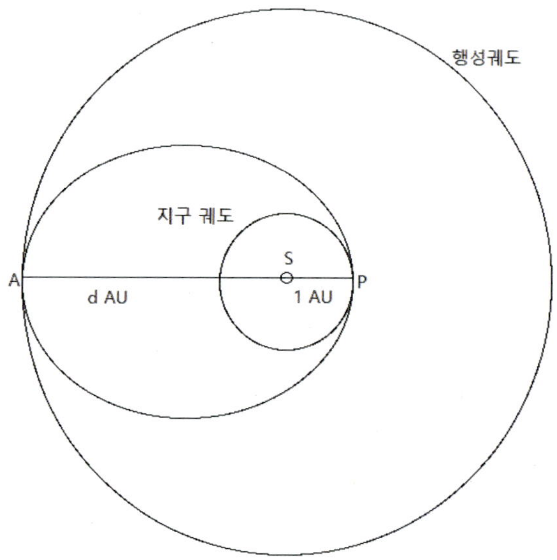

태양부터의 거리가 $d\,AU$ 만큼 떨어진 외행성으로 우주선을 보낼 때에 우리는 호만(Hohmann)궤도를 이용한다. 이 궤도의 장반경은 $a=\frac{1+d}{2}$ 이고, 이심률은 $\overline{PS}=1=a(1-e)$ 이기에 $e=\frac{d-1}{d+1}$ 이 된다. 따라서 우주선이 이 궤도를 따르는 주기는 $P=a^{3/2}=\left(\frac{1+d}{2}\right)^{3/2}$ 가 된다. 따라서 이 궤도를 따라 우주선이 미지의 행성에 도착하는 시간은 $\frac{P}{2}=\frac{1}{2}\left(\frac{1+d}{2}\right)^{3/2}$ 년이 된다. 우주선을 P에서 발사했기에 우주선의 속도는 $\frac{2\pi a}{P}\sqrt{\frac{1+e}{1-e}}=2\pi\sqrt{\frac{2d}{1+d}}\ AU/$년 이어야 한다. 그런데 지구의 공전 속도가 $2\pi\ AU/$년 이기에 $\Delta v=2\pi\left(\sqrt{\frac{2d}{1+d}}-1\right)>0$ 만큼 속도를 높여주어야 한다. 이제 우주선은 A에서 행성을 만나야 한다. 행성의 주기는 $d^{3/2}$ 이기

에 행성(p)은 A에 오기 전에 $\angle pSA = 360$도$\times \frac{P}{2d^{3/2}} = 180\left(\frac{1+d}{2d}\right)^{3/2}$도가 되었을 때, 우주선이 지구에서 발사되어야 한다. 이때 행성의 이각은 서방 이각이다. 그리고 행성의 이각은

$$\overline{Pp} = \sqrt{1+d^2-2d\cos\left[\pi\left(1-\left(\frac{1+d}{2d}\right)^{3/2}\right)\right]} \qquad \text{[식 5-59]}$$

$$d^2 = 1+\overline{Pp}^2 - 2\overline{Pp}cos(\text{이각}) \qquad \text{[식 5-60]}$$

$$\cos(\text{이각}) = \frac{1-d\cos\left[\pi\left(1-\left(\frac{1+d}{2d}\right)^{3/2}\right)\right]}{\sqrt{1+d^2-2d\cos\left[\pi\left(1-\left(\frac{1+d}{2d}\right)^{3/2}\right)\right]}} \qquad \text{[식 5-61]}$$

으로 구할 수 있다. 우주선이 이 행성에 도착하는 동안 지구(E)는 $180\left(\frac{1+d}{2}\right)^{3/2}$도만큼 공전하게 된다. 이제 A에서 우주선의 속도는 $\frac{2\pi a}{P}\sqrt{\frac{1-e}{1+e}} = 2\pi\sqrt{\frac{2}{d(1+d)}}$ AU/년이다. 이때 행성의 속도는 $\frac{2\pi}{\sqrt{d}}$이다. 따라서 $\Delta v = 2\pi\left(\sqrt{\frac{2}{d(1+d)}} - \frac{1}{\sqrt{d}}\right) < 0$이기에 행성에 도달하는 순간 행성을 탐사하기 위해서는 속도를 증가시켜 주어야 할 것이다.

내행성으로 우주선을 보낼 경우에는 외행성의 경우와는 반대로, 지구의 P의 위치가 우주선 궤도의 원일점이 된다. 태양과 내행성까지의 거리를 r이라 하면, 궤도의 $a = \frac{1+r}{2}$가 되고, $a(1+e)=1$이기에 $e = \frac{1-r}{1+r}$이 된다. 우주선이 지구에서 출발할 때, 우주선과 지구의 속도 차는 $\Delta v_{\text{지구}} = 2\pi\left(\sqrt{\frac{2r}{1+r}} - 1\right) < 0$이기에 속도를 줄여 주어야 한다. 그러나 내행성에 우주선이 도착하면 우주선과 내행성

의 속도 차는 $\Delta v_{행성} = 2\pi\left(\sqrt{\frac{2}{r(1+r)}} - \frac{1}{\sqrt{r}}\right) > 0$이다.

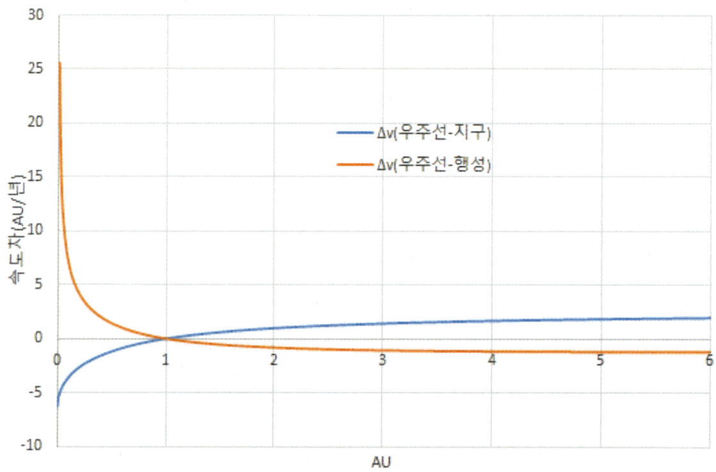

내행성의 질량을 M, 태양의 질량을 $M_\odot$이라 하면, 이 내행성의 영향 구 반경(sphere of influence: SOI)은 일반적으로 $r_{SOI} \simeq r\left(\frac{M}{M_\odot}\right)^{2/5}$이다. 내행성의 이 영역 안으로 $\Delta v_{행성}$의 속력으로 들어간다. r_{SOI}에서 탈출 속도는 $v_{esc}^2 = \frac{2GM}{r_{SOI}}$ $\frac{2GM_\odot}{r}\left(\frac{M}{M_\odot}\right)^{3/5} = 2v_{c,\,행성}^2\left(\frac{M}{M_\odot}\right)^{3/5}$이기에 $\Delta v_{행성} > v_{esc}$이다. 따라서 이 영역 안에서 행성의 정지 좌표계에서 우주선의 궤도는 쌍곡선 궤도이다. 일반적으로 우주선은 이 영역을 내행성의 공전 속도와 거의 평행하게 들어가는데 행성-우주선 직선과 공전 속도 사이의 각을 180도에서 빼준 각을 θ_{in}이라 하자. 그러면 $\Delta v_{행성,r} = -\Delta v_{행성}\cos\theta_{in}$, $\Delta v_{행성,\theta} = \Delta v_{행성}\sin\theta_{in}$이 된다. 그리고 총에너지는 $E = \frac{1}{2}\Delta v_{행성}^2 - \frac{GM}{r_{SOI}}$이고, 각운동량은 $\ell = r_{SOT}\Delta v_{행성}\cos\theta_{in}$이다. 이를 이용하여 쌍곡선 궤도의 이심률은 $e = \sqrt{1+\frac{2E\ell^2}{G^2M^2}}$으로 구한다. 일반적으로

$\frac{\Delta v_{행성,r}}{\Delta v_{행성,\theta}} = -\frac{e\sin\theta}{1+e\cos\theta}$를 이용한다. 이 각 θ는 쌍곡선 궤도의 근점과 우주선이 내행성과 영향반경 거리에 있을 때의 위치 사이의 각이다. 그러면 $\cos(\theta+\theta_{in}) = -\frac{\cos\theta_{in}}{e}$이 되고, $\theta = \cos^{-1}\left(-\frac{1}{e}cos\theta_{in}\right) - \theta_{in}$이 된다. 그리고 우주선이 영향반경을 나갈 때, 행성의 공전 속도와 이루는 각은 $2(\theta+\theta_{in}) - \pi = 2\cos^{-1}\left(-\frac{1}{e}cos\theta_{in}\right) - \pi$이 된다. 이제 우주선이 이 영역을 벗어날 때의 속력은 $v_{우주선} = \sqrt{\Delta v^2_{행성} + v^2_{행성} - 2v_{행성}\Delta v_{행성}\cos\left[2\cos^{-1}\left(\frac{1}{e}cos\theta_{in}\right)\right]}$ 이 된다. 그러나 이 속도는 우주선이 내행성에 근접할 때의 속력보다는 아주 조금 적다. 그러나 행성의 공전 속도에 대하여 어떻게 입사해서 들어가느냐에 따라 우주선은 속력을 얻게 된다. 이에 대한 예는 http://plato.acadiau.ca/courses/phys/1513/OCT26.HTM에 제시되어 있는데 사이트가 없어질 것을 우려해서 다음 페이지에 제시한다.

Orbital Transfer of Space Probe from Earth to Venus

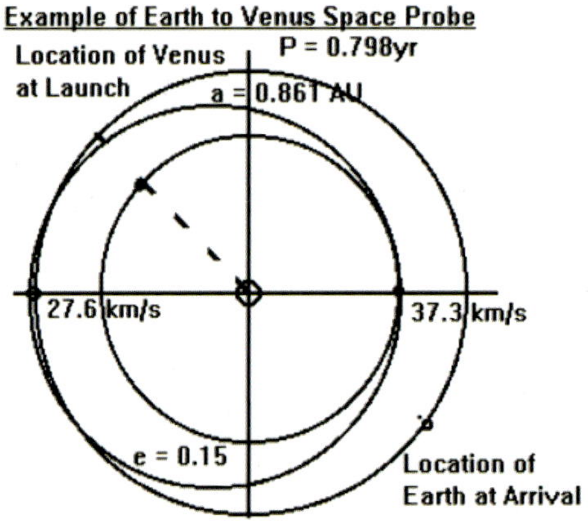

Use $r_{per} = a(1-e)$

$r_{aph} = a(1+e)$

$e = r_a/a - 1$

$a = (r_a + r_p)/2$

$P^2 = a^3$

$v_{circular} = 2(pi)a/P$ gives the relationship $v \sim a^{-1/2}$

$= (MG/a)^{1/2}$

Use a mathematical form of Kepler's 2nd Law:

$v_p r_p = v_a r_a$

to get

$v_p = v_c[(1+e)/(1-e)]^{1/2}$

and

$v_a = v_c[(1-e)/(1+e)]^{1/2}$

	Earth	Venus	Venus Probe
Semi-major axis	1.00	0.723 AU	0.861
Orbit Period	365.25	224.7 days	292 days (Travel time = 292/2 = 149 days)
Orbit Velocity	29.8	35.0 km/s	32.1(average)
Orbit Eccentricity	0.016	0.007	0.15
Velocity at aphelion			27.6 km/s (at Launch, Earth)
" perihelion			37.3 km/s (at Arrival, Venus)
Longitude at Launch	0	-54 deg	0
Longitude at Arrival	144	180	180

Solar Orbit speed at Earth must be reduced by 2.2 km/s to be sent to Venus
Solar Orbit speed at Venus must be reduced by 2.3 km/s to match Venus' orbital speed.

Sphere of Influence and the Slingshot Effect

The sphere of influence of Venus depends on its mass relative to that of the Sun and its distance to the Sun.

Radius of Sphere = (0.723 AU) $[M(venus)/M(sun)]^{2/5}$

= 620,000 km = 10^2 R(Venus)

Outside the sphere:
The orbit is around the Sun - Elliptical (velocity = 37.3 km/s)
Inside the sphere of influence:
The orbit is around Venus - Hyperbolic (velocity = 2.3 km/s)

If the space probe enters the Venus sphere of influence at 45 degrees outside the orbit and with its velocity parallel to that of Venus then:

Hyperbolic Orbit semi-major axis = a = 76,900 km
closest approach to Venus = 419,000 km
eccentricity = 6.45

Angle centered on Venus:
51.3 degrees from entry of sphere to closest approach

As the probe enters the sphere of influence with 2.3 km/s, it also leaves the sphere with the same speed but with a different direction. (different velocity)

Outside: Leave with velocity component toward the Sun (0.5 km/s)
angle of velocity with respect to Venus' is 12.6 degrees
The net velocity relative to the Sun is slightly lower at 37.25 km/s

If the probe had entered the sphere of influence at a greater angle the change in speed would be greater. Also if it went closer to Venus it would change more.

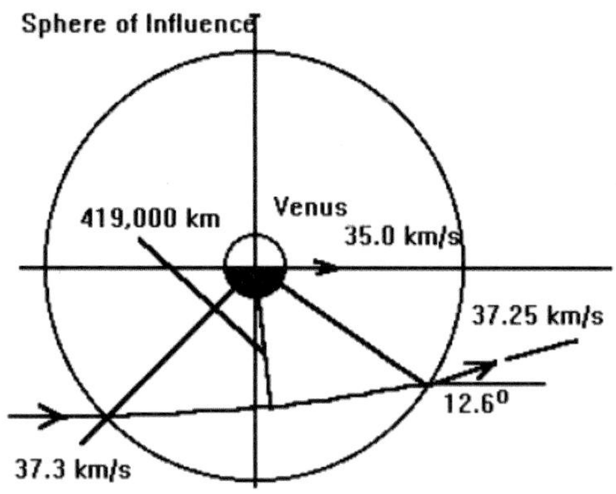

이제 우주선이 아래 그림같이 행성의 속도에 대하여 반대쪽에서 접근하여 다시 빠져나온다고 하자(https://www.mathpages.com/home/kmath114/kmath114.htm 참조).

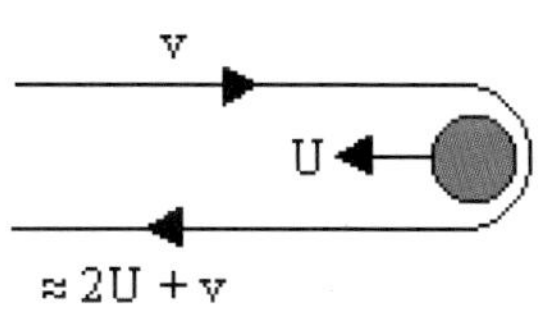

그러면, 에너지 보존과 모멘트 보존에 의하여

$$\frac{1}{2}mv_1^2 + \frac{1}{2}MU_1^2 = \frac{1}{2}mv_2^2 + \frac{1}{2}MU_2^2$$

$$mv_1 - MU_1 = -mv_2 - MU_2 \qquad [식\ 5-62]$$

이 된다. 이를 정리하며,

$$v_2 = \frac{(1-m/M)v_1 + 2U_1}{1+m/M}$$

$$U_2 = U_1 - \frac{2m/M}{1+m/M}(v_1 + U_1) \qquad [식\ 5-63]$$

이 된다. 만약 $\frac{m}{M} \ll 1$이면, $v_2 = v_1 + 2U_1$, $U_2 = U_1$이 된다. 우주선은 행성의 운동에너지를 이용하여 속력을 얻게 된다.

만약 우주선이 빠른 속도로 행성의 공전속도를 따라 잡아 catch해서 돌아 빠져나가면, 모멘트 보전 방정식이 $-mv_1 - MU_1 = mv_2 - MU_2$로 바뀌기에 $v_2 = \frac{(1-m/M)v_1 - 2U_1}{1+m/M}$ $U_2 = U_1 + \frac{2m/M}{1+m/M}(v_1 - U_1)$가 되어 우주선은 오히려 속력을 잃는다. 오히려 행성이 속력을 얻게 된다. 이 경우가 위의 우주선과 금성의 경우와 같다.

이제 아래 그림과 같이 우주선이 운동을 한다면 얼마나 속력을 얻을 수 있을까?

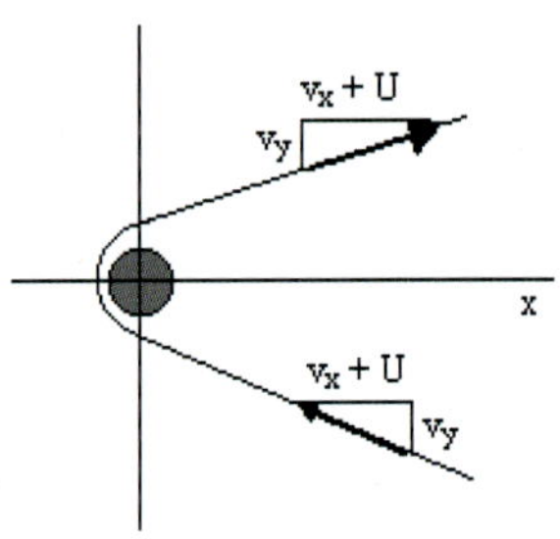

Planet's Rest Frame

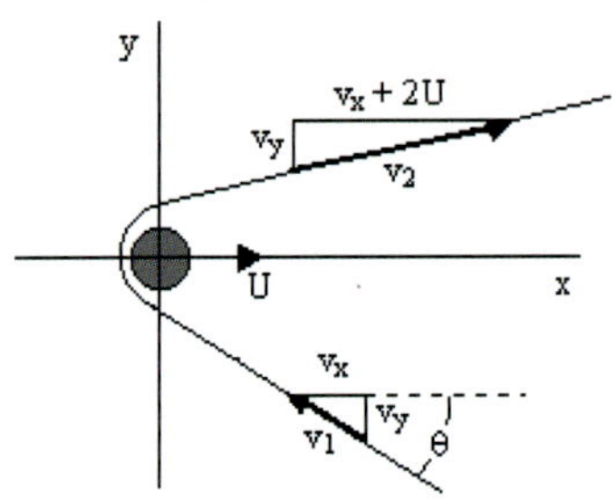

Solar Reference Frame

우주선이 입사각 θ로 위의 그림과 같이 운동한다면 $v_{1,x} = -v_1\cos\theta$, $v_{1,y} = v_1\sin\theta$이다. 그런데 $v_{2,x} = v_1\cos\theta + 2U$, $v_{2,y} = v_1\sin\theta$가 된다. 따라서 $v_2 = (v_1 + 2U)\sqrt{1 - \frac{4Uv_1(1-\cos\theta)}{(v_1+2U)^2}}$ 이 된다. $\theta = 0$이면, $v_2 = v_1 + 2U$가 되어

위의 경우와 같다. 만약 $\theta \rightarrow 90^\circ$ 가 되면, $v_2 \rightarrow \sqrt{v_1^2 + (2U)^2}$ 으로 속도를 얻는다.

$\cos\theta = -\dfrac{U}{v_1}$ 이면 $v_2 = v_1$ 이 된다. $U/v_1 = 0.5$ 인 경우, 이 값은 $120°$가 된다. 이를

θ에 따른 $\dfrac{v_2}{v_1}$ 을 그려 보면 다음 그림과 같다.

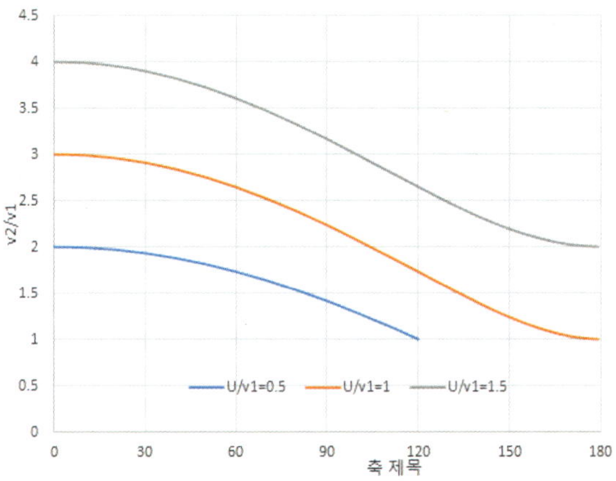

이런 방법으로 보이저 2호가 목성, 토성, 천왕성, 해왕성을 거치면서 각 행성의 중력 도움으로 속도를 얻어 태양계 바깥으로 여행할 수 있게 되었다(https://en.wikipedia.org/wiki/Gravity_assist 그림 참조).

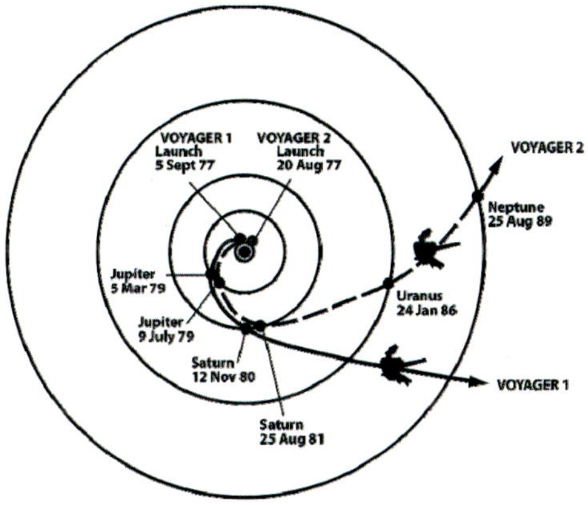

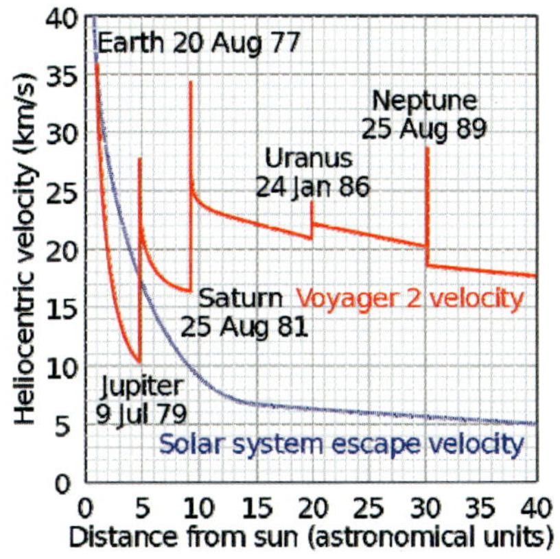

부록 영향 구(sphere of influence) 반경

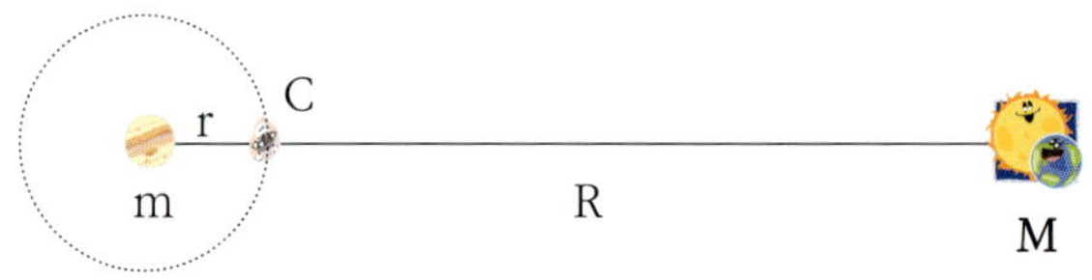

질량 m과 질량 M 사이에 질량이 거의 없는 우주선을 생각해 보자. 질량 m의 입장에서 먼저 생각해 보면 질량 m인 천체가 우주선 C에 주는 중력 가속도는 $\frac{Gm}{r^2}$ 이고, 질량 M에 의한 섭동은 $\frac{GMr}{R^3}$ 이다. 그리고 질량 M의 입장에서 생각해 보면 질량 M에 의한 중력 가속도는 $\frac{GM}{R^2}$ 이고, 질량 m에 의한 섭동은 $\frac{Gm}{r^2}$ 이다. 이제 질량 m과 M에 대한 섭동과 중력 가속도의 비를 각각 $\chi_m = \frac{\left(\frac{GMr}{R^3}\right)}{\left(\frac{Gm}{r^2}\right)}$, $\chi_M = \frac{\left(\frac{Gm}{r^2}\right)}{\left(\frac{GM}{R^2}\right)}$ 이라 하면, $\chi_m = \chi_M$일 때, 우리는 질량 m인 천체의 영향구(sphere of influence) 반경(r_{SOI})을 구할 수 있다. 즉

$$r_{SOI} = \left(\frac{m}{M}\right)^{2/5} R \qquad [식\ 5-64]$$

이 된다.

이에 반하여 힐 구(Hill sphere)는 다음과 같다. 위 그림에서 질량 M에 의해서 질량 m에 의한 계에 영향을 주는 힘을 생각해 보자. 우선 질량 M에 의해 질량

m에 의한 계에 주는 기조력은 $\frac{2GMr}{R^3}$이 된다. 그런데 이 힘은 질량 m에 의한 중력 가속도 $\frac{Gm}{r^2}$보다 크면 이 계는 부서진다. 따라서 이 불안정한계는 $r=\left(\frac{m}{2M}\right)^{1/3}R$이 된다. 이렇게 구한 반경을 가진 구를 힐 구(Hill sphere)라 한다. 이는 $m \ll M$, $r \ll R$인 경우에 잘 성립한다. 만약 $m < M$인 경우는 이 한계는

$$\frac{GM}{(R-r)^2} - \frac{GM}{R^2} = \frac{Gm}{r^2} \qquad \text{[식 5-65]}$$

인 관계를 갖는다. 만약 $x=\frac{r}{R}$이라 하면 위 방정식은 $f(x)=x^4-2x^3+\frac{m}{M}(1-x)^2=0$이다. 그러기에 $\frac{m}{M}$값에 대하여 $f(x)=0$의 근을 구하면 된다. 이를 아래 그림에 표시하였다. $\frac{m}{M}$의 값이 커질수록 위의 어림이 잘 맞지 않음을 볼 수 있다.

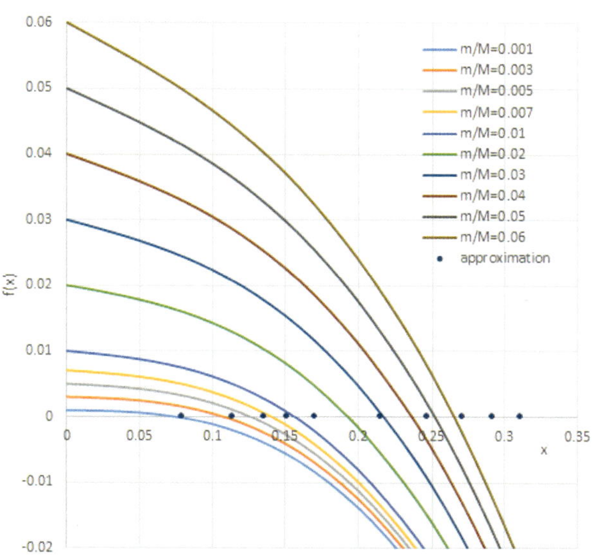

여섯 번째

생명체가 살기 위한 행성의 조건

행성계(planetary system)는 항성이 아닌 천체들이 항성 주위를 공전하는 체계로서 우주 어디에서나 흔하게 발견되며, 태양계(solar system)는 그중 하나이다. 행성뿐만 아니라 행성을 공전하는 위성, 그리고 소행성, 혜성, 유성체 등이 모두 행성계에 포함된다. 이 장에서는 생명체가 살기 위한 행성의 조건으로 행성의 온도, 행성의 대기 및 온실효과로 세부 주제를 나누어 이야기를 해볼까 한다.

첫 번째 질문

행성의 기본적 특성은 어떠할까?

본격적인 이야기의 시작에 앞서, 먼저 행성에 대한 보다 기본적인 특성에 대해 생각해보자.

첫째, 행성의 내부 구조는 어떠할까? 일반적으로 행성이 만들어질 때, 화학적으로 다른 물질들이 층을 이루면서 분리되는 현상이 일어난다. 무거운 원소는 가라앉아 중심부를 이루는 주성분이 되며 가벼운 원소는 바깥쪽을 주로 이루는데 이러한 현상을 분화(differentiation)라고 한다. 원시 지구의 진화 과정에서도 균질한 마그마의 바다 상태 이후, 철과 니켈 같은 무거운 금속성 원소들이 지구 중심에 가라앉아 핵을 이루었고, 규산염 물질과 같은 가벼운 물질들이 표면으로 떠올라 맨틀을 이루었다. 이러한 분화는 행성의 중력이 클수록 잘 일어난다.

둘째, 행성의 자기장은 어떻게 형성될까? 행성 중심부의 압력과 온도가 매우 높아, 중심부를 이루는 무거운 금속성 물질들이 아직 식지 않은 경우 용융 상태로 존재할 수 있다. 물론 내부 압력이 매우 높은 경우에는 구성 물질의 용융점이 내부 온도보다 높아 고체 상태로 존재할 것이다. 일반적으로 자전(rotation)을 생각할 때, 레코드 판의 회전 같은 강체의 회전을 흔히 떠올린다. 하지만 용융상태인 물질의 자전은 이와 양상이 다르다. 가령, 커피를 젓는 상황을 생각해보자. 레코드판의 회전과 달리 안쪽과 바깥쪽에서 커피가 돌아가는 회전 속도가 서로 다르다. 이를 차등자전(differential rotation)이라 한다. 마찬가지로 행성 내부의 고온에서 용융 상태로 존재하는 물질들은 완전히 이온화된 상태인 플라스마(plasma)의 형태로 존재하는데, (+)전하를 띠는 입자와 (−)전하를 띠는 입자가 질량 차이에 의해 회전 속도에 차이가 생긴다. 이로 인해 (+)극과 (−)극의 분리, 즉, 분극으로 인한 전류가 흐를 수 있으며 이 전류로 인해 자기장이 유도될 수 있다. 이것이 현재 천체의 자기장의 생성을 가장 설득력 있게 설명하는 것으로 여겨지는 다이나모 이론(dynamo theory)이다. 다시 말해, 천체의 자기장은 자전, 그중에서도 차등자전에 의해 형성된다는 것이다.

이 외에도 생각할 수 있는 행성의 기본적 특성은 여러 가지가 있다. 예를 들어, 행성의 중심부와 바깥쪽의 온도 차이로 인해 내부 물질의 대류(convection)가 일어날 수 있다. 이로 인해 지각판이 움직일 수 있으며 내부의 뜨거운 에너지가 분출하면서 화산, 해령 등의 지형도 생성된다. 또한 행성은 충분한 질량을 갖추어 중력에 의해 구형을 이룬다. 한편, 소행성이나 혜성과 같은 작은 천체의 경우에는 중력이 작아 내부 구조의 분화가 잘 이루어지지 못하고, 중력이 충분히 크지 않아 불규칙한 형태를 갖는다.

두 번째 질문 행성의 온도는 어떻게 결정될까?

교실의 기온이 20℃라고 할 때, 책상의 온도는 몇 ℃ 정도일까? 간단하게 책상 역시 20℃라고 생각할 수 있다. 오랫동안 기온 20℃의 교실에 놓인 책상은 에너지 평형에 의해 일정한 온도가 유지되는 것이다. 마찬가지로 우주 대폭발(big bang) 이후 팽창으로 인해 우주의 온도가 점점 감소하여 현재 우주의 온도가 $3K$라고 할 때, 우주 안의 입자들 역시 스스로 에너지를 생성하지 않는다면 $3K$의 온도를 유지할 것이다. 스스로 에너지를 생성하는 별의 주변에서는 중심별에서 방출되는 에너지를 받아 주변의 온도가 $3K$보다 높아지겠지만, 이 경우에도 역시 에너지 평형을 이룬다. 즉, 들어오는 에너지의 양(Ein)과 방출되는 에너지(Eout)의 양이 같다. 즉

$$E_{in} = E_{out} \qquad \text{[식 6-1]}$$

이때 에너지 유입량(E_{in})은 바깥에서 들어오는 에너지($E_{바깥}$)와 내부에서 생성되는 에너지($E_{내부}$)의 합으로 표현될 수 있다. 즉

$$E_{in} = E_{바깥} + E_{내부} \qquad \text{[식 6-2]}$$

햇볕에 있을 때 자동차 보닛의 온도변화를 생각해보자. 태양으로부터 받은 열 때문에 자동차 보닛의 온도는 증가하게 된다. 그러나 자동차에 시동이 걸려 있으면 자동차 내부에서 발생되는 열 때문에 온도는 더 올라갈 것이다. 그러나 한없이

온도가 증가되는 것이 아니라 자동차도 복사를 내기에 높은 온도이지만 시간이 많이 지나면 평형된 온도를 유지하게 된다. 스스로 에너지를 생성하는 별의 경우에는 바깥으로부터 받는 에너지($E_{바깥}$)보다는 상대적으로 내부에서 생성되는 에너지($E_{내부}$)가 더 많으며, 행성의 경우에는 방사성 동위원소의 붕괴열 등으로 내부에서 생성되는 에너지($E_{내부}$)도 물론 있지만 중심별로부터 받는 에너지($E_{바깥}$)가 에너지 유입량(Ein)의 대부분을 차지한다.

이제 에너지의 평형을 기본 개념으로 하여 행성의 온도가 어떻게 결정되는지 유도해보자. **❙그림 6-1❙**과 같이 반지름이 R인 행성이 중심별로부터 r만큼 떨어져 있을 때의 행성의 온도를 계산해보자.

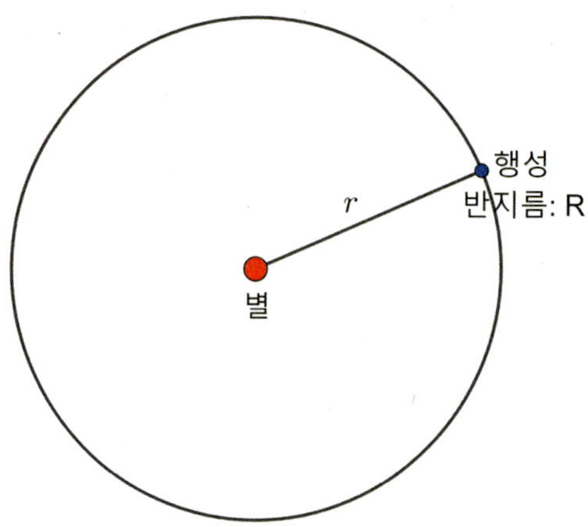

❙그림 6-1❙ 중심별을 공전하는 행성

중심별이 단위시간당 생성하는 에너지, 즉 별의 광도(Luminosity)를 L이라고 할 때, 행성이 별로부터 단위시간, 단위면적당 받는 에너지는 $\frac{L}{4\pi r^2}$이고 총 πR^2의 면적에 대해 에너지를 받으므로, 중심별로부터 행성에 단위시간당 유입되는 에너지($\dot{E}_{바깥}$)는 $\dot{E}_{바깥} = \frac{L}{4\pi r^2} \times \pi R^2$으로 쓸 수 있다. 그런데 행성에 이만큼의 에너지가 모두 유입되는 것이 아니다. 일부는 행성의 표면이나 대기에서 반사되어 흡수되지 못한다. 따라서 행성의 에너지 반사율(Albedo)을 A라고 할 때, 반사되는 에너지를 제외한 $(1-A)$가 흡수율에 해당되어 행성이 중심별로부터 단위시간당 받는 에너지는 $\dot{E}_{바깥}=\frac{(1-A)L}{4\pi r^2}\times\pi R^2$로 다시 정리된다. 그리고 단위시간당 행성 내부에서의 에너지 생성률을 $\dot{E}_{내부}$라고 하면, 단위시간 동안 행성에 유입되는 에너지($\dot{E}$in)는 $\dot{E}_{바깥}+\dot{E}_{내부}$이므로

$$\dot{E}_{in}=\frac{(1-A)L}{4\pi r^2}\times\pi R^2+\dot{E}_{내부} \quad [식\ 6-3]$$

이다. 이 값은 에너지 평형에 의해 단위시간 동안 행성에서 방출되는 에너지의 양($\dot{E}$out)과 같다. $\dot{E}$out은 슈테판-볼츠만 법칙에 의해 표현될 수 있는데, 단위시간, 단위면적당 행성에서 방출되는 에너지 플럭스(flux)는 $\sigma T^4_{행성}$이고, 행성의 전체 표면적이 $4\pi R^2$이므로, 단위시간 동안 행성에서 방출되는 에너지($\dot{E}$out)는

$$\dot{E}_{out}=4\pi R^2\sigma T^4_{행성} \quad [식\ 6-4]$$

으로 쓸 수 있다. 따라서 $\dot{E}$in$=\dot{E}$out에 의해 식을 정리하면,

$$\frac{(1-A)L}{4\pi r^2}\times\pi R^2+\dot{E}_{내부}=4\pi R^2\sigma T^4_{행성} \quad [식\ 6-5]$$

이므로, 행성의 온도는

$$T_{행성}=\left(\frac{(1-A)L}{16\pi r^2\sigma}+\frac{\dot{E}_{내부}}{4\pi R^2\sigma}\right)^{\frac{1}{4}} \quad [식\ 6-6]$$

로 계산된다.

단위 시간 동안 행성 내부에서 생성되는 에너지($\dot{E}_{내부}$)는 단위 시간, 단위 부피당 생성되는 에너지를 $\dot{\epsilon}_{내부}$라고 할 때, $\dot{E}_{내부} = \frac{4}{3}\pi R^3 \dot{\epsilon}_{내부}$로도 표현할 수 있다. 따라서 행성의 온도는

$$T_{행성} = \left(\frac{(1-A)L}{16\pi r^2 \sigma} + \frac{R\dot{\epsilon}_{내부}}{3\sigma} \right)^{1/4} \qquad [식\ 6-7]$$

라고도 쓸 수 있다. 일반적으로 행성의 내부에서 생성되는 에너지는 중심별로부터 받는 에너지의 양보다 무시할 수 있을 정도로 작기 때문에$\left(\frac{R\dot{\epsilon}_{내부}}{3\sigma} \ll \frac{(1-A)L}{16\pi r^2 \sigma} \right)$, 간단하게 행성의 온도를

$$T_{행성} = \frac{(1-A)^{1/4} L^{1/4}}{(16\pi\sigma)^{1/4} r^{1/2}} \qquad [식\ 6-8]$$

으로 표현할 수 있다. 이로써 행성의 온도는 $T_{행성} \propto \left(\frac{L}{r^2} \right)^{\frac{1}{4}}$의 관계를 가짐을 확인할 수 있다. 즉, 행성의 온도는 행성의 크기(R)와는 관련이 없고, 단지 중심별의 광도(L)와 중심별로부터의 거리(r)에 의존한다. 중심별의 광도가 클수록, 중심별로부터의 거리가 가까울수록 행성의 표면온도는 높다. 만약 먼지가 중심별로부터 r의 거리에 위치해 있다면 이 먼지의 온도도 그곳에 위치한 행성의 온도와 동일하다.

세 번째 질문

생명 가능 지대(habitable zone, HZ)란?

물은 생명체가 살 수 있는 굉장히 좋은 조건을 제공하며 생명체가 존재하기 위해 없어서는 안 될 매우 중요한 요소 중 하나이다. 행성계에서 '생명 가능 지대(HZ)'는 행성의 표면 온도가 너무 높거나 너무 낮지 않고 적당한 상태로서 액체상태의 물이 존재하여 생명체가 거주할 수 있는 영역을 의미하며, 영국의 동화 '골디락스와 곰 세 마리'에서 유래하여 '골디락스 존(goldilocks zone)'이라고도 한다. 예를 들어 −100℃(173K)부터 100℃(373K)까지를 생명체가 살 수 있는 온도라고 설정할 때, 행성의 표면 온도가 이 온도대에 해당하는 경우 행성이 생명 가능 지대(HZ)에 속한다고 이야기할 수 있다. 즉, 생명 가능 지대(HZ)에 해당하는지의 여부를 행성의 표면 온도를 통해 판단할 수 있다.

행성의 온도는 위에서 정리한 바와 같이 중심별의 광도(L)와 중심별로부터의 거리(r)에 따라 달라지며, $\frac{(1-A)}{16\pi\sigma}=\alpha$ 라고 하면, 행성의 온도 $T_{행성}=\alpha^{\frac{1}{4}}\left(\frac{L}{r^2}\right)^{\frac{1}{4}}$ 이라고 쓸 수 있다. 따라서 생명체 거주 가능 온도대가 T_1부터 T_2 사이라고 할 때,

$$T_1 < \alpha^{\frac{1}{4}}\left(\frac{L}{r^2}\right)^{\frac{1}{4}} < T_2 \qquad \text{[식 6-9]}$$

즉, $T_1^4 < \alpha\frac{L}{r^2} < T_2^4$에 해당하는 행성의 온도 범위가 생명 가능 지대(HZ)에 해당한다. 이를 다시 정리하면, $\frac{T_1^4}{\alpha L} < \frac{1}{r^2} < \frac{T_2^4}{\alpha L}$ 이 되고, 이는 $\frac{r^2 T_1^4}{\alpha} < L < \frac{r^2 T_2^4}{\alpha}$ 혹은

$\frac{\alpha L}{T_2^4} < r^2 < \frac{\alpha L}{T_1^4}$ 가 된다. 따라서

$$2\log r + \log\left(\frac{T_1^4}{\alpha}\right) < \log L < 2\log r + \log\left(\frac{T_2^4}{\alpha}\right) \qquad [\text{식 } 6-10]$$

혹은

$$\log L - \log\left(\frac{T_2^4}{\alpha}\right) < 2\log r < \log L - \log\left(\frac{T_1^4}{\alpha}\right) \qquad [\text{식 } 6-11]$$

로 쓸 수 있다. 이제 $\log r$을 x축, $\log L$을 y축으로 하여 그래프로 나타내면 **| 그림 6-2 |**와 같다.

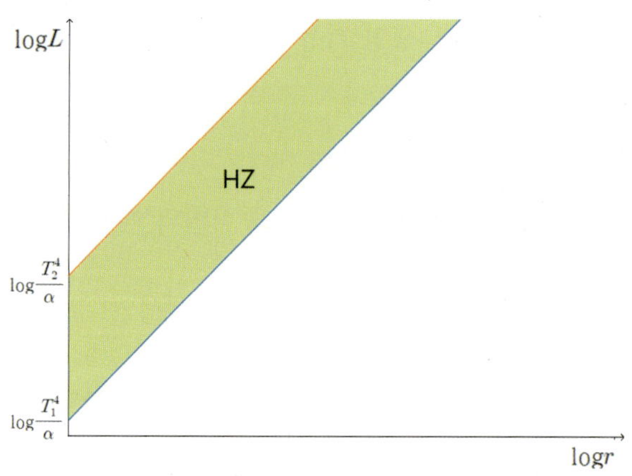

| 그림 6-2 | 그래프에서 생명 가능 지대(HZ)의 표현

| 그림 6-2 |와 같은 그래프에서 지구는 태양에 대한 생명 가능 지대(HZ)에 포함되게 그려질 것이며, 태양계뿐만 아니라 외부의 어떤 행성계에 대해서라도 이러한 그래프를 통해 생명 가능 지대(HZ)를 판단할 수 있을 것이다.

그런데 생명이 가능하려면 충분한 진화의 시간이 필요하다. 일반적으로 별은 주계열상에 있을 때에 가장 안정되며, 가장 오래된 시간을 보낸다. 그런데 별의 질량이 크면 클수록 광도가 크기에 이 별이 주계열에 있을 시간은 일반적으로

$$t_{주계열} \simeq 100\left(\frac{M}{M_{\odot}}\right)^{-2.5} \text{억 년} \quad [식\ 6-12]$$

이다. 그런데 생명체가 존재하려면 5억 년 이상 중심별이 안정되어야 하기에 별의 질량은 $3.3\,M_{\odot}$ 이하가 되어야 한다.

또한 어떠한 행성이 생명 가능 지대(HZ)에 포함된다고 해서, 그 행성에 반드시 생명체가 존재한다고 이야기할 수 있을까? 그렇지 않다. 생명 가능 지대(HZ)는 액체상태의 물이 존재할 수 있는 행성의 온도 범위만을 고려하였지만, 행성에 생명체가 살기 위해서는 물 외에도 다른 필수적인 요건들이 있다. 그중 하나가 바로 행성의 대기이다. 대기는 외부로부터 오는 우주선(cosmic ray)을 막아주는 역할을 하여 생명체의 존재에 필수적이다. 물론 자기장도 마찬가지이다. 따라서 다음으로는 행성의 대기에 대해 이야기하고자 한다.

네 번째 질문 행성의 대기 분포는 어떻게 이루어지는가?

행성의 대기 분포는 어떻게 이루어질까? 물론 고도에 따라 대기의 기온이 달라지지만, 행성 내에서 고도에 따른 기온 차이가 행성과 행성 사이의 온도 차이에 비해 작은 값을 지니므로 행성의 표면 온도와 대기의 온도가 같다고 가정하자. 기체 입자들이 이상 기체와 같이 운동한다고 할 때, 대기 입자들의 속도 분포는 **[그림 6-3]**과 같이 맥스웰 분포를 따른다.

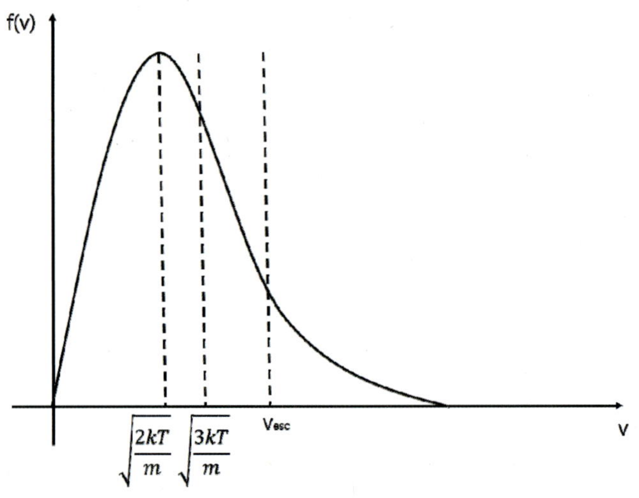

[그림 6-3] 맥스웰-볼츠만 속도 분포 곡선

x축은 기체의 속도, y축은 그 속도에 해당하는 기체의 분포 정도를 나타낸다. 맥스웰 분포 함수가 고속도의 긴 꼬리라 불리는 부분을 가지는 것은, 적은 수이지만 확률적으로 충돌의 결과로 매우 빠르게 움직이게 된 입자들이 생겨나기 때문이

다. 기체의 질량이 m이고 기온이 T라고 하면, 이 분포 곡선의 극대에 해당하는 속도는 $\sqrt{\frac{2kT}{m}}$ 이며, 이는 이 분포 곡선의 식을 v에 대해서 미분하여 그 값이 0일 때의 v 값에 해당한다. 기체의 평균 속도는 $\frac{1}{2}m\bar{v}^2 = \frac{3}{2}kT$임을 이용하여 다음과 같이 구한다.

$$\bar{v} = \int_0^\infty vf(v)dv = \sqrt{\frac{3kT}{m}}$$ [식 6-13]

$\sqrt{\frac{3kT}{m}}$ 는 기체의 운동 에너지의 평균을 나타내므로 의미 있는 물리량이다.

물체가 천체의 표면에서 탈출할 수 있는 최소한의 속도를 탈출 속도라고 하는데, 이는 물체의 운동 에너지가 행성의 중력 퍼텐셜 에너지를 이겨낼 때 탈출할 수 있음을 이용해 구할 수 있다. 대기의 입자의 질량이 m, 행성의 질량이 M, 대기 입자로부터 행성 중심까지의 거리가 R이라고 하면 대기의 탈출 속도는 다음과 같다.

$$\frac{1}{2}mv_{esc}^2 = \frac{GMm}{R} \rightarrow v_{esc} = \sqrt{\frac{2GM}{R}}$$ [식 6-14]

따라서 대기 입자의 속도가 탈출 속도보다 큰 경우, 며칠 이내로 행성을 탈출할 수 있을 것이다. 행성이 대기를 수십억 년 동안 계속 보유하기 위해서는 행성에서의 이탈 속도가 대기의 입자 속도의 6배는 넘어야 한다. 즉

$$\sqrt{\frac{3kT}{m}} < \frac{1}{6}\sqrt{\frac{2GM}{R}} \rightarrow \frac{3kT}{m} < \frac{1}{18}\frac{GM}{R} \rightarrow \frac{54kTR}{GM} < m$$

[식 6-15]

이다. 행성 내에서 밀도 차이가 존재하지만, 차이 값이 작으므로 어떤 행성의 밀도가 일정하다고 가정하자. 행성의 밀도를 $\rho_{행}$라고 하여 위 식을 다음과 같이 나타낼 수 있다.

$$\frac{54kTR}{G\frac{4}{3}\pi R^3 \rho_{행}} < m \rightarrow m_0 = \frac{81}{2}\frac{kT}{G\rho_{행}\pi R^2} < m \qquad [식\ 6-16]$$

부등식의 좌변은 행성에서 거의 일정한 값을 가지므로 m_0라 하자. 어떤 행성에 대해서 m_0를 계산한 후, m과 비교하면 대기가 행성에 존재할지, 탈출할지 알 수 있다. 즉, $m_0 > m$이면 행성으로부터 대기의 입자가 탈출하고, $m_0 < m$이면 대기의 입자가 행성에 존재한다.

m_0값은 T가 커지거나 R이 작아지면 커진다. 예를 들어, 지구와 달을 비교해보자. 지구의 온실 효과를 고려하지 않는다면, 지구와 달은 태양으로부터의 거리가 비슷하므로 거의 온도가 비슷하다고 할 수 있다. 그러나 지구의 크기가 달의 크기보다 훨씬 크므로 지구의 m_0값이 달의 m_0값보다 작을 것이다. 질소는 지구에는 존재하지만 달에는 존재하지 않는다. 이는 달의 m_0값이 지구보다 크기 때문에 대기 조성에 차이가 발생하는 것이다. 타이탄은 위성임에도 불구하고 대기를 가지고 있다. R이 작지만 T가 굉장히 작아 m_0값이 상대적으로 작다. 따라서 대기가 존재할 수 있는 확률을 가진다. 타이탄에는 메탄 가스가 분포한다. 목성은 T는 작지만, R이 굉장히 크므로 m_0값이 아주 작다. 따라서 모든 기체가 존재할 수 있다.

다섯 번째 질문 대기는 행성의 온도에 어떠한 영향을 줄까?

우리는 앞서 왜 달과 지구의 대기 조성에 차이가 발생하는지 알아보았다. 달에는 대기가 없지만 지구에는 대기가 있다. 그렇다면 대기를 가짐으로써 발생하는 효과는 무엇일까?

대기가 없는 달은 태양 복사 에너지를 흡수한 만큼 달 복사 에너지를 방출하며, 달의 온도가 이론적인 계산에 의한 온도와 같다. 즉 $\sigma T_{달}^4 = \sigma T_{이론}^4$ 이다. 따라서

$$T_{달} = T_{이론} \qquad [식\ 6-17]$$

이다. 우리의 행성 지구도 태양 복사 에너지를 흡수한 양만큼 지구 복사 에너지를 방출하므로 복사 평형 상태에 있다. 즉 $\dot{E}_{\text{in}} = \dot{E}_{\text{out}}$ 이다. 그렇지만 지구의 온도는 중심별로부터의 거리만을 고려한 이론적인 계산에 의한 온도와 같지 않다. 지구는 이론적인 계산에 의한 온도보다 온도가 높다. 지금부터 그 원인을 알아보자.

지구의 대기는 가시광선 영역에서 가장 강한 태양 복사 에너지는 대부분 통과시키는 반면 적외선 영역에서 가장 강한 지구 복사 에너지는 대부분 흡수한다. 이렇게 대기가 흡수한 에너지 가운데 일부는 밖으로 방출하고 대부분은 다시 지표를 향하여 역복사한다. 이처럼 대기에 포함되어 있는 온실 기체가 지구 복사 에너지의 일부를 흡수하였다가 지표로 재방출하는 현상을 '온실 효과'라 한다.

지금부터는 **|그림 6-4|**와 같이 반사되는 에너지 및 대기에 흡수되는 에너지, 대류와 전도, 잠열에 의한 효과 등을 무시한다고 가정하자. **|그림 6-4|**에서 대기가 있을 때 단위 시간당 유입되는 에너지($\dot{E}_{\mathrm{in}}$)는 단위 시간당 태양 복사 에너지($\dot{E}_{in(태양)}$) 및 단위 시간당 대기로부터 역복사하여 받는 에너지($\dot{E}_{in(대기)}$)의 합이며 이 합이 단위 시간당 지표에서 방출되는 에너지 양($\dot{E}_{\mathrm{out}(지표)}$)과 같아 복사 평형을 이룬다. 즉

$$\dot{E}_{\mathrm{in}(태양)} + \dot{E}_{\mathrm{in}(대기)} = \dot{E}_{\mathrm{out}(지표)} \qquad [식\ 6-18]$$

지표에서 방출되는 에너지($\dot{E}_{\mathrm{out}(지표)}$)는 대기가 흡수하여 일부는 지구 밖으로 방출하고($\dot{E}_{\mathrm{out}}$) 일부는 지표를 향하여 재복사한다($\dot{E}_{\mathrm{in}(대기)}$).

$$\dot{E}_{\mathrm{out}(지표)} = \dot{E}_{\mathrm{out}} + \dot{E}_{\mathrm{in}(대기)} \qquad [식\ 6-19]$$

이때 지표가 방출하여 대기가 흡수한 에너지 중 지구 밖으로 방출되는 에너지($\dot{E}_{\mathrm{out}}$)와 지표를 향하여 재복사한 에너지($\dot{E}_{\mathrm{in}(대기)}$)가 같다고 특별히 가정하자. 즉

$$\dot{E}_{\mathrm{out}} = \dot{E}_{\mathrm{in}(대기)} \qquad [식\ 6-20]$$

앞선 가정에 의해 얻은 식들에 의해 다음과 같이 나타낼 수 있다.

$$\dot{E}_{\mathrm{in}} = \dot{E}_{\mathrm{out}} = \dot{E}_{\mathrm{in}(대기)} = \dot{E}_{\mathrm{in}(태양)} \qquad [식\ 6-21]$$

따라서 $\dot{E}_{\mathrm{out}(지표)}$를 구해보면,

$$2\dot{E}_{in(태양)} = \dot{E}_{out(지표)} \rightarrow 2\sigma T^4_{이론} = \sigma T^4_{지표} \rightarrow T_{지표} = 2^{\frac{1}{4}} T_{이론}$$

[식 6-22]

이다. 지구가 대기를 가짐으로써 지구 지표면의 온도가 이론적 계산에 의한 온도보다 $2^{\frac{1}{4}} \simeq 1.2$배 큰 값을 갖게 된다. 이처럼 대기로 인하여 지구 표면의 온도가 상승하는 현상을 '대기 효과' 또는 '온실 효과'라 한다.

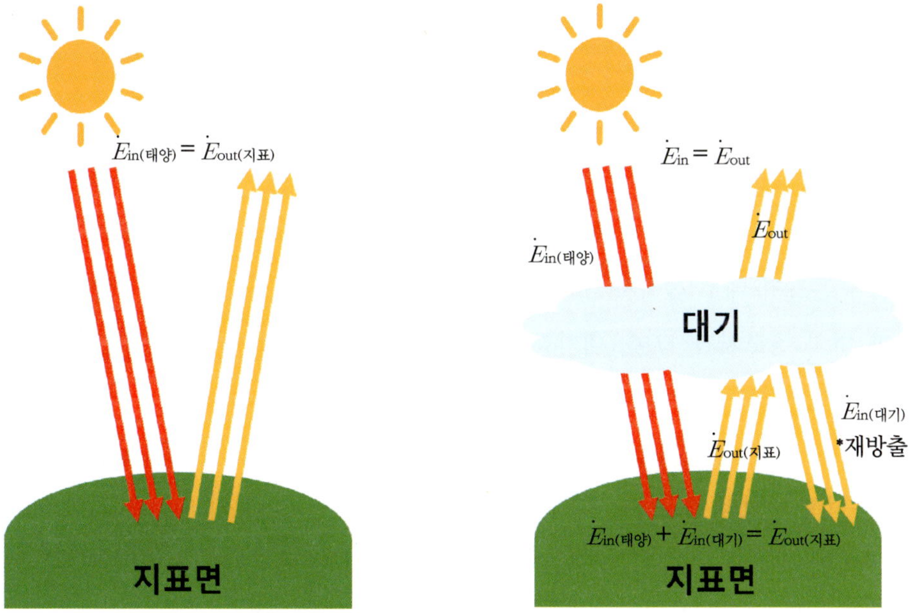

그림 6-4 대기가 있을 때와 없을 때 비교

금성의 평균 온도는 약 740K이다. 금성의 온도는 왜 이렇게 높은 것일까?

금성의 초기 온도는 지금처럼 높지 않았을 것이다. 금성은 대기를 가지므로 대기 효과에 의해 이론적 계산에 의한 온도보다 증가하게 되고, 온도가 증가함에 따라 지각의 탄산 가스가 대기 중으로 증발하여 대기 중 이산화탄소가 증가하게 된다. 이에 따라 대기 중 이산화탄소에 의한 대기 효과로 인해 온도가 증가하게 되고 이와 같은 현상이 반복되면서 금성의 온도는 계속해서 증가한다. 금성의 온도는 금성의 지각에서 이산화탄소가 다 빠져나와 더 이상 빠져나올 수 없을 때까지 증가할 것이다. 이와 같은 현상을 'runaway greenhouse effect'라 한다.

화성의 경우는 어떠할까? 화성은 지구보다 태양으로부터 더 멀기 때문에 이론적 계산에 의한 화성의 초기 온도는 낮았을 것이다. 화성은 대기를 가지므로 대기효과에 의해 온도가 증가한다. 그러나 화성의 온도는 낮기 때문에 대기 중 이산화탄소가 드라이아이스가 되어 극관 및 지각 등에 결합한다. 이산화탄소의 일부가 대기로부터 제거되면서 온실 효과가 감소하여 온도가 떨어지고, 대기 중 더 많은 이산화탄소가 드라이아이스가 되어 온도가 낮아지는 현상이 반복된다. 이와 같은 현상을 'runaway refrigerator effect(reverse greenhouse effect)'라 한다.

지구형 행성 가운데 수성에만 대기가 없다. 수성은 태양으로부터 거리가 가깝기 때문에 온도가 매우 높아서 대기가 존재하기가 어렵다. 그리고 대기가 없는 탓에 낮과 밤의 온도차가 크며, 대기효과도 없다.

목성, 토성과 같은 목성형 행성의 대기는 가벼운 휘발성 기체들로 이루어져 있다. 목성형 행성의 경우에는 다양한 원인에 의한 내부 에너지의 방출에 의해 이론적 계산에 의한 온도보다 높은 온도를 갖는다. 현재 내부 에너지가 어떤 방식으로 생성되는지는 정확히 밝혀지지 않았다.

앞에서의 예를 통하여 중심별로부터의 거리에 따라 온실효과가 어떻게 다르게 일어나는지, 거리에 따라 현재의 상태가 어떻게 달라질 수 있는지 알 수 있다. 그런 점에서 지구가 태양으로부터 적당한 거리에 떨어져 있어 생명체가 살기에 알맞게 대기를 갖고 또 대기 효과가 발생한다는 사실에 새삼 감사하지 않을 수 없다.

일곱 번째

외계 행성체 그리고 기조력

첫 번째 질문

외계 행성체를 어떻게 발견했을까?

최근에 외계 행성이 많이 발견되고 있다. 외계 행성이란 태양계 밖의 행성으로, 태양이 아닌 다른 항성 주위를 공전하고 있는 행성이다. 외계 행성은 지구와 멀리 떨어져져 있어 그 존재 자체에 대해서도 오랜 시간에 걸쳐 많은 과학자 및 철학자들의 관심사였다. 이번 장에서는 이제까지 앞에서 이야기한 내용을 종합하여 페가수스 자리 51번 별 주위를 공전하는 외계 행성 '51 peg b'를 예로 들어 외계 행성의 발견이 어떤 방법으로 가능하게 되었는지 이야기해 보려고 한다.

과거에는 쌍성 관측을 많이 했다. 쌍성계(binary system)란 두 개의 별이 공통의 질량 중심(center of mass)을 기준으로 공전하며 서로에게 영향을 끼치는 별들의 구조를 가리킨다. 굉장히 많은 별들이 두 개 또는 세 개 등 무리를 지어 존재하며, 서로 중력적으로 작용한다.

우리 태양은 다른 별들과 중력적으로 묶여 있지 않고 홀로 고립된 항성으로서 행성계를 이룬다. 행성계는 **|그림 7-1|** 과 같이 중심별의 질량이 중심별 주위를 공전하는 천체의 질량에 비해 매우 크므로 공통 질량 중심이 중심별 안에 존재한다. 쌍성의 경우에는 **|그림 7-2|** 와 같이 두 별의 질량이 비슷하므로 공통 질량 중심이 별 밖에 존재한다.

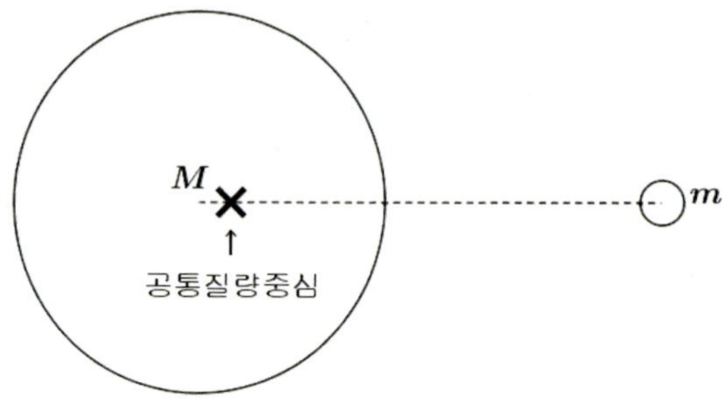

┃그림 7-1┃ 행성계($M \gg m$)

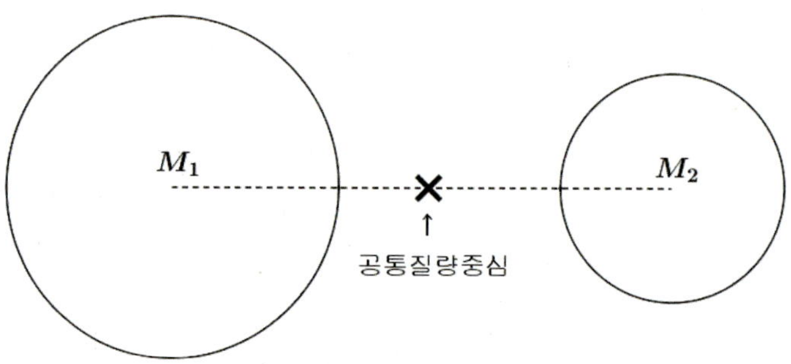

┃그림 7-2┃ 쌍성계($M_1 \approx M_2$)

두 별이 멀리 떨어져 있어 두 별이 서로 왔다 갔다 하는 것을 망원경으로 관측 가능한 별들이 있다. 이를 안시 쌍성(visual binaries)이라고 하는데, 2장에서 살펴본 분해능을 상기해 본다면 우리 지구에서 가까운 별들이 안시 쌍성으로 관측되기 쉽다는 것을 알 수 있을 것이다. 안시 쌍성에는 장주기인 것이 많다.

쌍성에는 분광 쌍성(spectroscopic binaries)이라는 것도 있는데, 분광 쌍성은 안시 쌍성과는 달리 두 별이 매우 가까이 붙어 있어 분리가 잘 되지 않아 홑별(single star)처럼 보이며, 거대한 망원경으로도 관측이 어렵다. 이 경우에는 도플러 효과에 의한 스펙트럼 선들의 이동을 통해 쌍성임을 알아낼 수 있다. 분광 쌍성에는 주기가 짧은 것이 많다. 안시 쌍성의 궤도를 구하는 방식을 이용하여 '토성-타이탄'의 궤도를 구할 수 있으며, 분광 쌍성의 궤도를 구하는 방식으로 목성 주위의 '갈릴레

이 위성'의 궤도를 구할 수 있다.[1)]

이처럼 꼭 쌍성 관측이 아니더라도 같은 중력장 안의 움직임을 관측하여 그 궤도를 구할 수 있을 것이다. 그렇지만 외계 행성체의 경우에는 이야기가 다르다. 외계 행성을 관측하려면 망원경 구경이 굉장히 커야 할 것이며, 분광기도 성능이 매우 좋아야 한다. 따라서, 이는 쉽지 않은 일이긴 하지만, 외계 행성체의 발견이 어떤 방법으로 가능할 수 있는지 우리 태양계를 예로 들어 보자.

태양계 행성 중 질량이 가장 큰 목성을 예로 들어보자. 목성이 태양의 움직임에 얼마만큼 영향을 미칠까? 태양과 목성은 공통 질량을 중심으로 중력적으로 상호작용하므로 태양과 목성의 운동량은 서로 같다. 즉

$$M_{태양} V_{태양} = M_{목성} V_{목성} \qquad [식\ 7-1]$$

이다. 이때, 태양과 목성의 공통 질량 중심이 태양의 중심 바로 옆에 있기 때문에 태양이 공간상에서 이동하는 것은 보이지 않지만, 흔들림 정도는 관측이 된다. 이 태양의 흔들림 속도($V_{태양}$)는 태양 질량이 목성에 비해 약 1,000배 정도 크므로 목성의 움직임 속도($V_{목성}$)의 약 1/1000배이다. 목성은 초당 약 13km의 속도로 공전하므로 태양은 약 13m/s로 움직인다.

목성 공전 속도 구하기

(a: 궤도 장반경, P: 공전 주기, $1\,AU/year \fallingdotseq 4.74\,\mathrm{km/s}$

$$V_{목성} = \frac{2\pi a}{P} \approx \frac{2\pi \times 5.2\,AU}{11.8\,yr} \approx \frac{2\pi \times 5.2}{11.8} \times 4.74\,\mathrm{km/s} \approx 13\,\mathrm{km/s}$$

[식 7-2]

---

1) 이에 대한 자세한 내용은 "최승언 등, 2019, 참탐구를 위한 천문 관측 활동 (교육과학사)"를 참고하시오.

즉, 태양의 움직임을 알아내려면 분광기가 약 13m/s의 움직임을 분해해 낼 수 있어야 한다.

10m/s의 움직임을 분해하는 분광기의 성능은 어느 정도인지 구해보자. 도플러 효과에 의해 $\frac{\Delta\lambda}{\lambda}=\frac{v}{c}$이다. 만약 $\lambda = 5000\,Å$ 이고, 태양 움직임의 속도를 계산의 편의를 위해 실제보다 과장된 값으로 $v = 30\,m/s$라 한다면, $\Delta\lambda$는 다음과 같다.

즉

$$\Delta\lambda = \frac{v}{c}\times\lambda = \frac{30\,m/s}{3\times10^{8}\,m/s}\times 5000\,Å = \frac{1}{2000}\,Å \qquad \text{[식 7-3]}$$

옹스트롬 자체도 굉장히 작은 단위인데, 목성에 의한 태양의 움직임을 관측하기 위해서는 $\frac{1}{2000}\,Å$을 분해할 수 있는 분광기가 필요한 것이다.

쌍성 관측의 경우에는 두 별이 모두 스펙트럼을 나타내며 대략 10~30km/s의 움직임만을 분해하면 되므로 $0.5\,Å$을 분해할 수 있는 분광기면 되었다.

$$\Delta\lambda = \frac{\mathrm{v}}{\mathrm{c}}\times\lambda = \frac{30\,\mathrm{km/s}}{3\times10^{8}\,\mathrm{m/s}}\times 5000\,Å = \frac{1}{2}\,Å \qquad \text{[식 7-4]}$$

즉, 목성에 의한 태양의 움직임을 관측하기 위해선 예전에 비해 약 1/1000배를 분해해 낼 수 있어야 하는 것이다. 이는 고도로 발전된 기술일 때 가능할 것이다. 그러나 최근에 분광기 기술의 발전으로 아주 미묘한 것도 관측 가능하게 되었다.

만약 고해상도의 분광기로 태양의 흔들림을 관측할 수 있다면 이를 통해 간접적으로 목성의 존재를 발견할 수 있다. 이와 같은 방법으로 외계 행성체가 발견된 것이다.

매우 멀리 떨어져 있는 외계 행성체는 희미하여 관측이 어려운 반면, 외계 행성체의 모항성은 훨씬 밝으므로 관측이 용이하다. 즉, 분광기 성능이 충분히 발전되었다고 할 때, 도플러 효과를 이용하여 모항성의 흔들림을 관측한다면 모항성을 중력적으로 흔들고 있는 외계 행성체를 발견할 수 있는 것이다.

1995년 페가수스 자리 51번 별 근처에서 외계행성 '51 peg b'가 발견되었다. '51 peg b'는 태양처럼 평범한 주계열성 주위를 도는 행성 중 최초로 발견된 외계 행성이라는 점에서 의미가 특별하다. 그 이후로 다양한 방법으로 많은 외계 행성들이 발견되고 있다.

두 번째 질문 51 peg b의 공전주기는 어떻게 구할까?

행성의 주기는 행성의 공전 궤도 장반경과, 중심별의 질량과 같은 중요한 정보를 제공한다. 즉, 앞에서 이야기한 외계 행성 51 peg b의 주기를 구하면 이 외계 행성의 공전 궤도 장반경뿐만 아니라 그 중심별인 페가수스 자리 51번 별의 질량도 구할 수 있는 것이다. 그렇다면 행성의 공전 주기는 어떻게 구할 수 있을까?

행성의 공전 주기는 모항성의 시선 속도를 관측하여 구할 수 있다. 시선 속도(radial velocity)란 관측자가 보는 시선 방향으로의 속도를 말하며, 이 시선 속도는 천체의 스펙트럼에 나타나는 도플러 효과에 의해 구한다.

$$\frac{\Delta\lambda}{\lambda_0} = \frac{V_R}{C} \qquad \text{[식 7-5]}$$

시선 속도에 대해 더 잘 이해하기 위해 타원의 궤도 속도를 알아보자.

타원 궤도의 임의의 한 점 (r, θ)에서 궤도 속도 V는 시선 방향의 성분인 시선 속도(V_r)와 이에 수직인 각도 성분 속도(V_θ)으로 분해된다. **┃그림 7-3┃**에서 중심별에서 가장 가까워졌다가 점점 멀어지는 위치인 근일점과, 중심별에서 가장 멀어졌다가 점점 가까워지는 원일점에서 $V_r = 0$, $V_\theta \neq 0$이다. 이제 V_r, V_θ 값을 구해보자.

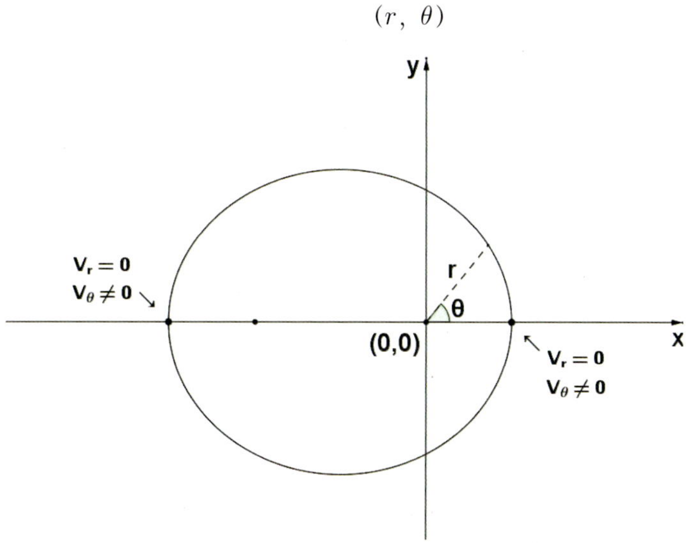

|그림 7-3| 타원 궤도

타원의 극방정식은 $r = \dfrac{a(1-e^2)}{1+ecos\theta}$ 이고,

$$\frac{dA}{dt} = \frac{1}{2}r^2\frac{d\theta}{dt} = \frac{1}{2}r^2\dot{\theta} \rightarrow \frac{dA}{dt} = \frac{\pi ab}{P} = \frac{\pi a^2\sqrt{1-e^2}}{P}$$

$$\rightarrow r^2\dot{\theta} = \frac{2\pi a^2\sqrt{1-e^2}}{P} \qquad \text{[식 7-6]}$$

이며,

$$r\dot{\theta} = \frac{2\pi a^2\sqrt{1-e^2}}{P} \times \frac{1}{r} \rightarrow V_\theta = r\dot{\theta} = \frac{2\pi a^2\sqrt{1-e^2}}{P} \times \frac{1+e\cos\theta}{a(1-e^2)}$$

[식 7-7]

이기에

$$V_\theta = \left(\frac{2\pi a}{P}\right)\frac{1+e\cos\theta}{\sqrt{1-e^2}} \qquad \text{[식 7-8]}$$

이다. 이제 V_r값을 구해보자. $V_r = \frac{dr}{dt} = \frac{dr}{d\theta} \times \frac{d\theta}{dt}$ 이다. 그런데 $r = \frac{a(1-e^2)}{1+e\cos\theta}$ 에 의해 $\frac{dr}{d\theta} = \frac{a(1-e^2)e\sin\theta}{(1+e\cos\theta)^2}$ 이고, $\frac{d\theta}{dt} = \dot{\theta} = r^2\dot{\theta} \times \frac{1}{r^2} = \frac{2\pi a^2\sqrt{1-e^2}}{P} \times \frac{(1+e\cos\theta)^2}{a^2(1-e^2)^2}$ 이기에,

$$V_r = \frac{a(1-e^2)e\sin\theta}{(1+e\cos\theta)^2} \times \frac{2\pi a^2\sqrt{1-e^2}}{P} \times \frac{(1+e\cos\theta)^2}{a^2(1-e^2)^2} \qquad \text{[식 7-9]}$$

로부터

$$V_r = \left(\frac{2\pi a}{P}\right)\frac{e\sin\theta}{\sqrt{1-e^2}} \qquad \text{[식 7-10]}$$

이다.

이제 구한 V_r, V_θ 값은 **❙그림 7-3❙**과 같이 x축과 y축을 각각 타원의 장축과 단축에 평행하게 그려 구한 것이다. 지금부터는 **❙그림 7-4❙**와 같이 관측자의 시선 방향이 y축 양의 방향과 나란하다고 하고, 이때 타원의 장축이 x축과 이루는 각을 ω라 하자. 즉 **❙그림 7-4❙**는 **❙그림 7-3❙**의 타원을 ω만큼 반시계 방향으로 회전시킨 결과이다.

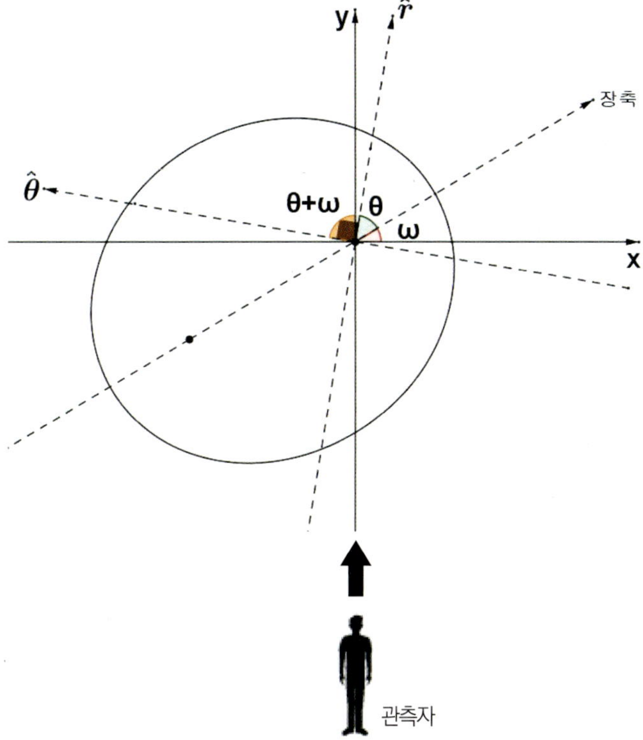

|그림 7-4| 시선속도 구하기

이제 관측자가 보는 시선 방향의 속도 V_R을 구해보자. 관측자의 시선 방향이 y축의 양의 방향일 때, V_R은 V_r의 y축 방향 성분 벡터와 V_θ의 y축 방향 성분 벡터의 합이다.

V_r을 y축에 투영시켜 얻은 값은 $V_r \sin(\theta+\omega)$이며, V_θ를 y축에 투영시켜 얻은 값은 $V_\theta \cos(\theta+\omega)$이므로, V_R은 다음과 같다. 즉

$$V_R = V_\theta \cos(\theta+\omega) + V_r \sin(\theta+\omega) \quad [식\ 7-11]$$

이다. 이제 앞에서 구한 $V_\theta = \left(\frac{2\pi a}{P}\right)\frac{1+ecos\theta}{\sqrt{1-e^2}}$과 $V_r = \left(\frac{2\pi a}{P}\right)\frac{esin\theta}{\sqrt{1-e^2}}$을 위 식

에 대입하여 정리해보자.

$$V_R = \left(\frac{2\pi a}{P}\right)\frac{1+e\cos\theta}{\sqrt{1-e^2}}cos(\theta+\omega)+\left(\frac{2\pi a}{P}\right)\frac{e\sin\theta}{\sqrt{1-e^2}}sin(\theta+\omega)$$

$$= \frac{2\pi a}{P\sqrt{1-e^2}}\{(1+ecos\theta)\cos(\theta+\omega)+esin\theta\sin(\theta+\omega)\}$$

$$= \frac{2\pi a}{P\sqrt{1-e^2}}[\cos(\theta+\omega)+e\{\cos\theta\cos(\theta+\omega)+\sin\theta\sin(\theta+\omega)\}]$$

$$= \frac{2\pi a}{P\sqrt{1-e^2}}\{\cos(\theta+\omega)+ecos(\theta+\omega-\theta)\}$$

$$\therefore V_R = \frac{2\pi a}{P\sqrt{1-e^2}}(\cos(\theta+\omega)+ecos\omega) \qquad \text{[식 7-12]}$$

이렇게 하여 시선 속도의 식을 이론적으로 구하였다. 앞으로 이렇게 이론적으로 구한 시선 속도의 식과 실제로 51 peg b 시선 속도 관측 데이터가 서로 잘 맞는지 스프레드시트 프로그램을 통하여 확인할 것이다.

51 peg b의 시선 속도 데이터를 방금 구한 이론적 식에 의한 그래프에 fitting 하기 위하여 $\frac{2\pi a}{P\sqrt{1-e^2}}$ 값은 V_1이라는 임의의 값을 주고, θ의 값은 $\theta+\theta_0$와 같이 나타내어 행성의 초기 위치에 따른 시선 속도의 값을 구한다.

마지막으로 $\frac{d\theta}{dt}=\dot{\theta}=r^2\dot{\theta}\times\frac{1}{r^2}=\frac{2\pi a^2\sqrt{1-e^2}}{P}\times\frac{(1+ecos\theta)^2}{a^2(1-e^2)^2}$을 이용하여 $\Delta\theta$ 식을 구하자.

$$\frac{d\theta}{dt}=\frac{2\pi(1+e\cos\theta)^2}{(1-e^2)^{3/2}}\times\frac{1}{P}$$

$$d\theta = \frac{2\pi(1+e\cos\theta)^2}{(1-e^2)^{3/2}} \times \frac{dt}{P} = \frac{2\pi(1+e\cos\theta)^2}{(1-e^2)^{3/2}} \times d(\frac{t}{P})$$

$$\Delta\theta = \theta_2 - \theta_1$$

$$\therefore \theta_2 = \theta_1 + \frac{2\pi(1+ecos\theta)^2}{(1-e^2)^{3/2}} \times \Delta(\frac{t}{P}) \qquad [식\ 7-13]$$

을 이용한다.

스프레드시트를 활용하여 51 peg b의 물리량 구하기

외계 행성 51 peg b의 시간에 따른 시선 속도 데이터는 Mayor(1995)의 관측결과를 이용하였다.[2)]

	A	B	C
1	JD -2,450,000	Velocity	Error
2		(m s^{-1})	(m s^{-1})
3	2.67365	-40.87	3.3
4	2.80873	-46.96	3.6
5	2.95979	-47.39	4.5
6	3.62695	-19.85	2.9
7	3.73265	-13.47	2.6
8	3.90077	-5.782	3
9	4.60753	49.41	2.2
10	4.78429	58.66	2.5
11	4.90699	63.2	3.2
12	5.60503	45.6	2.7

A열은 율리우스 일(Julian date, 단위: day)로 율리안 일자의 시작으로부터 통산한 일수를 의미한다. B열은 51 peg b의 시간에 따른 공전 속도 값이고, C열은 공전 속도 값의 오차이다. 입력한 정보를 이용하여 51 peg b의 시간에 따른 공전

2) Mayor, M., & Queloz, D. (1995). A Jupiter-mass companion to a solar-type star. Nature, 378(6555), 355.

속도의 그래프를 그리면 **|그림 7-5|**와 같다.

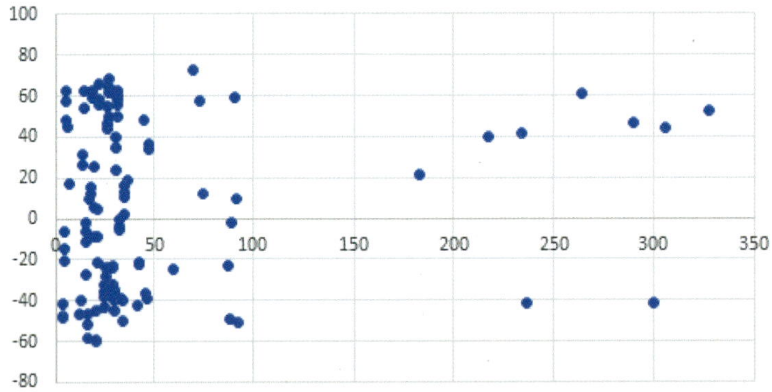

|그림 7-5| 율리우스 일에 대한 51 peg b의 공전 속도 그래프

|그림 7-5|를 보면 시간과 공전 속도 사이에 규칙성이 드러나지 않는다. 만약 51 peg b의 공전 주기를 구하여 **|그림 7-5|**의 그래프를 주기성을 갖도록 변환하면 공전 주기와 공전 속도 사이의 규칙성이 드러날 것이다. 현재 우리는 공전 주기 값을 모르므로 스크롤 막대(Active 컨트롤)를 이용하여 주기 값을 변화시켜보며 그래프가 규칙성을 나타낼 때의 주기를 찾는다. 외계 행성의 경우 주기가 10일 미만으로 짧은 경우가 꽤 있으므로, 스크롤 바의 linked cell 값을 100으로 나누어 0.01단위로 변화시켜보며 주기를 찾는다.

스프레드시트의 함수 mod를 사용하면 나머지 값을 구할 수 있다. 따라서 mod 함수에 A열과 E2를 넣어주면, 율리우스 일을 공전 주기로 나눈 값의 나머지를 얻을 수 있다.

	A	B	C	D	E	F
1	JD -2,450,000	Velocity	Error		103	Velocity
2		(m s^{-1})	(m s^{-1})		1.03	(m s^{-1})
3	2.67365	-40.87	3.3		=MOD(A3,$E$2)	-40.87
4	2.80873	-46.96	3.6		0.74873	-46.96
5	2.95979	-47.39	4.5		0.89979	-47.39
6	3.62695	-19.85	2.9		0.53695	-19.85
7	3.73265	-13.47	2.6		0.64265	-13.47
8	3.90077	-5.782	3		0.81077	-5.782

따라서 E열은 율리우스 일을 공전 주기로 나누었을 때의 나머지 값이고, F열은 그때의 공전 속도로 B열과 같은 값이다. E열과 F열을 그래프로 나타낸 뒤 스크롤바를 이용하여 그래프가 규칙성을 나타내는지 살펴보며 공전 주기를 찾는다. 실제로 x값이 4.23일 때 **|그림 7-6|**과 같이 그래프가 규칙성을 나타낸다.

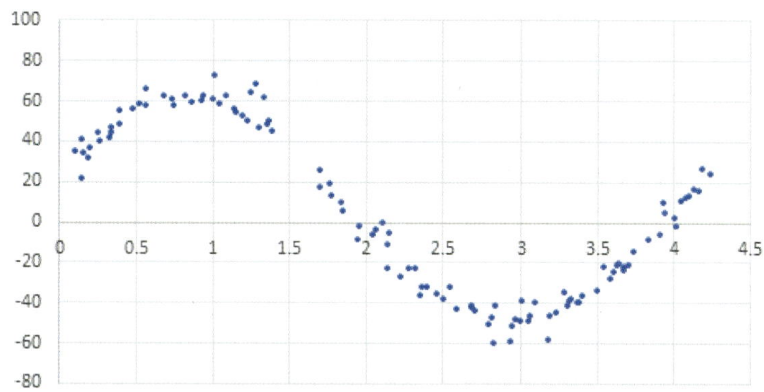

|그림 7-6| mod값을 얻은 후 51 peg b의 공전 속도 그래프

실제 51 peg b의 공전 주기 값은 4.2293±0.0011day이다.

이제 **|그림 7-6|** 그래프에 공전 속도 오차 값을 표현해주자. 그래프를 클릭한 후 [차트 요소 추가] – [오차 막대] – [기타 오차 막대 옵션]에 들어간다. 공전 속도의 오차 값은 y축 오차에 해당하므로 가로 오차 막대는 [고정값]에 0을 대입하여 오차를 표현하지 않게 만들고, 세로 오차 막대의 [사용자 지정]값에서 양의 오류

값과 음의 오류 값에 Error값인 C열을 지정해준다.

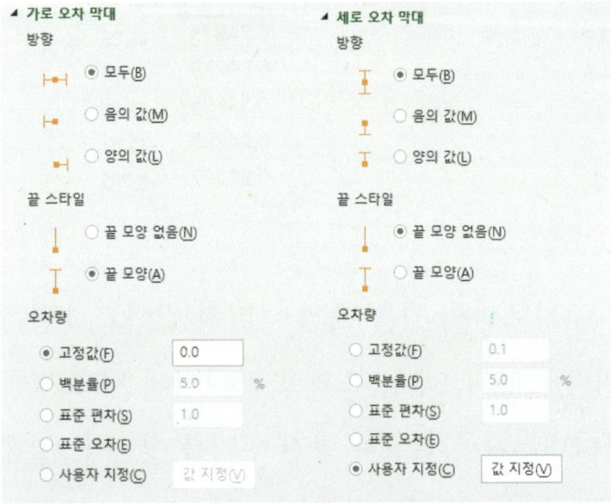

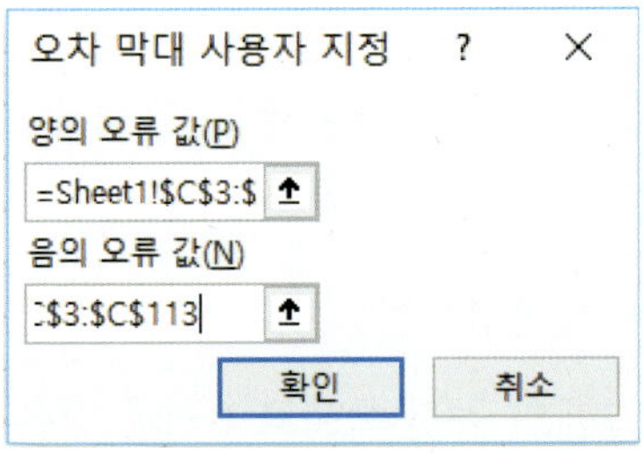

오차 막대를 지정한 그래프는 **▌그림 7-7▐**과 같다.

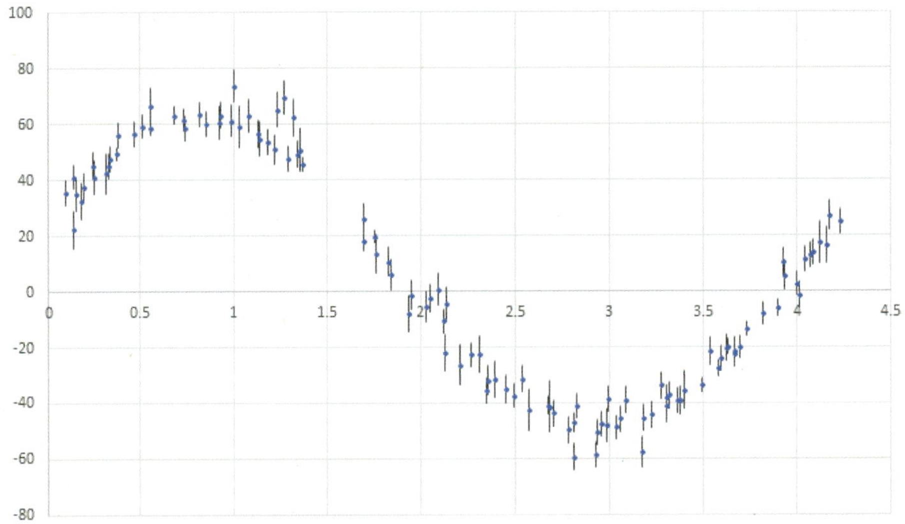

▌그림 7-7▐ mod값을 얻은 후 51 peg b의 공전 속도 그래프(오차 값 추가)

이제 실제 데이터 값을 이용해 그린 그래프가 이론적으로 그린 그래프와 맞는지 비교하자. 앞에서 관측자의 시선 속도를 나타내는 식을

$$V_R = \frac{2\pi a}{P\sqrt{1-e^2}}(\cos(\theta+\omega)+e\cos\omega) \qquad \text{[식 7-14]}$$

와 같이 구하였다. 이때 $\frac{2\pi a}{P\sqrt{1-e^2}}$ 을 V_1이라 나타내고, 궤도 자체가 물러나는 속도를 나타내는 V_0와 천체 자체의 회전(rotation)에 의한 V_2를 반영한 식이 다음과 같다.

$$v_{관} = V_1(\cos(\theta+\omega)+e\cos\omega)+V_0+V_2 \qquad \text{[식 7-15]}$$

V_0와 V_1 및 V_2, e, ω의 값을 **|그림 7-8|**과 같이 데이터를 보며 임의로 적어 넣는다. **|그림 7-8|**의 K6 값은 ω값을 라디안으로 바꿔준 것이다.

I	J	K
V0	0	
V1	57	
V2	7.5	
Δ(t/P)	0.02	
e	0	
ω	0	0
θ(초기)	507	5.07

|그림 7-8| 데이터와 이론적 그래프를 fitting하기 위한 값들

|그림 7-8|의 $\Delta(t/P)$는 시간을 주기로 나눈 값의 변화량을 의미하여 0.02로 두었고, θ_0(초기) 값에 따라 그래프의 모양이 바뀌므로 θ_0를 변화시킬 수 있도록 스크롤 막대(ACTIVE 컨트롤)을 이용한다. 이제 **|그림 7-8|**의 값을 이용하여 이론적 그래프를 나타내보자. θ_0가 5.06일 때 실제 데이터로 그린 그래프와 이론에 따른 그래프가 일치한다.

▎그림 7-9▎에서 L열인 t/P 값은 초기 값을 0으로 둔 후 이전 행의 값에 $\Delta(t/P)$을 더하여 구한다. M열은 θ값으로 초기 값 θ_0를 넣어준 후에 다음 열부터는 $\theta_2 = \theta_1 + \dfrac{2\pi(1+ecos\theta_1)^2}{(1-e)^{3/2}}\Delta(t/P)$을 이용하여 구한다.

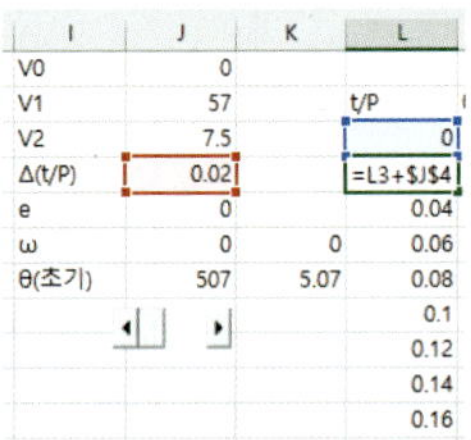

I	J	K	L
V0	0		
V1	57		t/P
V2	7.5		0
Δ(t/P)	0.02		=L3+$J$4
e	0		0.04
ω	0	0	0.06
θ(초기)	507	5.07	0.08
			0.1
			0.12
			0.14
			0.16
			0.18

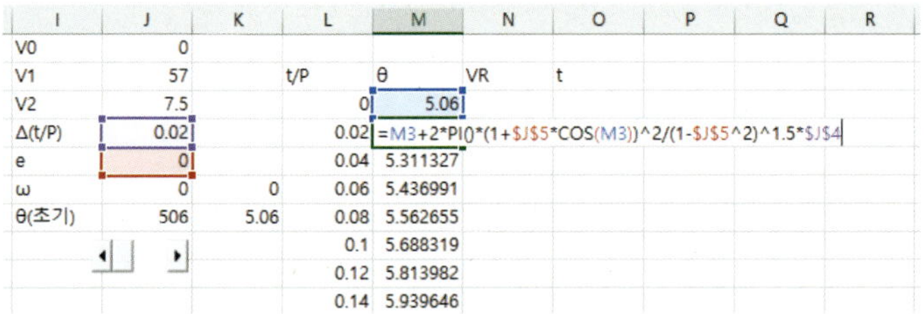

I	J	K	L	M	N	O	P	Q	R
V0	0								
V1	57		t/P	θ	VR	t			
V2	7.5		0	5.06					
Δ(t/P)	0.02		0.02	=M3+2*PI()*(1+$J$5*COS(M3))^2/(1-$J$5^2)^1.5*$J$4					
e	0		0.04	5.311327					
ω	0	0	0.06	5.436991					
θ(초기)	506	5.06	0.08	5.562655					
			0.1	5.688319					
			0.12	5.813982					
			0.14	5.939646					

▎그림 7-9▎ 이론에 따른 그래프 그리기

▎그림 7-10▎의 N열은 관측자의 시선 속도, $v_{관} = V_1(\cos(\theta+\omega)+ecos\omega)+V_0+V_2$을 이용하여 구한다.

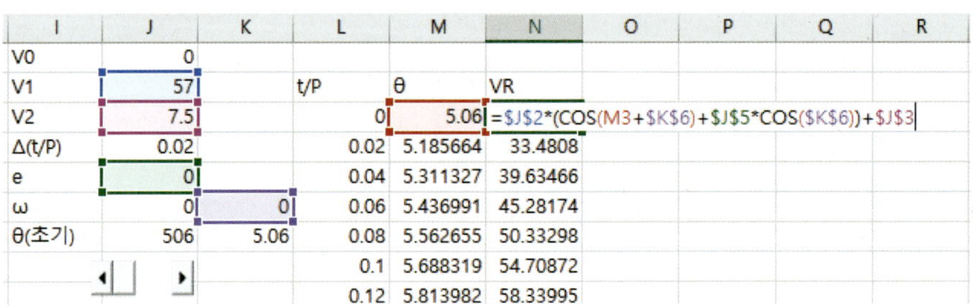

I	J	K	L	M	N	O	P	Q	R
V0	0								
V1	57		t/P	θ	VR				
V2	7.5		0	5.06	=$J$2*(COS(M3+$K$6)+$J$5*COS($K$6))+$J$3				
Δ(t/P)	0.02		0.02	5.185664	33.4808				
e	0		0.04	5.311327	39.63466				
ω	0	0	0.06	5.436991	45.28174				
θ(초기)	506	5.06	0.08	5.562655	50.33298				
			0.1	5.688319	54.70872				
			0.12	5.813982	58.33995				

▎그림 7-10▎ 시선 속도 구하기

마지막으로 **▎그림 7-11▎**의 O열은 t(시간)을 표현한다. L열이 t/P를 나타내므로 O열은 L열에 실제 주기(P)인 4.23을 곱하여 구한다.

L	M	N	O
t/P	θ	VR	t
0	5.06	26.9172	0
0.02	5.185664	33.4808	0.0846
0.04	5.311327	39.63466	0.1692
0.06	5.436991	45.28174	0.2538
0.08	5.562655	50.33298	0.3384
0.1	5.688319	54.70872	0.423
0.12	5.813982	58.33995	0.5076
0.14	5.939646	61.1694	0.5922

|그림 7-11| 시간(t) 구하기

x축을 O열(t)로, y축을 M열(VR)로 하는 그래프를 그리면 **|그림 7-12|**와 같으며, 데이터를 이용해 그린 그래프와 잘 fitting되는 것을 확인할 수 있다.

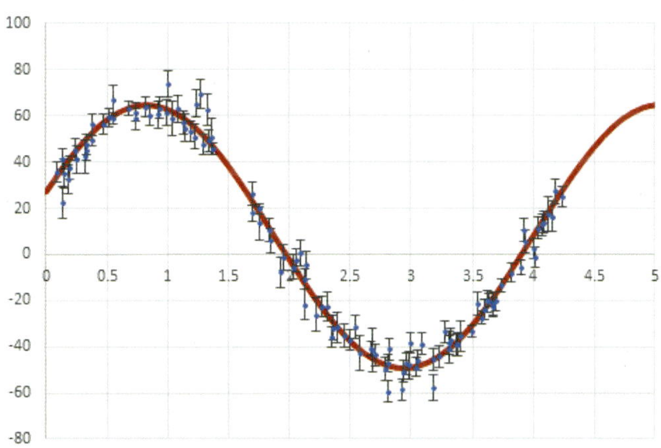

|그림 7-12| 이론적으로 얻은 그래프와 실제 데이터 값의 그래프

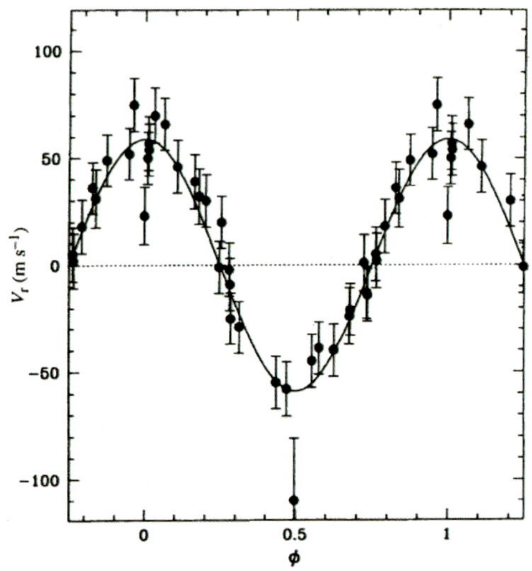

❙그림 7-13❙ Mayor(1995)의 51 peg b의 그래프

❙그림 7-13❙은 Mayor(1995)가 구한 51 peg b의 공전 속도 그래프이다. **❙그림 7-12❙**와 **❙그림 7-13❙**을 비교해보면 실제 데이터를 스프레드시트를 이용하여 그린 그래프와 Mayor(1995)의 그래프가 일치함을 알 수 있다.

이제 행성 51 peg b의 특성들을 스프레드시트를 통해 알아보자. 51 peg b의 특성을 알기 위해서는 중심별인 51 peg의 물리량을 알고 있어야 한다. 51 peg는 G2.5 IVa[3)] 별로 질량은 태양 질량의 1.11배이고, 반지름은 태양 반지름의 1.237배이며, 온도는 5,571K, 광도는 태양의 1.3배이다.

51 peg b와 51 peg는 공통 질량 중심을 중심으로 서로 같은 공전 주기로 공전하기 때문에 두 천체의 공전 주기는 모두 4.23day(0.012yr)이다. 공전 주기를 알고 있으므로 케플러 제3법칙을 이용하여 질량 중심에서 행성까지의 거리를 구하면 0.053AU가 나온다.

---

3) 이 부분은 별의 색과 온도의 관계, 계급에 대해 알아야 이해할 수 있는 부분이므로, 이 책의 11장을 참고하도록 하자.

질량 중심에서 별까지의 거리 r_1은 $\frac{2\pi r_1}{P} = V_1$이라는 것을 이용하여 구할 수 있다. 즉, 별의 이동 속도인 V_1에 주기를 곱해주고, 2π로 나누면 r_1을 구할 수 있는 것이다. 그리고 이를 149,597,000,000m로 나눠주어 AU 단위로 환산할 수 있다.

	51 Peg		
	spectral type	G2.5IVa	
	M	1.11	
	R	1.237	
	T	5571	
	L	1.3	
	p(yr)	0.012	
행성	a(AU)	0.053	AU
별	a(AU)	0.00002	AU

중심별의 질량을 M_1, 행성의 질량을 M_2, 질량 중심에서 중심별과 행성까지의 거리를 각각 A_1, A_2라고 하면 아래와 같은 식이 성립한다.

$$M_1 A_1 = M_2 A_2 \qquad \text{[식 7-16]}$$

우리는 질량 중심에서 두 천체까지의 거리를 알고 있으므로 M_2/M_1을 알 수 있다. M_2/M_1의 값은 0.0042이며, M_1의 값이 태양 질량의 1.11배이므로, M_2는 9.22765×10^{26}kg이다. 이를 목성 질량 값으로 환산하면 $0.486 M_J$가 된다. 즉 51 peg b의 질량은 목성 질량의 절반 정도이다.

질량 중심이 51 peg에 있다고 가정하여 행성 51 peg b의 온도를 구해보자. 51 peg의 반지름을 R, 51 peg에서 51 peg b까지의 거리를 a라 놓으면.

$$T_{행} = (\frac{1}{2} \times \frac{R}{a})^{\frac{1}{2}} \times T_{별} \qquad [식\ 7-17]$$

이다. 태양의 반지름을 695,700km라고 할 때, 51 peg b의 온도를 구하면 $1,297\,K$이다. 실제 51 peg b의 질량은 $0.472 \pm 0.039 M_J$이고, 온도는 $1284 \pm 19\ K$이다. 데이터를 통해 구한 물리량의 값이 실제 천체의 물리량과 거의 동일함을 알 수 있다.

온도가 1,000K 정도의 경우 수소 분자가 해리되고, 3,000K일 때 수소 원자가 이온화된다. 따라서 51 peg b에서는 수소 분자는 해리되었지만 수소 원자가 이온화되지 않고 중성 상태일 것이다. 이를 통해 51 peg b의 대기는 수소, 헬륨 등의 원자들로 이루어져 있음을 알 수 있다. 기체 상태의 행성이기 때문에 목성과 유사하나 목성은 태양과 멀리 떨어져 있어 분자 상태의 기체로 이루어졌지만 51 peg b는 중심별과 가까이 있으므로 원자 상태의 기체로 이루어져 있을 것이다.

별이 되기 위해선 최소 태양 질량의 $\frac{1}{100}$ 정도는 되어야 한다. 51 peg b의 질량은 태양의 질량의 $\frac{1}{1000}$ 보다도 더 작으므로 별이 될 수 없다. 즉, 핵반응이 일어나지 않는다. 따라서 51 peg b는 별과 행성의 중간 상태인 갈색 왜성(brown dwarf)과 같은 천체로 볼 수는 없다.

세 번째 질문 기조력이란?

기조력(tidal force)의 본질은 차등 중력(differential gravitational force)이다. **|그림 7-14|** 와 같이 질량이 각각 M, m 인 두 물체가 거리 r 만큼 떨어져 있고, 두 물체를 각각의 질량이 하나의 점에 모인 질점(mass point)으로 생각한다면, 질량이 M 인 물체에는 질량이 m 인 물체에 의해 $\vec{F} = -\frac{GMm}{r^2}\hat{r}$ 의 만유인력이 작용한다.

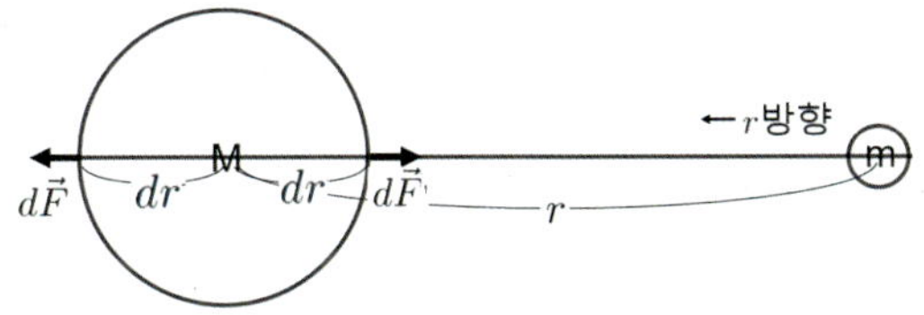

|그림 7-14| 체적을 가진 물체에 작용하는 차등중력

하지만 물체가 체적(body)을 갖는 경우에는 물체의 지점에 따라 작용하는 만유인력의 크기가 다르다. 이 차이를 간단히 계산해 보자.

r 방향에 대한 차등중력 $d\vec{F}$ 는 질량이 M 인 물체의 중심에 작용하는 만유인력을 r 방향으로 미분하여 계산하면, $d\vec{F} = \frac{2GMm}{r^3}dr\,\hat{r}$ 이며, $dr > 0$ 이면, 즉, r 이 증가하는 방향으로, $dr < 0$ 이면, 즉, r 이 감소하는 방향으로, $d\vec{F}$ 가 각각 $+r$ 방향과 $-r$ 방향으로 작용하여 양쪽으로 끌어당겨지는 효과가 나타난다. 이것이 기조력이다.

지구의 경우, dr 은 지구의 반경(R)에 해당하므로, 외부 천체에 의해 지구에 작용하는 기조력은 $dF = \frac{2GMm}{r^3}R$ 로 나타낼 수 있다.

네 번째 질문 기조력에 의해 어떠한 현상들이 나타날까?

조석 현상

우선, 탄성력이 있는 구의 경우 기조력에 의해 마치 럭비공처럼 양쪽으로 볼록해지는 형태의 변화가 나타난다. 이때, 고체보다는 유체에 대해 기조력의 효과가 더 크게 나타나며, 바다 표면의 주기적 상승과 하강, 즉, 만조와 간조가 이러한 이유로 발생한다.

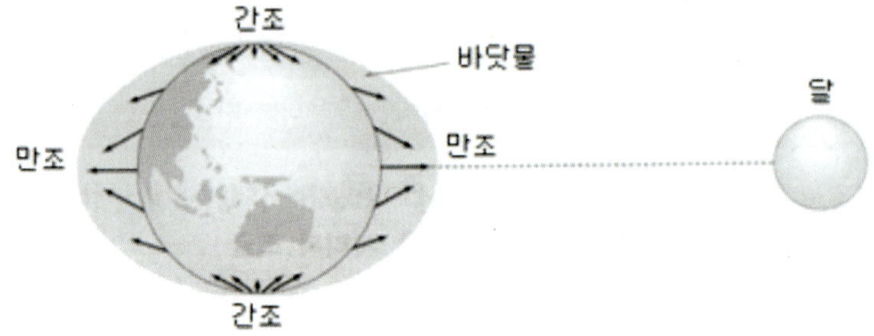

출처: 국립해양조사원, http://www.khoa.go.kr/kcom/cnt/selectContentsPage.do?cntId=53202020

| 그림 7-15 | 기조력에 의한 만조와 간조

또한 태양과 달의 상대적 위치에 따라 태양, 지구, 달이 일직선상에 있을 때에는 태양과 달에 의해 지구에 작용하는 기조력의 방향이 같으므로, 기조력이 최대가 되어 조차가 가장 큰 사리(spring tide)가 나타나고, 태양과 달이 지구에 대해 직각일 때에는 태양에 의한 기조력과 달에 의한 기조력의 일부가 서로 상쇄되어 조차가 작은 조금(neap tide)이 나타난다.

tidal braking

기조력은 천체의 운동에도 영향을 미친다. ▎그림 7-16▎과 같이 달에 의해 작용하는 기조력에 의하여 시간이 조금 지나 해양의 높이가 A 지점과 B 지점에서 높아지게 된다.

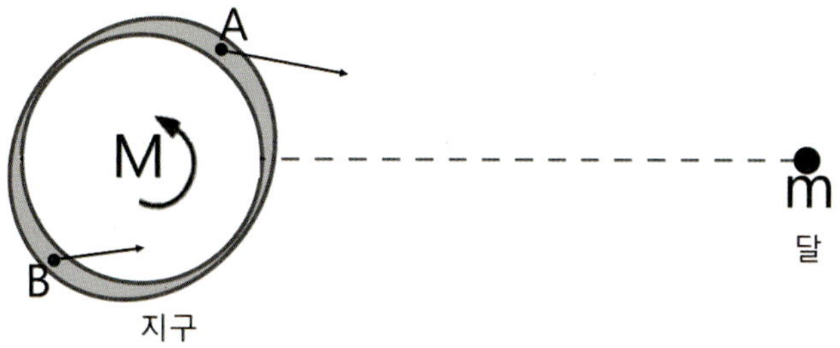

▎그림 7-16▎ tidal braking

그런데 A지점이 B지점보다 달과 가까우므로 B지점에 작용하는 중력보다 A지점에 작용하는 중력이 더 크다. 이 힘의 차이가 지구의 자전 방향(반시계 방향)과 반대로 작용하여 자전을 방해하는 효과로 나타난다. 즉, 기조력에 의해 자전 속도가 감소하게 되는데, 이를 'tidal braking'이라고 한다. 실제로 산호초의 화석에서 성장선의 개수를 통해 과거의 하루가 오늘날의 하루보다 더 짧았음을 확인할 수 있다. 즉, 과거에 지구는 현재보다 더 빠르게 자전했으며, 지구의 자전 속도는 점점 느려지고 있다고 할 수 있다.

달이 지구에 의해 받는 기조력의 효과는 어떨까? 지구가 달에 미치는 기조력이 달이 지구에 미치는 기조력보다 크다. 따라서 달에서의 기조력 감속 효과(tidal braking effect)가 지구에서보다 더 크게 나타난다. 그러므로 달이 과거에 빨리 자전했다 하더라도 기조력에 의한 자전 속도의 감속 효과가 커 결국에는 한 번 공전하는 동안 한 번 자전하게 되는데 이를 동주기 자전(synchronous rotation)이라 한다. 동주기 자전은 우리가 항상 달의 같은 면만을 보게 되는 원인이기도 하다.

기조력에 의한 지구와 달의 자전 속도 감소는 또 다른 중요한 변화를 초래한다. 바로 지구와 달 사이의 거리이다. 이는 지구-달 계의 총 각운동량이 보존됨을 통해 설명할 수 있다. 지구-달 계의 총 각운동량에는 지구의 자전, 달의 자전, 달의 공전으로 인한 각운동량이 포함되며, 따라서 이들의 합은 일정하게 유지된다. 그런데 tidal braking에 의해 지구와 달의 자전 속도가 감소하여 각 운동량이 감소하므로, 달의 공전으로 인한 각운동량이 증가한다. 이때, 달은 동주기 자전하므로 달의 자전 속도의 감소는 곧 공전 속도의 감소를 의미한다. 따라서 달의 공전으로 인한 각 운동량의 증가는 지구와의 거리를 증가시킴으로써 나타난다.

정리하면, 기조력에 의해 지구와 달의 자전 속도는 점점 느려지고, 달과 지구 사이의 거리는 점점 멀어지고 있다. 실제 계산에 의하면, 지구의 하루 길이는 10만 년에 약 1초씩 늘어나고 있으며, 지구와 달 사이의 거리는 레이저 측정 결과 1년에 약 3.8cm씩 멀어지고 있음이 확인되었다.

세차 운동과 장동

지구의 기울어진 자전축에 대하여 기조력에 의해 나타나는 현상이 있다. 바로 세차 운동(precession)이다. 세차 운동이란, 회전하는 물체의 회전축 자체의 회전 운동이다. 지구는 주로 달과 태양에 의한 차등 중력에 의해 지구의 자전축이 약 26,000년을 주기로 한 바퀴 회전하는 세차 운동이 나타난다.

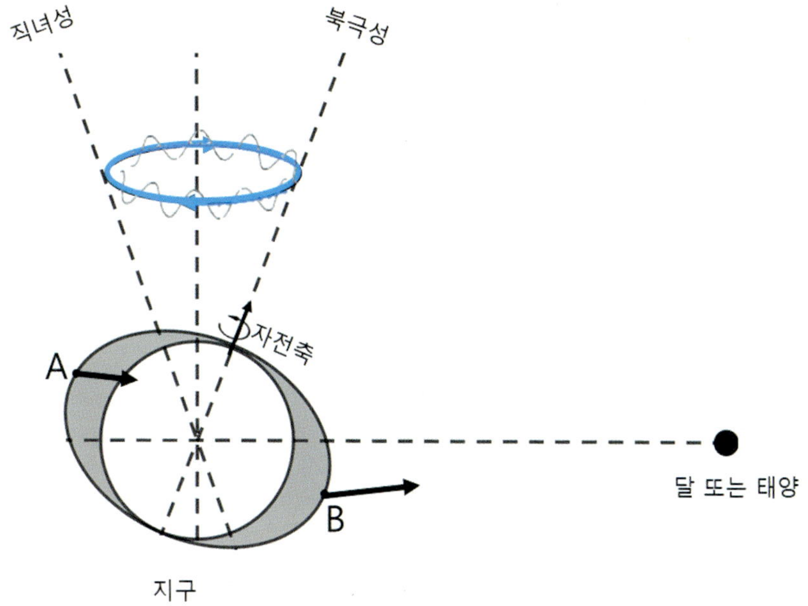

|그림 7-17-1| 세차운동과 장동

구체적인 설명을 위해 **|그림 7-17-1|**을 보자. 지구 자전의 효과로 인해 지구는 적도 반지름이 극 반지름보다 큰 타원 형태를 갖는데, 지구 적도상의 융기부 A와 B에 작용하는 달과 태양에 의한 인력의 크기가 다르다. 즉, 달이나 태양에 더 가까운 B가 A보다 달과 태양에 의한 인력이 더 크게 작용하며, 이러한 중력 차이로 인해 생긴 회전 능률로 시계 방향(동 → 서)으로 지구 자전축의 회전 운동이 나타난다. 이를 세차 운동이라 한다.

현재 지구 자전축은 북극성(Polaris, 작은곰자리α별)을 향해 있지만, 앞으로 약 14,000년 후에는 직녀성(Vega, 거문고자리 α별)을 향할 것이며, 세차 운동에 의해 춘분점은 **|그림 7-17-2|**와 같이 황도를 따라 $50.3''\left(\approx \frac{360^\circ}{25,772\text{년}}\right)$ 이동하므로 이를 기준으로 한 별의 적도 좌표 역시 약 26,000년을 주기로 변화한다. 지구에서 춘분점의 이동을 바라보면 **|그림 7-17-3|**과 같이 양자리, 물고기자리를 지나 물병자리를 향한다.

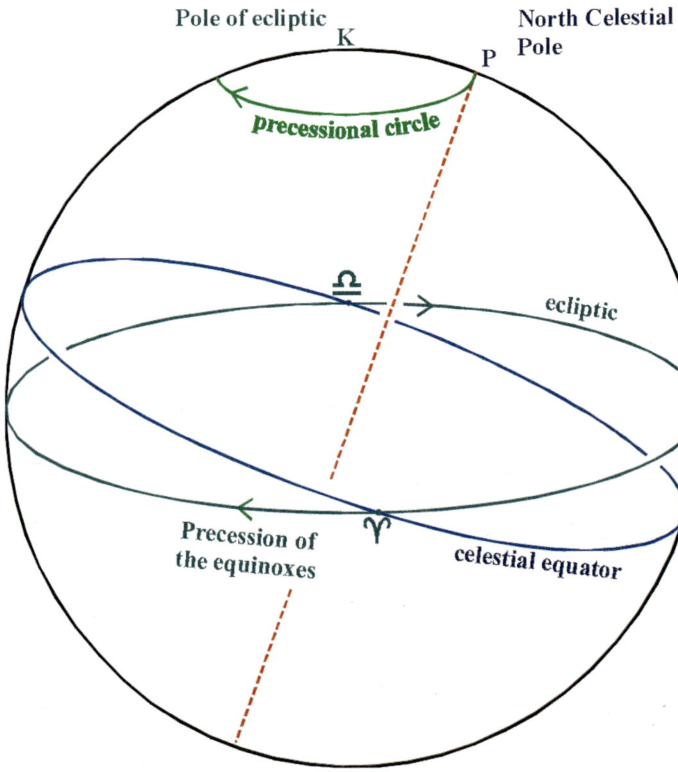

|그림 7-17-2| 세차 운동에 의한 춘분점의 이동

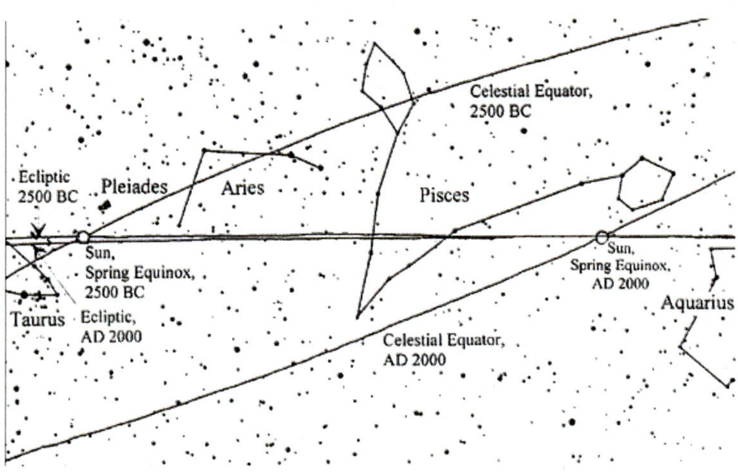

|그림 7-17-3| BC 2500년에서 AD 2000년까지 춘분점의 변화

또한 세차 운동에 더하여 지구에 대한 달과 태양의 위치 변화에 따라 지구에 작용하는 인력의 크기와 방향에 차이가 생기므로, 지구 자전축이 인력 변화의 주기에 맞추어 세차 운동에 대해 상하로 미세하게 흔들리는 현상이 발생한다. 이를 장동(nutation)이라 한다.

로시 한계와 불안정 한계

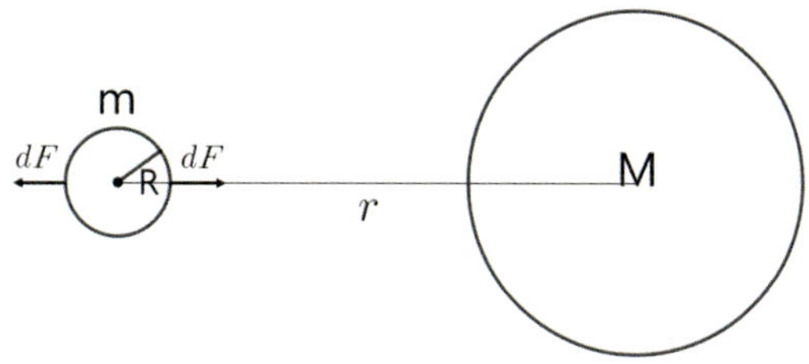

|그림 7-18| 로시 한계

|그림 7-18|과 같이 질량이 서로 다른 두 천체($M \gg m$)가 거리 r만큼 떨어져 있고, 질량이 작은 천체의 반지름이 R일 때, 질량이 작은 천체가 질량이 큰 천체로부터 받는 기조력(dF)은 $dF = \frac{2GMmR}{r^3}$이다.

그런데 만약 천체에 작용하는 기조력이 천체 자체의 중력보다 크면 어떻게 될까? 기조력에 의해 천체가 붕괴될 것이다. 이처럼 천체가 모천체의 기조력에 의해 파괴되지 않고 접근할 수 있는 한계를 '로시 한계(Roche limit)'라고 한다.

|그림 7-18|에서 질량이 작은 천체를 대상으로 생각할 때, 이 천체에 작용하는 기조력에 의한 가속도는 $\frac{2GMR}{r^3}$이며, 천체 자체의 중력 가속도는 $\frac{Gm}{R^2}$이다. 따라서 $\frac{2GMR}{r^3} > \frac{Gm}{R^2}$일 때, 이 천체는 기조력에 의해 부서진다. 식을 정리하면,

$2^{\frac{1}{3}}\left(\frac{M}{m}\right)^{\frac{1}{3}}R > r$ 이다.

즉, $2^{\frac{1}{3}}\left(\frac{M}{m}\right)^{\frac{1}{3}}R = r_0$ 라고 하면, 두 천체 사이의 거리(r)가 r_0보다 가까울 경우 질량이 작은 천체가 질량이 큰 천체로부터 받는 기조력에 의해 붕괴되며, 이러한 한계가 되는 거리가 로시 한계인 것이다.

실제 대표적인 사례로, 1992년 슈메이커-레비 제9혜성(Comet Shoemaker-Levy 9, D/1993 F2)이 목성의 로시 한계 안쪽으로 진입하면서, 목성에 의한 기조력에 의해 여러 파편으로 부서지면서 목성에 충돌하였다. **[그림 7-19]**는 당시 허블 우주 망원경에 의해 촬영된 슈메이커-레비 제9혜성의 파편 사진이다.

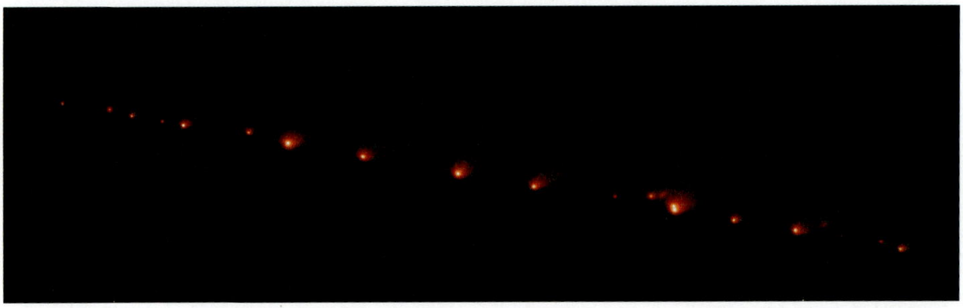

출처: http://hubblesite.org/newscenter/archive/releases/1994/26/image/c/

[그림 7-19] 허블망원경으로 촬영한 슈메이커-레비 제9혜성(D/1993 F2)의 파편

로시 한계와 유사하지만, 이번에는 기조력에 의한 천체 자체의 붕괴가 아닌, 천체계의 붕괴에 대해 생각해보자.

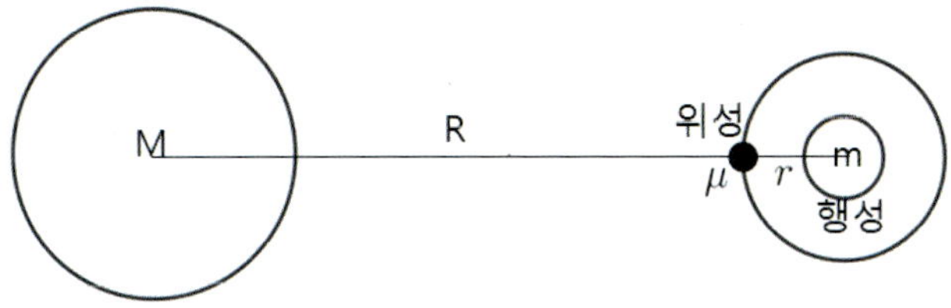

▌그림 7-20▌ 불안정 한계

예를 들면, **▌그림 7-20▌**과 같이 질량이 m인 행성 주위를 질량이 μ인 위성이 거리 r만큼 떨어져서 궤도운동을 할 때, 이 행성-위성 계(system)가 질량이 M ($M \gg m$)인 천체에 의한 기조력으로 인하여 붕괴되는 경우이다. 질량이 큰(M) 천체에 의해 계 자체에 작용하는 기조력에 의한 가속도가 계 자체의 중력 가속도보다 클 경우, 계가 붕괴될 것이다. 즉, 위성이 모행성을 벗어나는 것이다. 식으로 표현하면, 위성의 질량은 모행성의 질량에 비해 무시할 수 있을 정도로 작으므로 ($\mu \ll m$), 질량이 M인 천체에 의해 system에 작용하는 기조력 가속도는 $\frac{2GMr}{R^3}$, 계 자체의 중력 가속도는 $\frac{Gm}{r^2}$이다. 따라서 $\frac{2GMr}{R^3} > \frac{Gm}{r^2}$일 경우에 계 자체가 기조력에 의해 붕괴되며, 이는 $r > \left(\frac{1}{2}\right)^{\frac{1}{3}}\left(\frac{m}{M}\right)^{\frac{1}{3}}R$인 경우이다. 즉, $\left(\frac{1}{2}\right)^{\frac{1}{3}}\left(\frac{m}{M}\right)^{\frac{1}{3}}R = r_0$이라고 하면, 행성과 위성 사이의 거리($r$)가 r_0보다 멀어질 경우, 행성-위성 계가 붕괴되는 것이다. 이러한 한계가 되는 거리를 '불안정 한계(instability limit)' 또는 '힐 구(Hill sphere)'라고 한다.

기조력에 의한 한계를 위성을 예로 정리해보자. 위성 자체의 body와 행성-위성 계를 유지하려면, 위성이 행성에 지나치게 접근해서도 안 되며(로시 한계), 지나치게 멀어져서도 안 된다(불안정 한계).

목성의 위성 Io의 plume 현상

목성은 많은 위성이 주위를 공전하고 있지만 대부분 크기가 작아 잘 관측되지 않는다. 그중 17세기에 갈릴레오 갈릴레이(Galileo Galilei, 1564~1642)가 발견한 4개의 위성을 갈릴레이 위성이라고 부른다. 갈릴레이 위성은 목성의 위성 중 가장 큰 4개의 위성이며, 각각의 이름은 이오, 가니메데, 칼리스토, 유로파이다. 특히 이오의 경우, 공전 주기와 자전 주기가 비슷하지만 공전 궤도의 이심률이 커서 목성과 가까이 있을 때에는 기조력을 강하게 받고 목성과 멀리 있을 때에는 기조력을 약하게 받는다. 따라서 이오는 기조력의 차이로 인해 수축과 팽창을 반복하게 되고, 이때의 마찰력에 의한 열로 인해 용융 상태에 있어 화산 활동과 비슷한 액체 상태의 분출물이 생긴다. 실제 이오의 사진을 보면 화구 비슷한 분출 구멍이 보이며 plume이라고 불리는 화산 폭발과 비슷한 현상이 나타난다. 이오의 분출이 일어날 때, 진공 상태이므로 분출물들이 포물선 운동을 한다. 이 포물선 궤도를 통해 분출물의 속도를 파악할 수 있다.

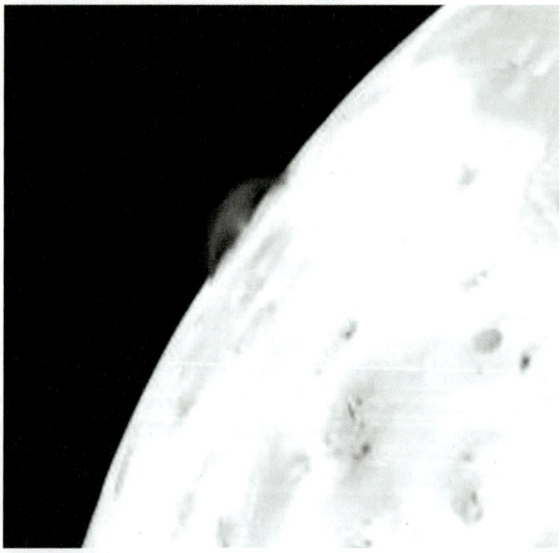

❙그림 7-21❙ 이오의 plume

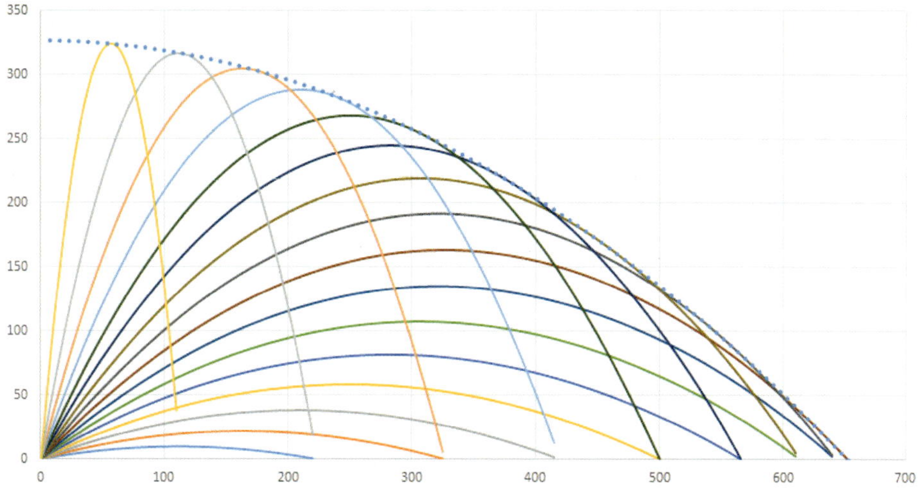

▌그림 7-22▌ 포물선 운동의 경계. plume의 경계와 비슷하다.

이와 같이 조석 현상, tidal braking, 세차 운동과 장동, 로시 한계와 불안정 한계 등, 중력장으로 이루어진 시스템 안에서의 다양한 현상들이 기조력을 통해 설명될 수 있다.

여덟 번째

태양계 이야기 I

첫 번째 질문 지구 자전의 증거는 무엇일까?

밤하늘을 바라본 적이 있는가? 잠깐 바라본 것이 아니라, 꽤 오랫동안 바라보거나, 아니면 한번 본 후 얼마쯤 있다가 같은 하늘을 다시 바라본 경험 말이다. 이런 경험을 한 사람이라면 누구나 별들이 움직이고 있음을 확인하였을 것이다. 그리고 한참을 바라본 사람은 그러한 움직임이 마치 어떤 한 점을 중심으로 하늘이 돌아가는 것까지 알았을 것이다.

아주 오래전에 살던 사람들, 예를 들어 수렵 채집을 하던 원시인들은 하늘을 바라보면서 하늘이 돌고 있다고 생각했을 것이고, 현재의 우리들도, 교육을 통해 지구의 자전에 대해 배우지 않았다면 지구는 멈춰 있고 하늘은 돌고 있다고 생각했을 것이다.

그러나 우리는 지구가 자전한다는 것을 학교에서 수도 없이 배웠다. 초등학교를 들어가서 고등학교를 졸업할 때까지 지구는 자전하고 하늘이 도는 것은 아니라는 것을 배웠을 것이며, 고등학교에서는 이렇게 하루 동안 천체가 움직이는 것을 일주운동이라 부른다는 것도 배웠을 것이다.

그렇다면, 일주운동만을 가지고 실제로 움직이는 것은 천체가 아니라 지구라고 이야기할 수 있을까? 일주운동을 보면서 하늘이 돈다고 이야기했던 과거의 사람들이 잘못되었다고 이야기할 수 있을까? 다른 정보까지 종합을 해 본다면, 하늘이 도는 것이 아니라고 말할 수 있지만 일주운동 자체만으로는 우리는 다만 이런 이야기를 할 수 있을 뿐이다: 하늘이 돌거나 지구가 돌거나 둘 다 어떠한 도는 운동을 할 수 있으며, 우리는 일주운동 외에 다른 현상들로 각각의 주장을 보완하여 다시 이야기를 해 볼 여지가 있다.

자, 이제 그럼 보완적인 증거들을 찾아보도록 하자. 과거부터 있던 주장, 즉, 과거에 받아들여졌던 주장이 하늘이 돈다는 것이었고, 새로운 주장(자신이 받아들여질 가치가 있다는 것을 입증해야 하는)이 지구가 돈다는 것이니, 우리는 지구가 돈다는 주장을 뒷받침하는 증거들만 이야기를 해도 될 것이다.

코리올리 힘

첫 번째는 코리올리 힘이라는 것이다. 코리올리 힘은 프랑스혁명 무렵인 18세기 말에 태어난 프랑스 과학자인 코리올리(Gaspard Gustave de Corioli, 1792~1843)가 이야기하였던 것인데, 기계학자였던 그가 이야기한 것은 사실 지구에 대한 것은 아니었다. 그는 회전하는 기계에서 나타나는 관성력을 이야기하였는데, 이것은 당시 사람들이 이상하게 생각하였던 현상 중 하나인 대포를 쏘았을 때 목표가 아니라 목표 지점에서 오른쪽에 떨어지는 현상을 설명하는 데 적용할 수 있는 것이었다. 우리는 회전하는 계에서의 운동이 어떠할 것이며, 그래서 대포를 쏠 때 나타나는 이상한 현상을 설명하기 위해 지구의 운동에 대해 어떠한 결론을 내릴 수 있을지 한번 생각해 보자.

우선 **┃그림 8-1┃**의 왼쪽과 같이 반시계 방향으로 등속으로 회전하는 원판을 생각해보자. 원판의 중심(O)에서 T점을 향해 어떠한 물체를 던졌다고 할 때 이 물체는 수평 방향으로는 직선 운동을 할 것이고, 수직 방향으로는 중력의 영향을 받아 낙하운동을 할 것이다. 우리는 편의상 수직 방향의 운동은 배제하고 수평 방향의 운동만을 생각하도록 하자. 그리고, 우리는 원판 위에 있는 것이 아니라 원판의 위에서 내려다보는 입장이라고 하자. 우리는 회전하는 원판과 직선 운동을 하는 물체를 볼 수 있을 것이다. 즉 T 점은 **┃그림 8-1┃**의 오른쪽과 같이 반시계 방향으로 돌아가 있을 것이고, 던진 물체는 O와 T점을 잇는 직선상에서 운동을 하고 있을 것이다.

이제, 우리는 원판에서 벗어나 조망하는 입장이 아니라, 우리가 원판상에 있는 입장이라고 생각해 보자. 원판은 등속 원운동을 하고 있으므로, 원판상의 우리는 원판의 회전을 느끼지 못하고 있다. 그러나 우리가 원판 위의 관점에서 보았던 것처럼, 던져진 물체는 O와 T점을 잇는 직선상으로 운동하지만, 회전 판 위의 관찰자에게는 T점은 벌써 반시계 방향으로(관찰자가 보았을 때 원래의 T보다 왼쪽으로) 돌아간 후이기 때문에 마치 자신의 목표지점의 오른쪽으로 물체가 도달한 것같이 느끼게 된다.

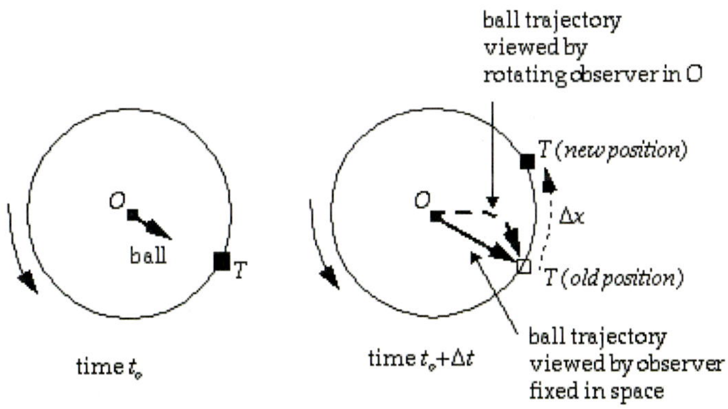

|그림 8-1| 코리올리 힘

이제 이것을 지구에 적용하여 보자. 지구가 어떻게 운동하는지, 즉 지구가 돌고 있는지 아니면 하늘이 돌고 있는지를 결정하지 못하는 우리로서는 자연 현상이 어떤 입장을 좀 더 잘 설명하는지를 따져보아야 한다. 우리는 위에서 멀리 대포를 쏘았을 때 목표지점에 정확히 떨어지지 않는 현상이 있었고 그 현상은 항상 목표지점의 오른쪽에 물체가 떨어지는 것으로 나타났다는 것을 이야기했었다(물론 목표를 잘 맞추지 못하는 초보들은 목표 지점 부근에 무작위적으로 떨어뜨릴 수도 있겠지만, 숙련된 포병이 쏘았을 때 항상 목표 지점의 오른쪽에 떨어졌다고 한다).

이러한 현상은 지구가 반시계 방향으로 자전한다고 한다면 쉽게 설명이 되지만, 지구가 멈추어져 있고 하늘이 도는 것이라 한다면 이 현상을 설명할 수 없다(이 현상을 설명하기 위해 다른 원인을 찾아야 한다).

즉, 우리는 지구가 북쪽을 기준으로 서에서 동으로 자전하기 때문에 북반구에서는 오른쪽, 남반구에서는 왼쪽으로 가상의 힘이 작용하는 것처럼 보인다는 결론을 내릴 수 있다. 우리는 이 가상의 힘을 코리올리 힘이라 부르며 코리올리 힘 때문에 북반구에서 바람이 불어나가는 고기압과 바람이 들어오는 저기압에서 일직선으로 바람이 불지 않고 각각 시계 방향, 시계 반대 방향으로 돌아서 부는 현상이 나타나며, 북반구에서 태풍(열대 저기압)의 회전 방향은 반시계방향으로 회전하게 된다.

푸코 진자

지구 자전의 증거로 이야기할 두 번째는 푸코 진자이다. 앞서 살펴본 코리올리 힘은 처음에는 지구 자전을 설명하기 위해 고안해 낸 개념은 아닌 반면, 푸코 진자는 1851년 프랑스의 과학자인 푸코(Jean Bernard Léon Foucault, 1819~1868)가 지구의 자전을 증명하기 위해 고안한 장치이다. 그는 파리 팡테옹의 돔에 긴 실을 매달고 여기에 추를 설치하였다. 이 추가 위치에너지와 운동에너지가 서로 전화되는 과정을 반복하면서 움직이게 할 때, 지구가 자전하지 않는다면 이 추는 한 방향으로만, 예를 들어 처음 방향이 정남과 정북을 오가는 운동이었다면, 계속 정남과 정북을 오가는 진동을 할 것이다. 하지만 지구가 자전을 한다면 추는 이렇게 움직이는 것이 아니라, **┃그림 8-2┃**와 같이 그 진동 운동이 만들어 내는 면이 시계방향으로 돌아가는 운동을 보일 것이다. 실제로 푸코가 실험을 한 결과, 진자는 한 방향으로 진동하지 않고 시간이 지나면서 시계 방향으로 회전하였으며, 이를 통해 지구가 반시계 방향으로 자전함을 확인할 수 있다.

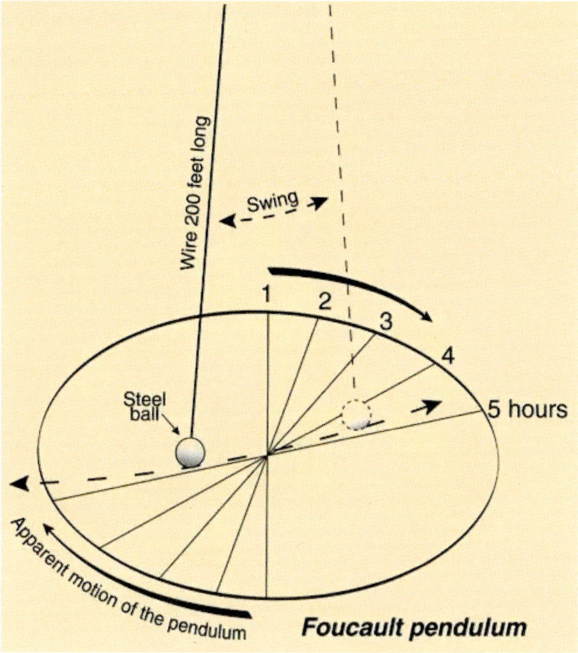

출처: https://www.quora.com/How-do-flat-Earthers-explain-the-Foucault-pendulum

|그림 8-2| 푸코 진자

타원체의 지구

지구 자전의 증거로 이야기할 세 번째는 지구가 타원체라는 것이다. 중력은 모든 방향으로 작용하기 때문에 자전하지 않는다면 지구는 완벽한 구의 형태를 이룰 것이다. 그런데 지구가 자전을 한다면 어떻게 될까? 지구가 자전을 한다면, 우리는 원심력을 고려해야 한다. 원심력이라는 것은 회전축과의 거리와 관련이 있는 힘으로, 원심력은 회전축과 거리가 멀 때 최대가 되고, 회전축에서 0이 된다. 지구라는 구형체에서도, 회전을 한다면, 그 회전의 축에서 가장 먼 거리에 있는 지점에서 원심력은 최대가 될 것이고 회전축에서 원심력은 0이 될 것이다. 지구에서 회전축에서 가장 먼 지점은 적도이고 회전축에 있는 지점은 양극이기 때문에, 처음 지구가 형성되었을 때는 지구 중심에서의 거리는 적도 지방과 극지방이 거의 비슷하게 시작하였더라도 지구가 자전하게 되면서 적도지방에서는 강한 원심력이 작용하고,

극지방에서는 약한 원심력이 작용하게 된다. 이로 인해 적도 지방의 반지름은 극지방의 반지름보다 크게 될 것이라는 것을 알 수 있다. 그리고 이러한 원심력의 차이는 적도 지방에서 지구 중심까지의 거리가 극에서 지구 중심까지의 거리보다 길도록 하는 원인이 될 것이라는 생각을 할 수 있다. 지구가 자전을 한다면 말이다.

그렇다면, 우리는 적도 지방에서 지구 중심까지의 거리와 극에서 지구 중심까지의 거리를 측정하고 이를 비교함으로써 지구 자전을 뒷받침하거나 반박할 수 있을 것이다. 그러나 지구 중심까지의 거리를 잴 수는 없으므로, 지구의 둘레를 측정한 결과를 근거로 우리는 어떤 주장을 받아들일지를 결정할 수 있다. 즉, 적도를 따라 잰 지구의 둘레가 양극을 지나면서 잰 지구의 둘레보다 길다면, 우리는 지구의 자전을 받아들일 수 있을 것이다. 또, 지구 표면에서의 중력은 지구 중심에서 그 지점까지의 거리의 제곱에 반비례하므로, 중력을 측정하여 중력이 크게 나온다면 그 지점은 지표에서 지구 중심까지의 거리가 짧다고 이야기할 수 있다. 따라서 지구의 둘레 또는 중력을 측정함으로써 우리는 지구가 타원체인지 여부를 말할 수 있다.

에라토스테네스가 지구의 둘레를 추정하였다고는 하지만, 실제로 지구 둘레에 대한 정확한 측량[1)]이 이루어진 것은 프랑스 대혁명 이후의 일로, 이때 지구의 둘레를 측정함으로써 지구가 타원체라는 것이 밝혀졌다. 뿐만 아니라, 위도에 따라 중력가속도가 변하는 사실도 당시 알려져 있었는데, 이 역시 지구가 중심에서 표면까지의 거리가 모두 동일한 구형이 아니라, 타원체라는 것을 알게 해주는 것이었다.

1) 당시 과학이 비약적으로 발달하면서 다양한 측량 도구들도 만들어졌을 뿐 아니라, 구체제(ancien regime)를 타도하고자 하는 사회 분위기는 과거와 다른 새로운 단위를 만들자는 과학자 사회의 합의로도 나타나서, 지구 둘레의 1/40,000,000을 기본 단위로 하자는 의견이 나오게 되었다. 이때 지구 둘레와 더불어 중력 가속도도 새로운 단위 체계를 만드는 데 사용할 수 있는 후보로 제시되었지만 위도에 따라 중력 가속도가 달라지므로 단위를 만드는 기준이 되기에는 부적합하다는 결론에 이르게 되었고, 결국 지구 둘레(남점과 북점을 지나는 지구 둘레)를 이용하여 미터 단위가 만들어졌다.

두 번째 질문 지구 공전의 증거는 무엇일까?

지구의 자전의 증거로 별의 일주 운동을 제시할 수 없듯이, 별의 연주 운동 역시 지구 공전의 증거로 제시할 수 없다. 그렇다면, 지구 공전의 증거로는 무엇이 있을까?

광행차

첫 번째는 광행차(aberration)이다. **| 그림 8-3 |**을 보자. 광행차는 관측자의 운동에 의해서 천체의 겉보기 위치가 영향을 받는 것을 말한다. 쉬운 예로 비가 오는 날을 생각해보자. 비가 하늘에서 지면까지 수직으로 떨어진다고 가정할 때, 비를 맞지 않기 위해서는 우산을 위로 써야 한다. 하지만 만약 우리가 빠르게 걷는다면 비가 우리 쪽으로 기울어져 떨어지기 때문에 우산을 앞으로 기울여야 한다. 이처럼 지구는 30km/s로 공전하고 있기 때문에 별의 실제 위치와 겉보기 위치 사이에 근소한 차이가 존재한다.

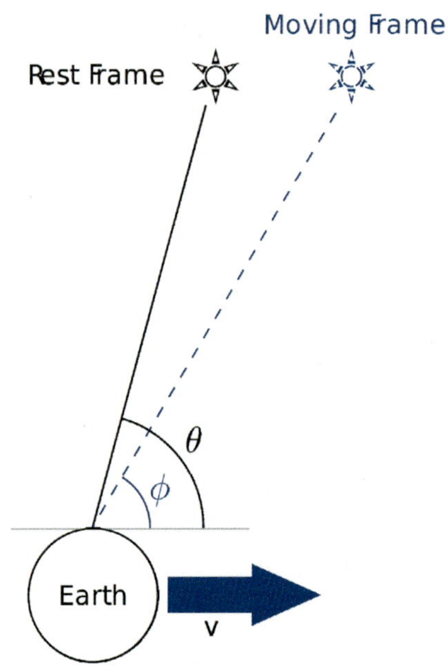

출처: https://en.wikipedia.org/wiki/Aberration_of_light

▎그림 8-3▎ 광행차

시차

두 번째는 시차이다. 팔을 쭉 뻗고 손가락을 편 후 한쪽 눈으로만 손가락을 보면 오른쪽 눈과 왼쪽 눈이 느끼는 손가락의 위치에 약간의 차이가 있을 것이다. 그러나 한쪽 눈으로만 본다면 이렇게 보이지 않는다. 그렇다면 한쪽 눈으로만 보면서 두 눈을 번갈아 보는 것과 같은 효과를 내려면 어떻게 하여야 할까? 한쪽 눈을 감고 팔을 뻗어 손가락을 고정한 채로 머리를 옆으로 살짝 움직여 보면 우리는 손가락을 보는 배경이 변하는 것을 경험할 수 있다. 이러한 현상은 지구에서도 마찬가지이다. 만약 지구가 공전하지 않는다면, 한 천체가 주변 천체에 대하여 항상 같은 위치에 있어야 하지만 **▎그림 8-4▎**와 같이 실제 별들의 위치를 측정하면 위치가 1년을 주기로 조금씩 바뀌는데, 이것은 바로 지구가 공전하기 때문이다.

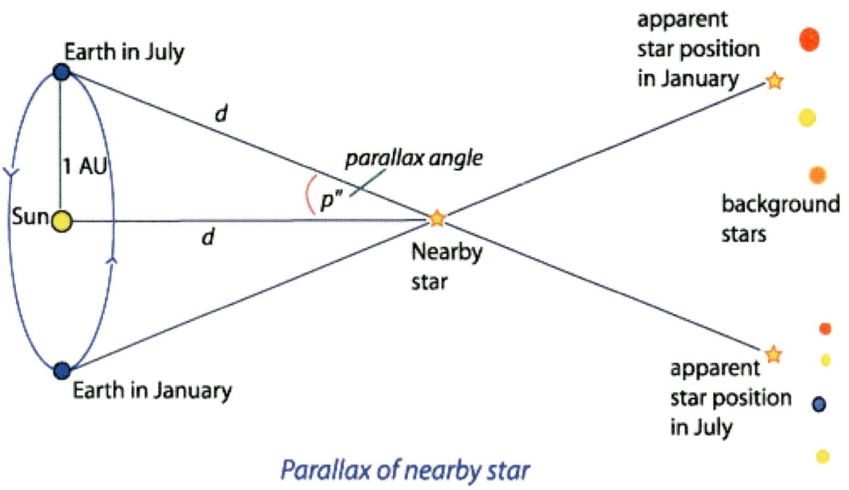

출처: https://socratic.org/questions/what-is-a-parallax-error

|그림 8-4| 시차

지구에서부터 별까지의 거리가 굉장히 멀기 때문에 시차[2] 값은 좋은 천체 관측 도구가 나오기 전까지는 측정되지 못했다. 하지만 기술이 발전됨에 따라 시차를 측정할 수 있게 되었고 지구 공전의 증거로서 역할을 하게 된다.

도플러 효과

세 번째는 도플러 효과이다. 만약 파원이 관측자로부터 멀어지는 경우 관측자가 느끼는 파장의 길이는 실제의 파원의 파장보다 더 길게 느껴질 것이다. 반대로 관측자에게 가까워지는 경우는 실제 파장보다 더 짧게 느껴질 것이다. 가시광선의 경우, 긴 파장 쪽은 적색을 띠며 짧은 파장 쪽은 청색을 띠므로 관측자로부터 파원이 멀어질 때에는 원래의 색보다 적색 쪽으로 이동한 색을 나타내며(적색 편이), 파원이 가까워질 때에는 원래 내는 색보다 푸른 색으로 인식이 될 것이다(청색

2) 시차에 주목했던 대표적인 과학자 중에는 티코 브라헤가 있다. 티코 브라헤는 시차를 이용하여 구름이 천체들에 비해 지상에서는 매우 가깝게 위치하고 있다는 것을 증명하였다. 또, 그는 시차를 이용하여 지동설이 맞는지를 확인하고자 하였으나, 그가 측정하고자 하는 시차는 매우 작은 값이었기 때문에 당시의 관측 기술로는 이를 확인할 수 없었다.

편이). 이러한 현상은 소리에서도 일어나는데, 경찰차 사이렌 소리를 생각해보자. 경찰차에서 나오는 사이렌은 일정한 파장을 가진 음파를 방출한다. 하지만 경찰차가 다가올 때, 사이렌 소리가 높게 들리고, 경찰차가 멀어질 때에는 낮은 음을 내는 것처럼 들린다.

이와 같은 도플러 효과는 지구 공전에 의해 지구가 별에 가까워지거나 멀어질 때 지구에서 관측되는 별빛의 파장에서도 나타난다. 지구가 공전하기 때문에 별과 멀어지는 경우 실제 별의 파장보다 길게 관측되고, 별과 가까워지는 경우 실제 별의 파장보다 짧게 관측된다. 이러한 별빛의 파장의 차이는 그렇게 크지는 않지만, 이 근소한 차이를 통해 우리는 지구가 공전함을 알 수 있게 되었다.

세 번째 질문 지구, 달과 관련된 천문 현상들은 어떤 것들이 있나?

달의 위상

밤하늘의 달을 보면 한 달을 주기로 모양(위상)이 변한다. 이는 태양이 멀리 떨어져 있어 빛이 평행하게 들어오는데, 달이 지구를 공전함에 따라 태양, 지구, 달의 상대적 위치가 달라져 지구에서 보이는 달의 반사면이 보이는 정도가 변하기 때문이다. 달의 공전에 따라 변하는 위상은 **|그림 8-5|**와 같다.

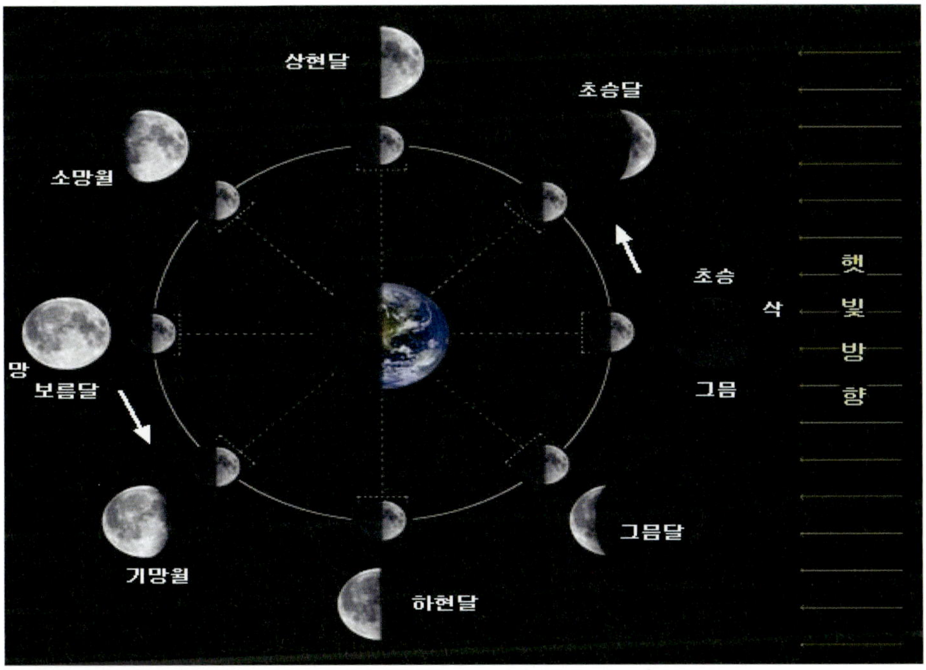

출처: https://brunch.co.kr/@astronomerboy/5

|그림 8-5| 달의 위상

일식과 월식

지구가 태양 주위를 공전하고, 달이 지구 주위를 공전하면서 태양-지구-달 혹은 태양-달-지구 순으로 일렬로 천체가 나열될 때가 있다. 태양-달-지구 순으로 위치해 있을 때에는 달이 태양을 가려 지구에서 태양이 보이지 않게 되는데 이를 일식이라고 하고, 태양-지구-달 순으로 위치해 있을 때는 달이 지구의 그림자에 가려지게 되는데 이를 월식이라고 한다.

달의 위상을 배울 때 많은 학생들이 이상하게 생각하는 것 중 하나는 지구에 가려서 태양빛을 받지 못할 것 같은 위치에서 보름달이 되는 것과 달이 태양을 가려서 태양이 안 보일 것 같은 위치에서 대부분은 그저 달만 안 보일 뿐이라는 것이다. 달은 지구 주위를 한 달에 한 번씩 공전하는데, 왜 일식과 월식은 한 달에 한 번씩 일어나지 않을까? 그 이유는 지구를 중심으로 보았을 때 태양이 도는 궤도(황도)와 달의 궤도(백도)의 기울기가 5° 정도 차이 나기 때문으로, 일식과 월식이 일어나기 위해서는 두 궤도면이 만나는 교차선에 천체들이 나란히 있어야만 한다.

일식은 달이 태양을 직접 가리기 때문에 가려진 부분은 완전히 보이지 않게 된다. 하지만 월식은 다르다. 빛이 직사광선 형태로 달에 도달할 수는 없지만 지구 대기를 통과한 일부 빛이 굴절되어 달에 도달하고 그 빛이 다시 반사되어 지구로 오게 되므로 달이 붉게 보인다.[3)]

3) 이와는 다른 현상이지만, 우리는 지구에 반사되는 태양빛을 다시 달이 반사하기 때문에 태양빛을 받지 않는 부분인데도 흐릿하게나마 달의 모습을 보게 되기도 한다. 이를 지구조(earthshine)라고 하는데, 지구의 평균 반사도(albedo)는 약 0.3이기 때문에 달이 태양빛을 직접 반사하는 빛보다는 훨씬 어둡다.

출처: https://www.nasa.gov/press-release/nasa-announces-television-coverage-for-aug-21-solar-eclipse

|그림 8-6| 개기 일식

출처: https://www.nasa.gov/sites/default/files/thumbnails/image/edu_lunar_eclipses_and_solar_eclipses.png

|그림 8-7| 월식

자기장

지구의 외핵은 플라스마 상태로 회전한다. 외핵이 회전할 때 전자와 원자핵 사이의 유동 속도(drift velocity)가 달라 전기가 흐르게 되는데, 이 전기에 의해 지구의 자기장이 만들어진다. 지구 자기장은 태양에서부터 오는 우주선 혹은 대전된 입자들이 지구 내부로 들어오는 것을 차단해주는 역할을 한다. **|그림 8-8|**과 같이 태양을 향한 방향으로 지구 반지름의 10배 정도인 위치에서 태양풍에 의해 태양풍과 자기권이 서로 떠미는 상태에 있지만 태양과 반대 방향에서는 지구 반지름의 30배 이상까지 뻗친 자기꼬리(magnetotail)가 형성되어 있다.

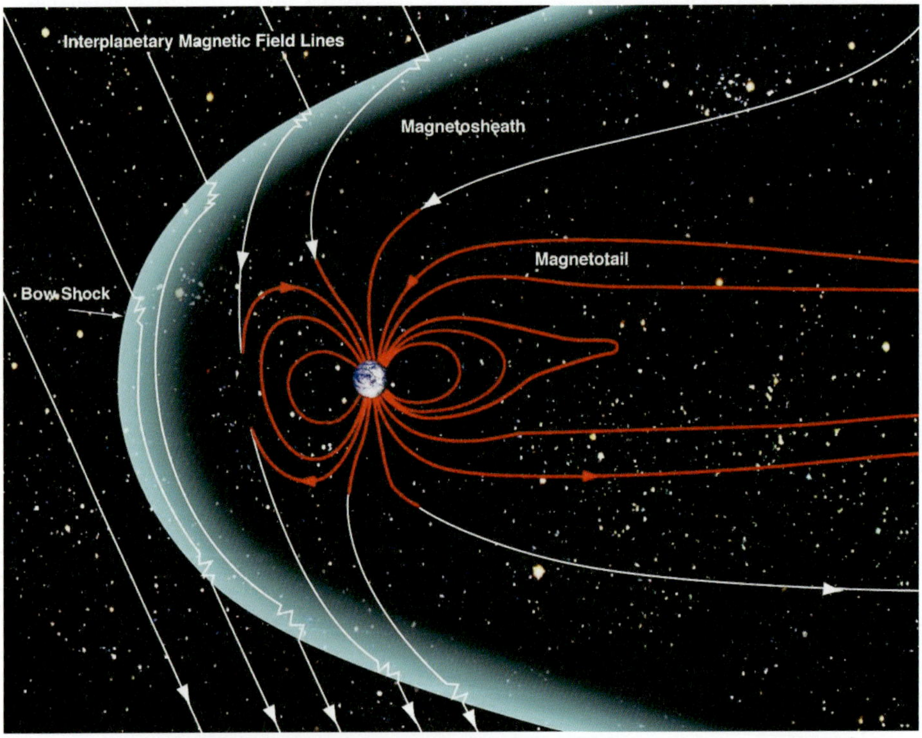

출처: https://www.nasa.gov/mission_pages/sunearth/multimedia/magnetosphere.html

|그림 8-8| 자기권(magnetosphere)

태양풍에서 지구 자기권 내부로 들어온 대전 입자 중에서 지구 주위의 자기력선에 붙잡혀 도넛 모양으로 분포하여 형성된 곳이 있는데 이를 밴앨런대(Van Allen Belt)[4]라고 한다.

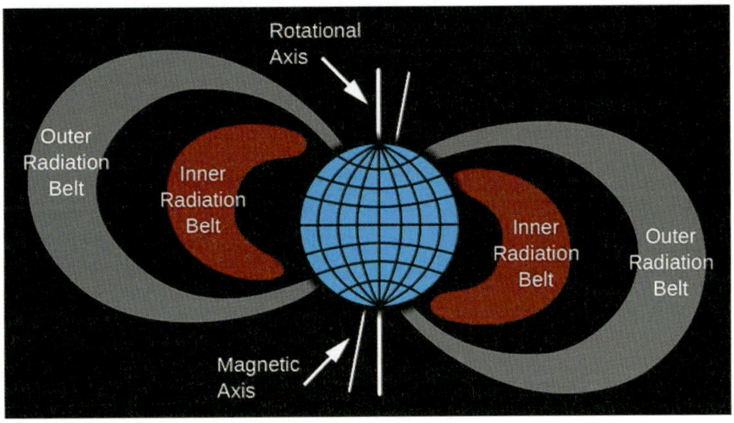

출처: http://www.crystalinks.com/vanallenbelt.html

|그림 8-9| 밴앨런대

밴앨런대에는 내대(Inner Radiation Belt)와 외대(Outer Radiation Belt)가 있다. 대전 입자가 밴앨런대의 내부로 들어올수록 더 큰 에너지를 가져야 하므로 내대에는 에너지가 큰 입자, 외대에는 에너지가 보다 작은 입자들이 분포한다.

4) 우주 탐사가 진행되기 전에 이미 하전 입자가 지구 주변에 잡혀 있을 것이라는 가설은 노르웨이의 과학자인 크리스티안 버클랜드(Christian Birkeland), 칼 스퇴르머(Carl Størmer), 그리고 그리스의 과학자 니콜라스 크리스토필로스(Nicholas Christofilos)가 제기하였다. 그러나 지구 주변에 잡혀 있는 하전 입자를 확인한 것은 1958년 초 미국의 인공위성인 익스플로러 1호와 3호의 촬영 자료를 통해서였고, 이후 익스플로러 4호, 파이오니어 3호, 루나 1호의 촬영으로 그 전체적인 모양을 확인할 수 있었다. 밴앨런대라는 이름은 익스플로러 1호와 3호의 연구를 총괄했던 제임스 밴 앨런(James Van Allen)의 이름을 따서 붙여진 것이다.
출처: https://en.wikipedia.org/wiki/Van_Allen_radiation_belt

출처: https://www.nasa.gov/mission_pages/sunearth/news/gallery/HugoLAchre-20121010.html

|그림 8-10| 오로라(Aurora)

대전된 입자가 자기력선을 타고 들어가다 공기 입자와 부딪히는 경우 **|그림 8-10|**과 같이 천사의 스커트라고 불리는 오로라가 생긴다. 대기의 종류에 따라 오로라의 색이 변한다.

빛의 산란(Scattering)

빛이 입자들과 부딪칠 때 사방으로 재방출되는 현상을 빛의 산란이라고 한다. 산란은 입자의 크기에 따라 두 가지로 나뉜다. 첫 번째는 크기가 매우 작은 입자와 충돌할 때 일어나는 레일리 산란(Raylegh Scattering)이다. 하늘이 푸른색을 띠는 이유는 공기 중의 분자가 빛의 파장보다 작아 레일리 산란이 일어나기 때문이다. 레일리 산란은 파장의 네제곱에 반비례하므로 붉은색보다 푸른색이 산란이 더 잘 일어난다. 두 번째는 먼지와 같이 입자의 크기가 빛의 파장과 같거나 큰 경우에서 일어나는 미 산란(Mie Scattering)이다. 미 산란은 파장에 반비례한다. 미 산란은 레일리 산란과 비슷하게 푸른색을 잘 산란시킨다. 지평선 위의 먼지 입자는 미 산란을 하며 푸른빛을 붉은빛보다 많이 산란하여 저녁노을이 붉게 빛난다. 산란 입자의 크기가 커지면 모든 파장이 거의 균일하게 산란되기 때문에 여러 가지 빛의 파장이 균등하게 포함되어 뿌옇게 보인다. 이러한 산란은 주로 구름을 형성하는 응집제, 먼지, 꽃가루, 연기 및 미세한 물방울 그리고 얼음 입자를 통해 일어난다.

네 번째 질문
정유체역학적 평형(hydrostatic equilibrium)이란?

별의 구조에 대한 기본 모형으로, 별은 수축하거나 팽창하지 않고 정지 상태의 구형이며 일련의 얇은 구형의 껍질(shell)로 이루어져있다고 생각할 수 있다.

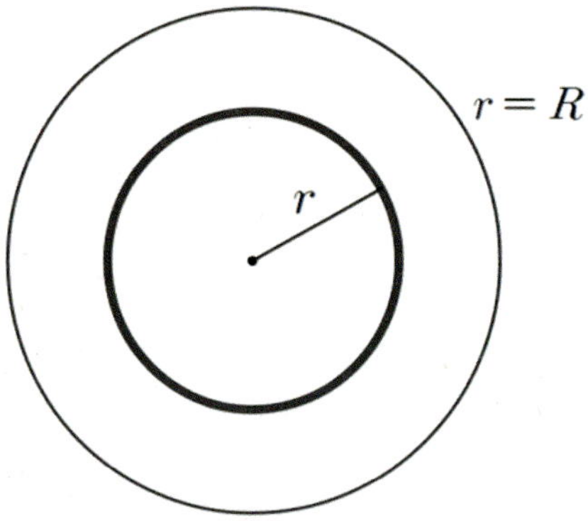

|그림 8-11| 별 내부의 구각

|그림 8-11|과 같이 반지름이 R인 별에 대해 중심으로부터의 거리가 r인 하나의 구각을 생각해보자. 이 구각에 작용하는 힘은 두 가지인데, 하나는 내부 질량에 의한 중력(gravity)이며, 다른 하나는 내부와 바깥의 압력 차이로 인한 압력 구배력(pressure gradient force)이다.

이때 중력은 안쪽으로 수축하려는 힘으로 작용하며, 압력 구배력은 바깥 방향으로 팽창하려는 힘으로 작용한다. 압력이 별의 중심에서 가장 크고 바깥으로 갈수록 작아지는 별 내부의 압력 경도에 의해 바깥쪽으로 팽창하려는 것이다.

따라서 수축하거나 팽창하지 않는 정지 상태의 별 모형에서는 별 내부의 모든 점에서 중력과 압력 구배력이 평형을 이룬다. 이러한 평형 상태를 '정유체역학적 평형(hydrostatic equilibrium)'이라고 한다.

|그림 8-11|의 구각에서 정유체역학적 평형을 식으로 표현해보자.

우선, 이 구각에 작용하는 중력은 중심으로부터의 거리 r 내부의 질량($M(r)$)에 의하므로, 중력 가속도는 $-\frac{GM(r)}{r^2}$이다. 여기에서 (−)는 안쪽으로 수축하려는 방향으로 작용함을 의미한다. 또한 별 내부의 압력 경도에 의해 구각에 작용하는 압력 구배력 가속도는 $-\frac{1}{\rho}\frac{dP}{dr}$이다. 여기에서 중심으로부터의 거리($r$)가 증가할수록 별 내부의 압력이 감소하므로 $\frac{dP}{dr}$이 (−)이며, 따라서 압력 구배력 가속도 식은 (+)이다. 즉, 압력 구배력이 바깥으로 팽창하려는 방향으로 작용함을 확인할 수 있다.

만약 중력 가속도가 압력 구배력 가속도보다 크면 별은 수축할 것이고, 압력 구배력 가속도가 중력 가속도보다 크면 별은 팽창할 것이다. 하지만 정유체역학적 평형상태에서는 별이 수축하거나 팽창하지 않고 정지 상태를 유지하므로, 구각에 작용하는 알짜 힘, 즉, 중력과 압력 구배력에 의한 가속도가 0이다. 이를 식으로 표현하면,

$$\frac{d^2r}{dt^2}=-\frac{GM(r)}{r^2}-\frac{1}{\rho}\frac{dP}{dr}=0 \rightarrow \frac{1}{\rho}\frac{dP}{dr}=-\frac{GM(r)}{r^2} \qquad \text{[식 8-1]}$$

이다. 이 식을 정유체역학 평형 방정식이라 한다.

또한 중심으로부터의 거리 r 내부의 질량($M(r)$)에 대해서는

$$dM(r) = 4\pi r^2 \rho(r) dr \qquad \text{[식 8-2]}$$

으로 나타낼 수 있는데, 이를 질량방정식이라 한다.

다섯 번째 질문 정유체역학 평형 방정식을 통해 어떠한 현상들을 설명할 수 있을까?

먼저, 정유체역학 평형 방정식을 이용하여 행성과 항성 내부의 중심 압력을 계산할 수 있다.

우선 행성의 경우이다. 행성의 밀도가 행성 중심으로부터의 거리에 따라 평균밀도($\bar{\rho}$)로 일정하다고 가정하자. 즉, $\rho(r)=\bar{\rho}$일 때, 중심으로부터의 거리 r 내부의 행성 질량은

$$M(r)=\frac{4}{3}\pi r^3\bar{\rho} \qquad \text{[식 8-3]}$$

로 표현된다.

이를 정유체역학 평형 방정식([식 8-1])에 대입하여 식을 변형하면,

$$\frac{dP}{dr}=-\frac{G}{r^2}\cdot\frac{4}{3}\pi r^3\bar{\rho}^2 \qquad \text{[식 8-4]}$$

이며, 이를 행성의 중심부터 표면까지 적분해보자.

행성의 중심($r=0$)에서의 압력을 P_c라고 하고, 행성 표면($r=R$, R: 행성의 반지름)에서의 압력은 0이므로,

$$\int_{P_c}^{0} dP = G\int_{0}^{R} -\frac{4}{3}\pi r\bar{\rho}^2 dr$$

$$P_c = \frac{2\pi}{3}G\bar{\rho}^2 R^2 \qquad \text{[식 8-5]}$$

이다.

따라서 행성의 평균밀도($\bar{\rho}$)와 행성의 반지름(R)을 이용하여 중심압력(P_c)을 계산할 수 있다. 예를 들어, 지구의 평균밀도(약 5.5kg/m^3)와 반지름(약 6,400km) 값을 대입하면 지구의 중심압력은 $P_c \approx 1.7\times 10^5$ 기압으로 계산된다.

항성의 경우에도 행성의 중심압력을 구한 것과 마찬가지로 중심압력을 계산할 수 있다. 다만, 항성의 경우에는 주로 항성의 질량을 이용하여 중심압력을 구한다. 즉, $P_c = \frac{2\pi}{3}G\bar{\rho}^2 R^2$에서 $\bar{\rho} = \frac{3M}{4\pi R^3}$을 대입하면,

$$P_c = \frac{2\pi}{3}G\left(\frac{3M}{4\pi R^3}\right)^2 R^2$$

$$P_c = \frac{3}{8\pi}\frac{GM^2}{R^4} \qquad \text{[식 8-6]}$$

의 식을 얻을 수 있다.

또한, 항성이나 행성에서 고도에 따른 대기의 분포를 설명할 수 있다.

대기를 이상기체(ideal gas)라고 가정한다면, 다음의 이상기체 상태 방정식을 따른다. 즉

$$P = \frac{\rho kT}{m} \ (k\text{: 볼츠만 상수}) \qquad \text{[식 8-7]}$$

항성이나 행성의 대기 역시 정유체역학적 평형을 이룬다면, 정유체역학 평형 방정식에 의해,

$$\frac{1}{\rho}\frac{dP}{dr} = -\frac{GM}{r^2} \qquad \text{[식 8-8]}$$

로 표현된다. 이때 r은 천체의 중심에서 기체 입자까지의 거리이며, 대기의 두께가 행성 혹은 항성의 반지름(R)보다 훨씬 작기 때문에, 일정한 중력가속도 g가 작용한다고 가정하자. 따라서 위의 식을 정리하면,

$$\frac{1}{\rho}\frac{d\left(\frac{\rho kT}{m}\right)}{dr} = -g$$

$$\frac{1}{\rho}d\rho = -\frac{mg}{kT}dr \qquad \text{[식 8-9]}$$

이 된다. 대기의 온도가 일정하다고 가정하고, $H = \frac{kT}{mg}$라고 하자.

표면에서부터 높이 h까지를 범위로 하여 [식 8-9]를 적분하면,

$$\int_{\rho(\text{표면})}^{\rho(h)} \frac{1}{\rho}d\rho = -\int_0^h d\left(\frac{r}{H}\right) \rightarrow \ln\frac{\rho(h)}{\rho(\text{표면})} = -\frac{h}{H}$$

$$\rho(h) = \rho(\text{표면})e^{-\frac{h}{H}} \qquad \text{[식 8-10]}$$

이다. 높이에 따른 기체의 밀도가 위와 같은 식으로 표현되므로 기체에 의해 생기는 압력 역시 밀도의 식과 같은 형태로 표현된다.

$$P(h) = P(\text{표면})e^{-\frac{h}{H}} \qquad \text{[식 8-11]}$$

즉, 고도가 높아질수록 기체의 밀도 및 압력은 지수 함수적으로 감소한다. 높이가 H인 곳($h=H$)에서는 기체의 밀도 및 압력이 표면에서보다 e^{-1}배 작다. 또한 $H=\frac{kT}{mg}$이므로 H는 기체의 질량에 의존한다.

예를 들어, 수소와 산소의 경우를 비교해보자. 산소는 수소보다 질량이 크기 때문에 H 값이 더 작다. 즉, 표면과 비교하여 압력이 e^{-1}배 되는 고도가 산소가 수소보다 낮다. 이를 통해 산소가 수소보다 더 낮은 고도에 분포함을 확인할 수 있다.

정유체역학 평형 방정식을 통해 또 하나의 현상을 설명해보자.

항성에서 대기의 소광계수를 κ라고 할 때, 정유체역학적 평형 방정식은

$$\frac{1}{\kappa\rho}\frac{dP}{dr}=-\frac{g}{\kappa} \qquad [식\ 8-12]$$

라고 나타낼 수 있다. 소광계수(κ)란, 별빛이 대기를 투과할 때 대기 입자에 의해 산란 및 흡수되어 별빛이 어두워지는 정도를 나타낸다.

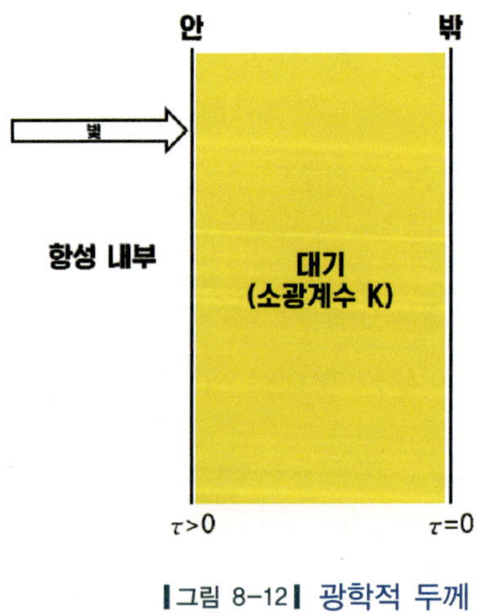

그림 8-12 광학적 두께

빛이 물질을 지나는 동안 산란 혹은 흡수되는 빛의 양을 나타내는 방법으로, 광학적 깊이(optical depth)의 개념이 사용되는데, 이를 τ라고 하자. 대기에 의해 소광되는 빛의 양은 대기의 광학적 밀도(소광계수와 밀도를 곱한 값)와 빛이 투과한 거리에 비례하는데, 대기의 안에서 τ가 0보다 크고 대기의 밖에서 τ가 0이라고 하면,

$$d\tau = -\kappa\rho dr \qquad \text{[식 8-13]}$$

로 표현된다. 따라서 위 식을 정리하면

$$dP = \frac{g}{\kappa} d\tau \qquad \text{[식 8-14]}$$

이고, 이를 대기의 안에서 밖까지 적분하면

$$\int_{P_{밖}}^{P_{안}} dP = \int_0^{\tau} \frac{g}{\kappa} d\tau$$

$$P_{안} - P_{밖} = \frac{g}{\kappa}\tau$$

$$P_{안} = P_{밖} + \frac{g}{\kappa}\tau \qquad \text{[식 8-15]}$$

이다. 그런데 대기의 밖에서의 압력($P_{밖}$)이 거의 0이기 때문에,

$$P_{안} = \frac{g}{\kappa}\tau \qquad \text{[식 8-16]}$$

로 간단하게 표현될 수 있다. 즉, 대기의 압력이 광학적 깊이(τ)에 대해 선형적으로 증가함을 확인할 수 있다.

또한 역시 이상기체를 가정할 때 $P=\frac{\rho kT}{m}$이므로, 이를 위 식에 대입하면 $\frac{\rho kT}{m}=\frac{g}{\kappa}\tau$이다. 여기에서 기체의 밀도($\rho$)가 일정하다면 $T\propto\tau$, 즉, 대기의 온도(T)는 광학적 깊이(τ)와 비례한다. 예를 들어 태양의 경우 광구의 상단에서 하단으로 갈수록 온도가 높아지므로, 광학적 두께 또한 광구 하단으로 갈수록 증가한다.

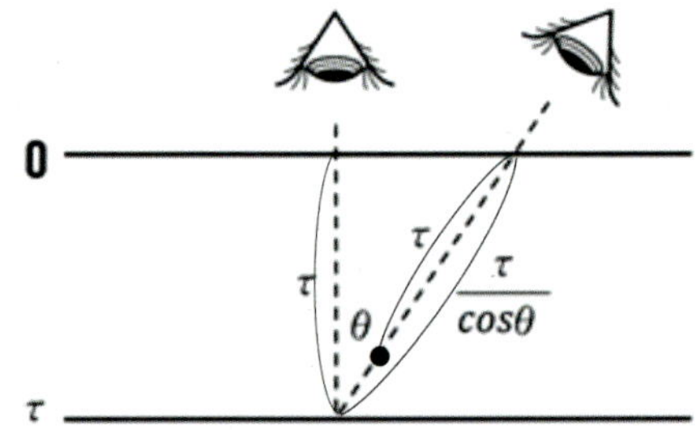

❙그림 8-13❙ 보는 방향에 따른 광학적 거리

❙그림 8-13❙과 같이 보는 방향에 따라 광학적 거리에 차이가 생기기 때문에, 같은 광학적 깊이(τ)를 갖는 지점의 깊이가 방향에 따라 다르다. 따라서 태양을 볼 때, 일정한 광학적 두께만큼을 볼 수 있다고 한다면, 태양의 중심부와 가장자리에서 우리의 시선이 이르는 지점의 깊이가 다르다. 이를 그림으로 나타내면 ❙그림 8-14❙와 같다.

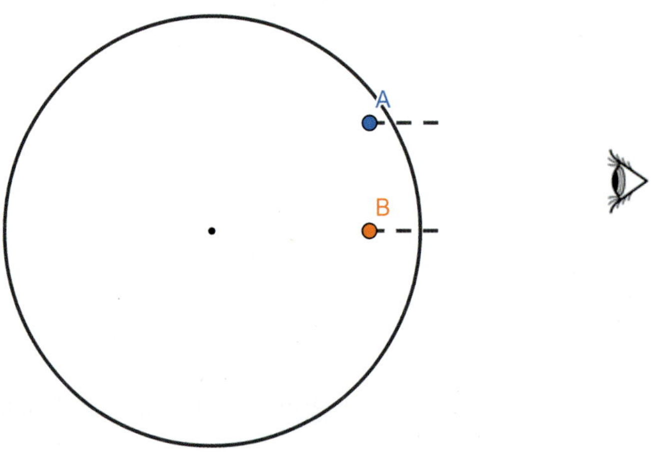

❙그림 8-14❙ 주연 감광

즉, 광학적 두께가 같은 지점이, 태양의 중심부(B)보다 태양의 가장자리(A)에서 더 얕다. 다시 말해, 중심부보다 태양의 가장자리에 대해서 우리의 시선이 광구의 더 높은 층에 그치며, 광구의 하단으로 갈수록 온도가 높아지므로 온도는 A가 B보다 낮다. 따라서 A가 B보다 어둡게 보인다. 즉, 중심부는 밝고 가장자리로 갈수록 어둡게 보이는 것이다. 이를 '주연 감광(limb darkening)'이라고 하며, **|그림 8-15|**와 같이 실제 태양 관측 사진에서 뚜렷하게 확인된다.

출처: NASA, http://solarscience.msfc.nasa.gov/surface.shtml

|그림 8-15| 태양 관측 사진

여섯 번째 질문

태양의 흑점은 어떻게 생성될까?

태양의 흑점을 잘 관찰하면, 시간에 따라 태양의 자전으로 인한 흑점의 이동을 확인할 수 있으며, 시간에 따른 흑점의 위치 변화 데이터와 잘 맞는 sin곡선을 찾으면, 흑점의 이동주기, 즉 자전주기를 알 수 있다. 이를 통해 또한 태양이 차등자전(differential rotation)함을 확인할 수 있다. 태양의 자전주기는 위도에 따라 다른데, 적도에 가까울수록 자전주기가 짧고 고위도로 갈수록 자전주기가 길다.

한편, 자기장은 태양을 구성하고 있는 물질의 이동과 함께 움직이기 때문에 차등자전을 거듭하면서 자기력선이 꼬이며 자기장의 방향이 적도 방향과 거의 나란하게 된다.

그렇다면 자기력선의 밀도가 낮은 곳의 하부에서 자기력선이 밀집한 곳이 생기면 어떤 일이 발생할까? 자기력선이 밀집한 곳에서는 자기압력이 높으며, 압력의 평형을 위하여 가스압력은 낮아진다. 즉, 하부의 자기력선이 밀집한 곳이 주위보다 가벼워지므로 물질이 부력을 받아 위로 올라가면서 자기력선도 함께 상승하여 자기력선이 태양 표면으로 튀어나온다(**그림 8-16**). 이것이 바로 흑점이다. 결국 흑점의 생성은 태양의 차등자전과 관련된다.

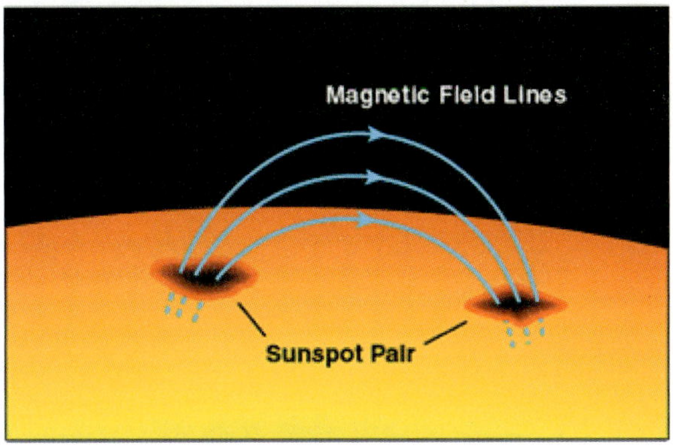

출처: Nature of the Universe, http://lifeng.lamost.org/courses/Hongkong/Hongkong_En/lecture/ch11/ch11.html

|그림 8-16| 흑점의 생성

일곱 번째 질문 수성의 자전속도는 어떻게 알까?

수성은 태양과 거리가 가까워 기조력 감속 효과(tidal braking effect)로 인하여 자전속도가 매우 느린데 얼마나 느릴까? 수성의 자전속도는 어떻게 알 수 있을까?

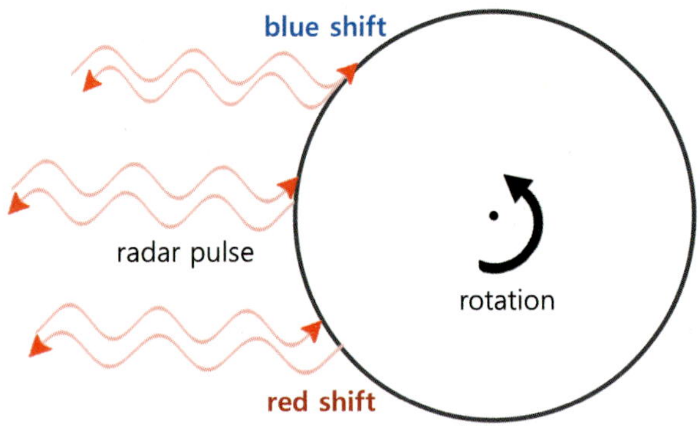

┃그림 8-17┃ 행성의 자전으로 인한 레이더의 도플러이동

수성의 자전속도는 행성 표면에서 반사되는 레이더 펄스를 분석함으로써 구할 수 있다. **┃그림 8-17┃**과 같이 지구에서 행성에 레이더 펄스를 발사한 후, 행성 표면에서 반사되어 돌아오는 레이더 펄스는 행성의 자전에 의해 도플러이동 성분을 갖는다. 즉, 시선 방향으로 접근하는 쪽에서는 파장이 짧아져 청색이동(blue shift), 시선 방향에서 멀어지는 쪽에서는 파장이 길어져 적색이동(red shift)된 레이더 펄스가 관측된다.

따라서 도플러이동량은 행성의 양쪽 가장자리에서 최대가 되어, 행성의 표면에서 반사되어 온 레이더 펄스의 관측 결과는 **┃그림 8-18┃**과 같이 나타난다.

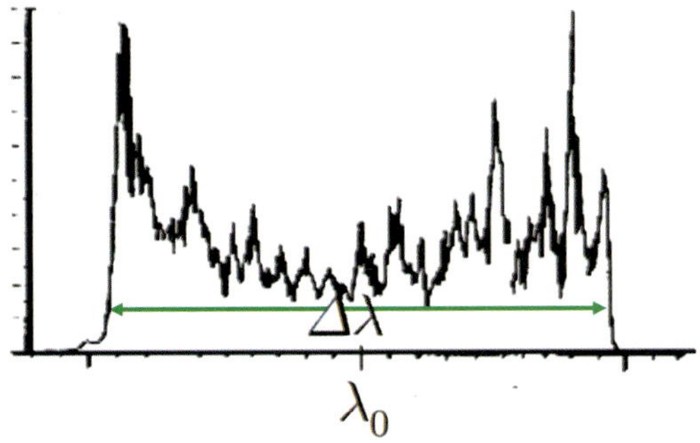

|그림 8-18| 행성의 표면에서 반사되어 온 레이더 펄스

|그림 8-18| 에서와 같이, 지구에서 보낸 레이더의 파장을 λ_0, 도플러이동이 나타난 전체 선폭을 $\Delta\lambda$라고 하면, 양쪽 가장자리에서의 속도에 의하여 전체 선폭으로 나타나므로, $\frac{\Delta\lambda}{\lambda_0} = \frac{2v_{자전}}{c}$인 관계를 가진다. 여기에서 $v_{자전}$은 시선 방향의 행성 운동속도, 즉, 행성의 선형 자전속도를 의미하며, c는 광속이다.

시선 방향이 행성의 적도를 똑바로 바라보는 방향이라고 가정할 때, $v_{자전} = \frac{2\pi R}{P_{자전}}$ (R: 행성의 반경)이므로, 이를 대입하면,

$$\frac{\Delta\lambda}{\lambda_0} = \frac{4\pi R}{cP_{자전}}$$

$$P_{자전} = \frac{4\pi R\lambda_0}{c\Delta\lambda} \qquad \text{[식 8-17]}$$

의 식을 얻어, 행성의 자전주기를 계산할 수 있다.

이렇게 계산한 행성의 자전주기는 실제 행성이 360° 자전하는 데 걸리는 시간, 즉, 항성을 기준으로 한 자전주기이다. 수성의 경우에는 약 58.7일, 지구의 경우에는 약 23시 56분에 해당한다.

여기에서 한 가지 의문이 생길 수 있다. 실제 지구의 자전주기는 약 23시간 56분

인데, 하루의 길이는 왜 24시간일까? 이는 우리가 지구의 실제 자전주기가 아닌, 태양을 기준으로 한 지구의 자전주기를 하루의 길이로 삼기 때문이다. 이러한 차이는 지구가 자전하는 동시에 태양을 공전하기 때문에 나타난다.

그렇다면, 수성의 경우에는 태양을 기준으로 한 자전주기가 얼마일까?

마찬가지로 수성이 자전하는 동안의 수성의 공전을 고려하여 이를 계산할 수 있다. 임의의 시간(t) 동안 수성의 공전과 자전을 그림으로 나타내면 **【그림 8-19】**와 같다.

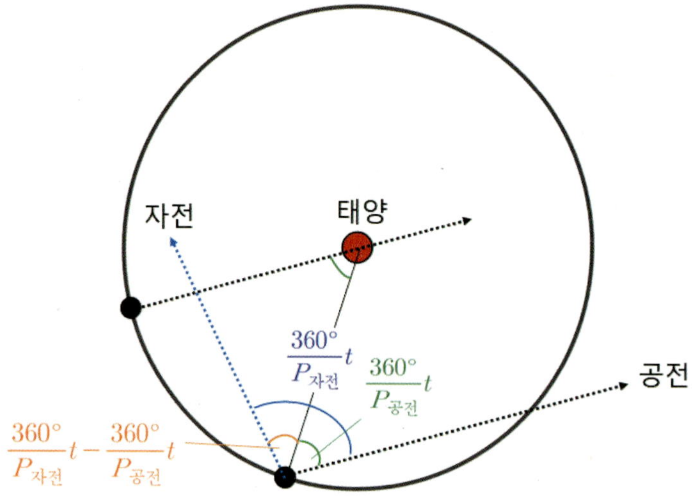

【그림 8-19】 수성의 공전과 자전

t시간 동안 수성의 자전각과 공전각은 각각 $\frac{360°}{P_{자전}}t$, $\frac{360°}{P_{공전}}t$이며, 수성의 자전주기(약 58.7일)가 공전주기(약 88일)보다 짧으므로, 같은 시간 동안의 자전각이 공전각보다 크다.

여기에서 태양을 기준으로 하여 수성이 한 바퀴 자전하는 데 걸리는 시간은, 수성이 자전하는 동안 태양을 공전함으로써 생기는 차이각 $\left(\frac{360°}{P_{자전}}t - \frac{360°}{P_{공전}}t\right)$이

360°가 될 때의 시간이다. 즉

$$\frac{360°}{P_{자전}}t - \frac{360°}{P_{공전}}t = 360° \rightarrow \frac{1}{P_{자전}} - \frac{1}{P_{공전}} = \frac{1}{t} \qquad [식\ 8-18]$$

일 때의 시간(t)이 태양을 기준으로 한 행성의 자전주기($P_{태양자전}$)이다.

수성의 경우 자전주기(약 58.7일), 공전주기(약 88일) 값을 대입하여 계산하면, 태양을 기준으로 한 수성의 자전주기가 약 176일로 계산된다. 이와 같이 수성이 태양을 기준으로 얼마나 느리게 자전하는지를 확인할 수 있다.

또한 수성이 태양에 대해 굉장히 천천히 자전하기 때문에, 태양을 향할 때와 태양을 향하지 않을 때 행성 표면의 온도 차이가 매우 크다. 따라서 이로 인한 표면의 팽창과 수축을 통해 수성 표면에서 특징적으로 나타나는 큰 균열 및 절벽(cliff) 구조를 설명할 수 있다.

아홉 번째

태양계 이야기 Ⅱ

첫 번째 질문

소행성 관측을 통해 무엇을 알 수 있을까?

소행성(Asteroid)은 태양 주위를 공전하고 있는 천체로, 행성보다 작다. 이제까지 발견된 소행성 중 대부분의 소행성이 화성과 목성 궤도 사이의 소행성대(asteroid belt)에 존재한다. 또 소행성무리 가운데 라그랑주점(Lagrangian point) L_4와 L_5 주변에 분포하는 트로이군(Trojan group)은 태양과 목성과 더불어 정삼각형을 이룬다.

소행성은 크기가 작기 때문에 자체 중력이 작고, 이로 인해 구형을 이루지 못하고 모양이 불규칙하다. 이러한 불규칙한 모양 때문에 자전할 때 밝기가 변하는데, 소행성이 태양빛을 반사하는 밝기의 변화를 통해 소행성의 자전 주기를 알 수 있다.

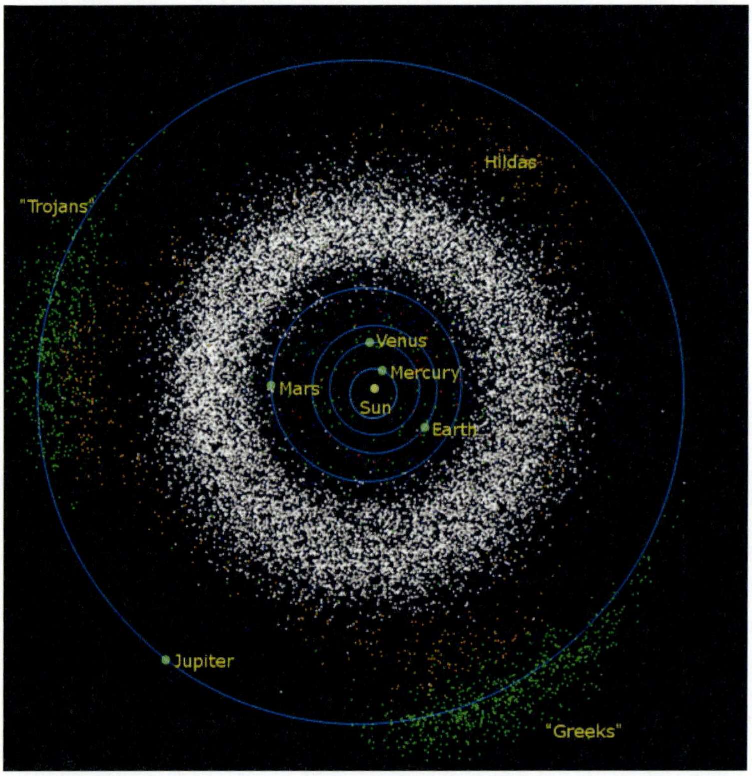

|그림 9-1| 소행성의 분포

출처: Mdf at English Wikipedia

그렇다면 소행성의 반사도(Albedo)는 어떻게 구할 수 있을까?

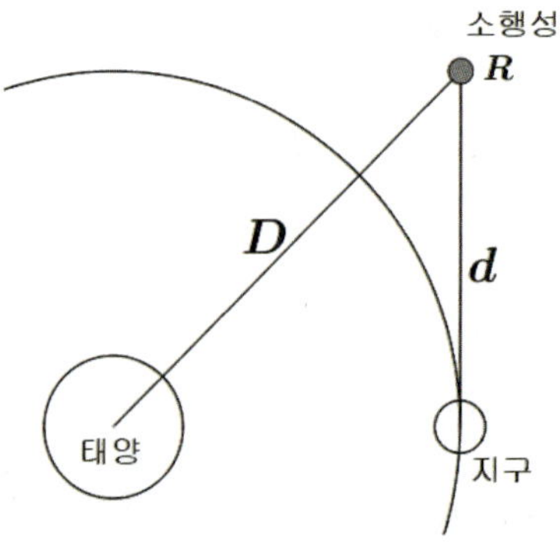

|그림 9-2-1| 소행성의 Albedo

우리가 지구에서 얻을 수 있는 소행성의 정보는 Flux이므로 소행성의 Albedo는 Flux값을 측정하여 구한다. **▎그림 9-2-1▎**에서 태양의 광도를 $L_{\odot}$, 소행성-태양 간의 거리를 D, 소행성의 반지름을 R, 소행성-지구 사이 거리를 d, 소행성의 반사도를 A라 하자.

소행성이 초당 받는 태양복사의 플럭스는

$$\left(\frac{L_{\odot}}{4\pi D^2}\right)\pi R^2 \qquad [식\ 9-1]$$

이며, 이 중 소행성으로부터 반사된 양은 [식 9－1]에 소행성의 반사도를 곱해주어

$$A\left(\frac{L_{\odot}}{4\pi D^2}\right)\pi R^2 \qquad [식\ 9-2]$$

이라 구할 수 있고, 지구의 단위 표면적이 받는 소행성에 의해 반사된 태양광의 양 F_{vis}은

$$\frac{A\left(\frac{L_{\odot}}{4\pi D^2}\right)\pi R^2}{4\pi d^2} = F_{vis} \qquad [식\ 9-3]$$

이다. 이 F_{vis}는 가시광선 영역에 속한다.

소행성이 받은 태양 복사 에너지 중 소행성이 흡수한 양은 소행성에서 반사되지 않은 태양 복사 에너지라고 할 수 있으므로,

$$(1-A)\left(\frac{L_{\odot}}{4\pi D^2}\right)\pi R^2 \qquad [식\ 9-4]$$

인데, 소행성은 태양빛을 흡수하여 적외선 복사를 방출하게 된다. 지구의 단위 표면적이 받는 소행성이 흡수하여 방출하는 적외선 복사량 F_{IR}은 다음과 같다.

$$\frac{(1-A)\left(\frac{L_{\odot}}{4\pi D^2}\right)\pi R^2}{4\pi d^2} = F_{IR} \qquad \text{[식 9-5]}$$

F_{IR}에 대한 F_{vis}의 비를 구하면 소행성의 반사도값 A를 구할 수 있다. 즉

$$\frac{F_{vis}}{F_{IR}} = \frac{\dfrac{A\left(\frac{L_{\odot}}{4\pi D^2}\right)\pi R^2}{4\pi d^2}}{\dfrac{(1-A)\left(\frac{L_{\odot}}{4\pi D^2}\right)\pi R^2}{4\pi d^2}} \qquad \text{[식 9-6]}$$

이기에

$$\frac{F_{vis}}{F_{IR}} = \frac{A}{1-A} \qquad \text{[식 9-7]}$$

이 된다. 다시 말해서, 가시 영역과 적외 영역의 플럭스를 관측하면 우리는 소행성의 반사도 A의 정보를 알 수 있게 되는 것이다. 물론, 이는 소행성이 구형이라는 가정에 의해 성립한다. 그러나 실제로 소행성은 그 형태가 땅콩 껍질 모양 등으로 다양하기에 태양 방향으로 향하는 면의 형태에 따라 반사도가 변할 것이다. 따라서 소행성의 주기적인 밝기 변화는 소행성의 자전과 관련이 있다. **그림 9-2-2**는 2002 KL6 소행성의 밝기 변화를 그려 본 것이다. 등급 변화의 주기가 4.6시간인 것을 알 수 있다. 따라서 이 소행성의 자전 주기는 대략 4.6시간이다.

그림 9-2-2 소행성의 밝기 변화

두 번째 질문 혜성의 밝기는 어떻게 구할까?

어린아이들에게 혜성을 그려보라고 하면 대부분의 경우 밝은 별 모양과 함께 꼬리를 그리는 것을 볼 수 있다. 혜성(comet)이라는 영어 단어의 어원은 그리스어에서 온 것인데, 그 뜻은 머리카락을 길게 늘어뜨렸다는 뜻인 것을 생각할 때, 어린아이들의 그림은 혜성의 특징을 두드러지게 표현한 것이라 할 수 있다.

혜성에서 길게 늘어뜨려진 부분을 꼬리(tail)라고 하는데, 이 부분은 한 개만 보일 때도 있고 두 개 이상이 보일 때도 있다. 사람들은 태양이나 달과 같은 천체의 운동(실제로는 지구의 운동이지만)이 삶에 영향을 미쳤던 탓인지, 천체는 현재뿐 아니라 미래의 삶에 영향을 미친다고 생각을 했던 것 같고 그래서 혜성 역시 미래의 무엇가를 예언하는 역할을 한다고 생각했던 듯하다. 혜성에 대한 기록들을 보면, 혜성의 출현에 대해 최후의 심판이 가까워졌다고 생각하거나 홍수 등의 재앙을 예언한다고 생각하기도 했었으며, 혜성의 꼬리의 개수가 몇 개이냐에 따라 어떠한 재앙이 닥칠지를 알 수 있다고 믿었다고도 한다.[1)]

그런데 혜성의 꼬리가 다 같은 것이 아니라는 것을 알고 있는가? 혜성의 꼬리는 먼지 꼬리와 이온 꼬리로 나뉜다. **[그림 9-3]**과 같이 이온 꼬리는 태양의 반대 방향으로 생기는데, 이는 태양풍과 태양의 자기장에 영향을 받기 때문이다. 먼지 꼬리는 궤도 운동 방향의 반대 방향으로 휘어져 생기는데 이는 혜성에서 밀려난 입자들이 태양풍의 영향을 덜 받기 때문에 형성된 것이다.

1) 혜성에 대한 과거 사람들의 생각과 미신에 대해서는 닐 타이슨의 코스모스 2017 TV 시리즈를 참고하면, 좀 더 흥미로운 역사적인 배경들을 확인할 수 있다.

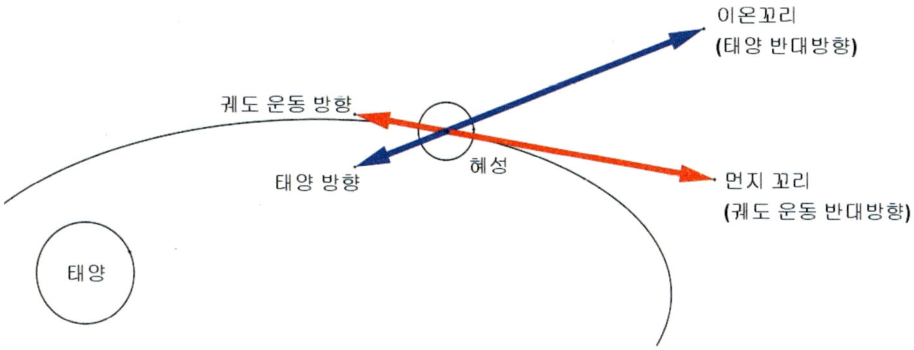

|그림 9-3| 혜성의 꼬리

이제 앞에서 소행성의 밝기를 구한 것처럼 혜성의 밝기를 한번 구해보자. 이때 주목할 점은 혜성이 궤도 운동하는 동안 태양 에너지에 의해 얼음 알갱이가 증발하면서 혜성 자체의 밝기가 변한다는 사실이다.

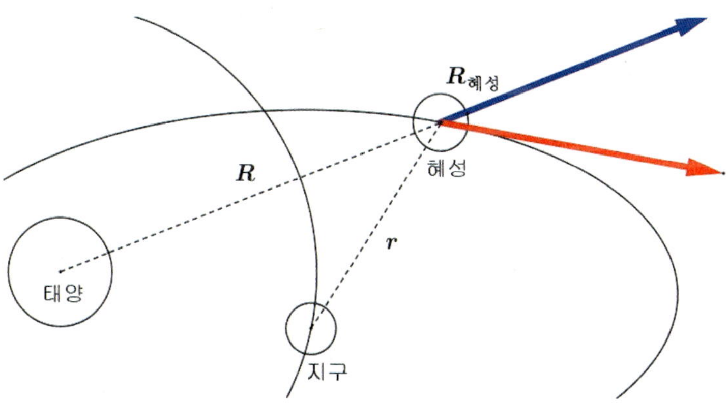

|그림 9-4| 혜성의 밝기

|그림 9-4|에서 태양의 광도를 $L_{\odot}$, 혜성-태양 간의 거리를 R, 혜성의 반지름을 $R_{혜성}$, 혜성-지구 사이 거리를 r, 혜성의 반사도를 A, 혜성의 밝기를 B라 하자.

지구에서 관측되는 혜성의 밝기 B는 다음과 같이 나타낼 수 있다.

$$B \propto \frac{A\left(\dfrac{L_{\odot}}{4\pi R^2}\right)\pi R^2_{\text{혜성}}}{4\pi r^2}$$ [식 9-8]

이때 혜성이 태양으로부터의 거리 R에 따라 자체 밝기가 변한다. 거리 R이 증가하면 반사도 A는 감소하므로 A와 R의 관계를 다음과 같이 나타내자.

$$A \propto \frac{1}{R^{\alpha}} \ (\alpha\text{는 상수})$$ [식 9-9]

따라서 혜성의 밝기는 다음과 같이 나타낼 수 있다. 즉 $B \propto \dfrac{1}{r^2 R^{2+\alpha}}$로부터

$$B \propto R^{-n} r^{-2} \ (n = 2 + \alpha)$$ [식 9-10]

가 된다. 이를 등급으로 나타내면

$$m - m_o = 5\log r + 5\log R + 2.5\,\alpha\log R$$ [식 9-11]

로 표현된다. Lulin 혜성[2)]의 경우는 위 식에서 $\alpha = 1.944$에 해당한다(**❙그림 9-5❙** 참조). 혜성과 지구 사이의 위치 관계에 따라 혜성이 근일점에 있을 때나 지구와 혜성이 가장 가까울 때에 최대 밝기가 관측된다.

2) Lulin이란 루린(鹿林) 천문대에서 처음 발견하였기에 붙여진 이름이다.

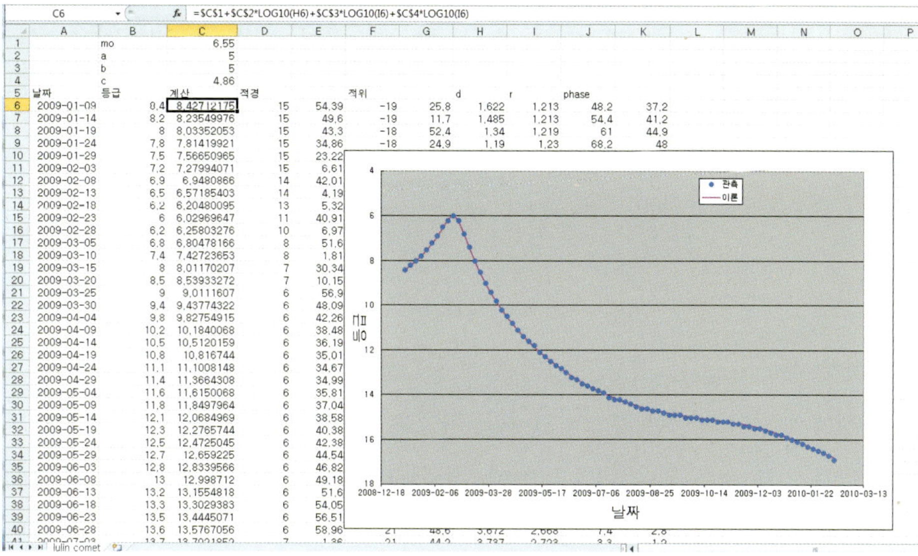

| 그림 9-5 | Lulin 혜성의 등급 곡선

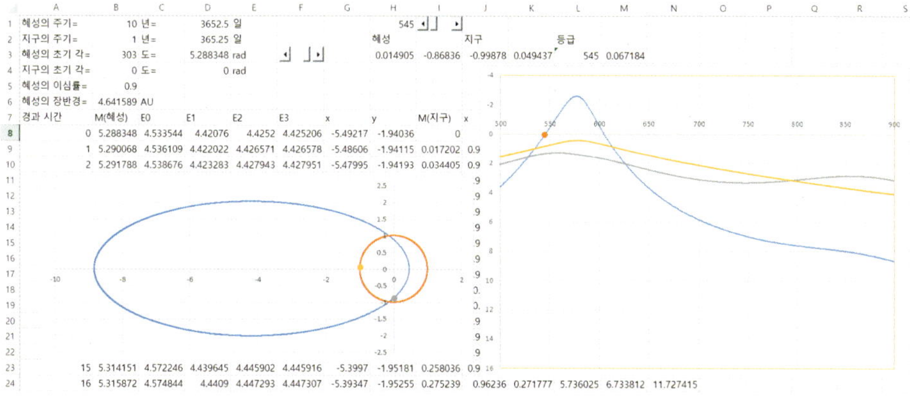

| 그림 9-6 | 지구와 혜성의 위치 관계에 따른 $m-m_o$의 이론적 변화. 최대 밝기는 혜성이 근일점에 있을 때나 지구와 혜성이 가장 가까울 때이다.

세 번째 질문 별똥별(유성체)은 왜 새벽에 잘 보일까?

유성체(Meteoroid)는 행성 사이의 우주 공간을 떠돌아다니는 작은 천체로, 대부분 혜성에서 떨어져 나온 부스러기이다. 이들은 지구의 대기를 통과하면서 대기와의 마찰로 인해 밝은 빛을 내며 타는데, 저녁보다 새벽에 더 잘 보인다. 왜 유성체는 새벽에 더 잘 보일까? 새벽에 더 많이 '떨어지기' 때문일까, 아니면 새벽의 어떤 조건 때문에 더 많이 '보일' 뿐인 걸까?

┃그림 9-7┃과 같이 자정 이전(저녁)과 자정 이후(새벽)로 나누어 생각해보자. 자정 이전에는 최소 지구 공전 속도만큼은 되어야 지구를 따라잡아 머물 수 있고, 지구 공전 궤도 탈출 속도보다는 느려야 지구 대기에 머물 수 있다. 지구 공전 궤도 탈출속도는 약 42km/s이며, 지구 공전 궤도속도는 약 30km/s이다. 따라서 자정 이전에 지구에 머물 수 있는 유성체의 궤도 속도는 최소 30km/s, 최대 42km/s이다. 이때 지구의 공전속도를 고려하여 지구 공전 속도에 대한 유성체의 상대속도를 구하면 최대 12km/s이다. 반면 자정 이후에는 유성체의 속도가 지구 공전 궤도 속도보다 느려도 볼 수 있다. 유성체의 속도가 지구공전궤도 탈출속도인 약 42km/s 이내이기만 하면 지구 대기에 머물 수 있다. 즉, 지구 공전 속도에 대한 유성체의 상대속도 최대 72km/s까지 지구 대기에 머물 수 있다. 따라서 저녁에 유성이 잘 보이지 않으며, 자정 이후인 새벽에 유성이 잘 보이는 것이다.

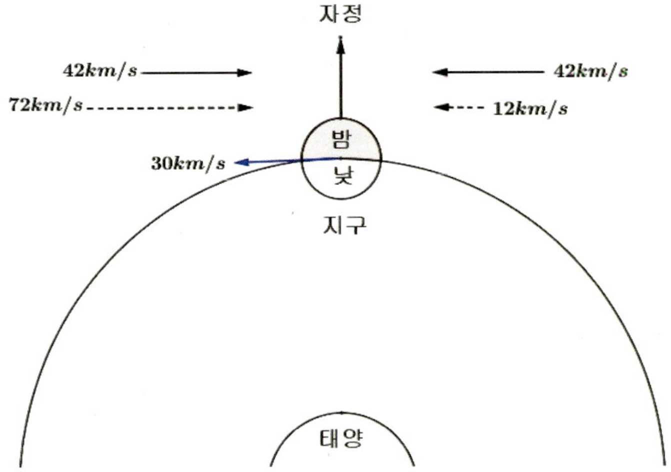

【그림 9-7】 유성체의 속력

네 번째 질문

유성우가 한 점에서 퍼지는 것처럼 보이는 이유는?

유성은 밤하늘에서 매우 빠른 속도로 이동하기에 맨눈으로 관측하기가 쉽지 않다. **|그림 9-8|**과 같이 사진 관측을 통해 유성의 자취를 볼 수 있는데 보통 이런 사진들은 유성의 여러 자취들을 모아 편집한 것이다.

|그림 9-8|은 마치 한 점으로부터 사방으로 퍼져 나가는 것처럼 보인다. 이처럼 유성우가 시작되는 천구상의 한 점을 복사점(radiation spot)이라고 한다. **|그림 9-8|**을 좀 더 들여다보면 유성우가 복사점으로부터 퍼져나갈 뿐만 아니라 복사점에서 멀어질수록 유성의 자취의 길이도 길어짐을 발견할 수 있다. 왜 그런 것일까?

출처: http://apod.nasa.gov/apod/ap131223.html

그림 9-8 쌍둥이자리 유성우

이 물음에 대한 답을 구하기 위해 기찻길을 떠올려보자. 기찻길은 실제로 평행하지만 멀리서 바라보면 마치 한 점에서 시작되는 것같이 느껴진다.

이와 마찬가지로 유성이 대기에서 타면서 내는 빛은 평행하게 진행하나 관측자가 매우 멀리 떨어진 곳에서 관측하기 때문에 시차가 발생하여 한 점에서 퍼져

나가는 것처럼 보이는 것이다.

|그림 9-9|에서 유성체가 a와 b 사이 구간을 통과하는 동안 지구 대기와 마찰에 의해 다 타버리며 빛을 낸다고 가정하자. **|그림 9-9|**를 통해 복사점에서 멀어질수록 왜 유성우의 자취가 길어지는지 설명이 될 것이다.

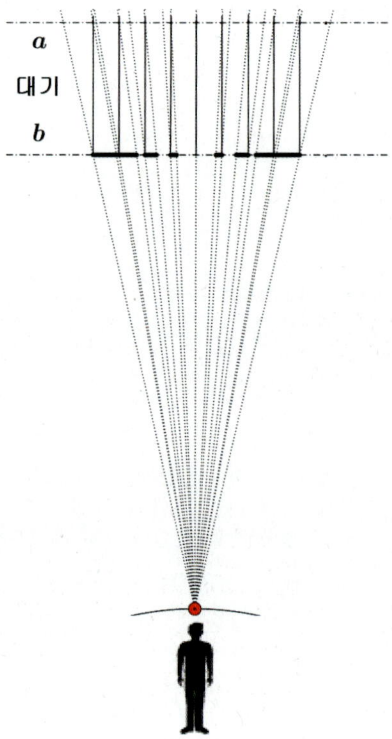

|그림 9-9| 유성우 자취에 대한 설명 모델

다섯 번째 질문 황도광이란?

황도광(zodiacal light)이란 황도면 근처에서 궤도 운동을 하는 작은 먼지 입자들이 태양빛을 반사하여 빛나는 희미한 빛을 가리킨다. 그러나 황도광은 밝기가 매우 약하여 도시에서 거의 알아볼 수가 없다.

대부분의 천체들은 황도면 주위에 존재하는데, 행성뿐만 아니라 크기가 매우 작은 먼지 입자들도 황도면 근처에 많이 존재하기 때문에 황도광이 발생하게 된다.

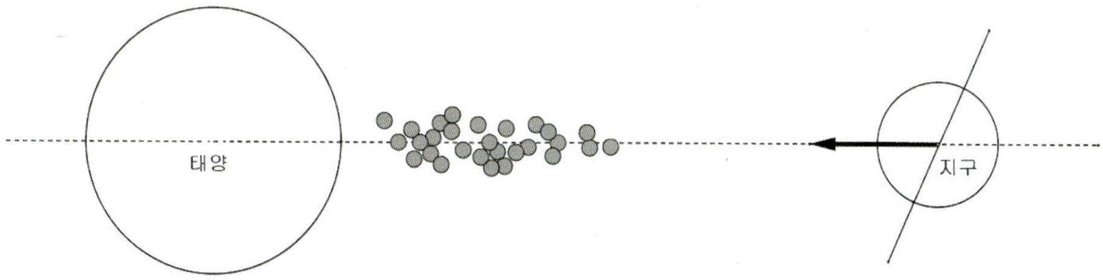

|그림 9-10| 황도광

출처: Author: Dominic Cantin, Source: http://www.pbase.com/dominiccantin

|그림 9-11| 황도광 사진

이렇듯 아직도 태양계에서 행성들이 위치한 적도면(~황도면)을 따라 먼지 입자들이 많이 분포하고 있다. 태양계 형성 초기의 많은 먼지 입자들은 입자의 크기가 작은 경우, 태양 복사압에 의하여 밖으로 밀려 나가고, 입자의 크기가 큰 경우는 태양 복사압의 포인팅 로버트슨 효과에 의하여 태양으로 떨어져 들어가 태양계 안에서 소거된다.[3] 그러나 혜성이 태양을 향하여 들어오면서 흩뿌려지는 먼지 입자들에 의하여 먼지 입자들이 태양계에 공급된다.

---

3) 이에 대한 내용은 "강혜성, 윤홍식, 이상각, 최승언, 현정준, 홍승수 역, 2010, 천문학 및 천체물리학 제4판(시그마프레스)" 193쪽을 참고하시오.

지구형 행성은 어떤 진화 상태에 있을까?

천체가 진화를 할 때에는 항상 에너지 출입이 발생하므로 천체가 에너지를 가지고 있는지 여부는 천체의 진화에 있어서 굉장히 중요한 요소일 것이다. 천체가 갖고 있는 에너지를 E, 천체가 시간당 내보내는 에너지를 $\dot{E}$라고 하면, 일반적으로 천체의 수명 척도(life time scale)를 아래와 같이 표현할 수 있다.

$$t_{life} = \frac{E}{\dot{E}} \qquad \text{[식 9-12]}$$

행성의 경우를 보자. 행성은 초기 생성되었을 당시의 에너지를 지금까지 가지고 있다. 이 에너지를 $E_{\text{행성 자체}}$라 하자. $E_{\text{행성 자체}}$뿐만 아니라 행성이 방사성 원소를 가지고 있기 때문에 방사성 원소가 붕괴하면서 방출하는 에너지가 존재한다. 이 에너지를 $E_{\text{방사성 원소}}$라 하자. 이 두 에너지를 합한 것이 행성의 총 에너지이고, 이는 행성의 부피에 비례한다. 행성의 반지름을 R이라 놓으면 아래와 같이 표현된다.

$$E = E_{\text{행성 자체}} + E_{\text{방사성 원소}} \propto R^3 \qquad \text{[식 9-13]}$$

행성은 에너지를 밖으로 내놓을 때에 흑체 복사를 하는데, 흑체 복사 방출량은 표면적에 비례하므로 행성의 수명 척도는 다음과 같다.

$$t_{\text{행성}, life} \approx \frac{R^3}{R^2} = R \qquad \text{[식 9-14]}$$

즉, 행성의 수명은 크기가 크면 클수록 길어지는 경향이 있다.

❙그림 9-12❙ 행성의 수명

❙그림 9-12❙는 태양계가 45억 년 전에 형성되어 현재까지 오는 동안 지구형 행성과 달의 수명을 간략하게 표현한 것이다. 태양계가 형성될 때 비슷한 시기에 지구형 행성과 달이 형성된다. 달과 수성은 R값이 작으므로 수명이 짧다. 이에 반해 금성, 화성은 달보다는 수명이 길어졌지만 수명이 겨우 45억 년을 넘을 것으로 보인다. 반면, 지구의 R 값은 금성, 화성보다 크므로 수명이 45억 년을 훨씬 넘는다. 따라서 현재 시점에서 보면, 달, 수성은 수명을 다 살았고, 금성, 화성은 활동이 없어 변화가 거의 없으므로 노년기에 해당하고 지구는 청·장년기에 해당하여 아직도 활발한 변화가 일어난다.

화산 활동을 보아도 금성이나 화성의 경우에는 지구보다 산 높이가 크다. 금성과 화성의 경우 용암이 올라오면 지각판의 움직임이 거의 없어 같은 곳에 겹쳐서 쌓이기 때문에 화산의 높이가 높아진다. 지구의 경우, 땅이 움직이므로 용암이 겹쳐 쌓이지 않고 새로운 곳에 분출하게 되어 하와이와 같이 여러 개의 작은 산이 형성된다.

행성과 다르게 별은 핵반응이 일어나면서 에너지를 생성한다. 광도는 질량과 관계가 있어, 질량이 큰 별은 빠르게 진화하고 질량이 작은 별은 굉장히 천천히 진화한다. 태양과 질량이 비슷한 별은 수명이 100억 년 정도이지만 태양보다 질량이 큰 별은 태양보다 훨씬 빨리 진화하여 수명이 짧고, 태양보다 질량이 작은 별들은 우주의 전 기간 동안 천천히 진화한다. 핵 반응의 양은 질량 M에 비례하고, 별의 에너지 방출량은 질량 M의 3.5제곱에 비례하므로 별의 수명은 아래와 같이 서술할 수 있다.

$$t_{별} \sim \frac{M}{M^{3.5}} \sim \frac{1}{M^{2.5}} \qquad [식\ 9-15]$$

주계열성에 대하여 질량과 별의 수명은 서로 반비례 관계를 가진다. 따라서 질량이 큰 별은 수명이 짧다.

태양계에서 행성의 형성에 있어 중요한 점은 무엇인가?

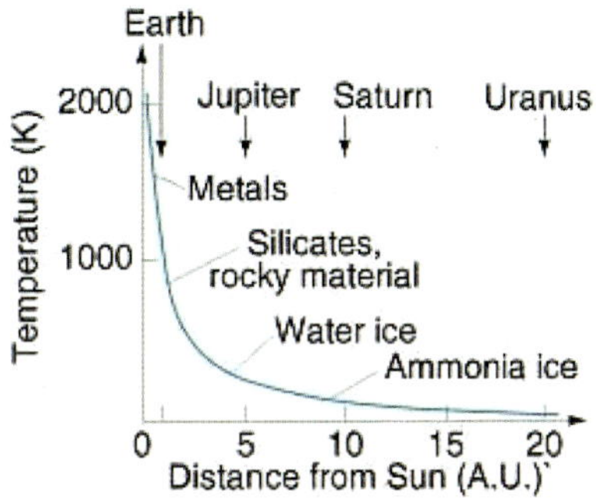

┃그림 9-13┃ 태양계의 화학 조성

첫 번째는 화학 조성이다. **┃그림 9-13┃**을 보자, 태양과 행성이 가까우면 온도가 높고 태양과 멀어질수록 온도가 낮다. 금속일수록 응결 온도가 높아지게 되므로 행성이 태양과 가까워질수록 금속, 규산염 암석 물질이, 멀수록 얼음, 암모니아 순으로 화학 조성이 이루어진다. 실제로 지구형 행성을 보면 대기를 이루는 기체는 별로 없고 금속이나 암석질인 고체로 이루어져있다. 반면에 목성형 행성은 물과 암모니아 그리고 수소 기체 등으로 이루어진다.

두 번째는 집적 과정이다. 태양계 초기에는 티끌 입자들이 서로 붙기가 쉽지 않지만 점점 그 크기가 커지면 중력이 강해져 붙기가 쉬워진다. **┃그림 9-14┃**를 보자.

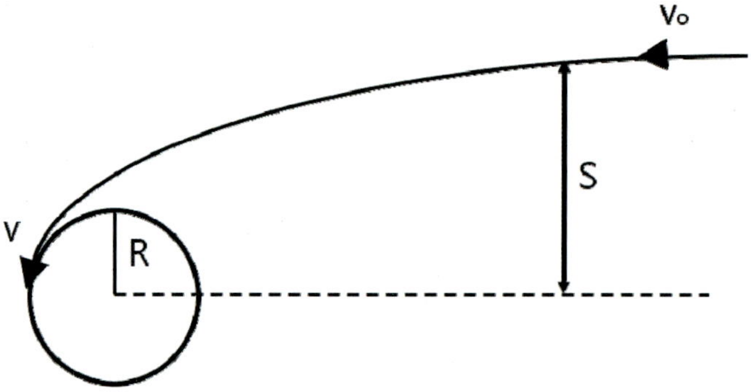

|그림 9-14| 집적 과정

어떠한 티끌 입자가 반지름 R을 가지고 있는 덩어리에 들어온다고 했을 때, 초기 속도를 v_0, 입자에 접근했을 때의 속도를 v라고 하자. 두 지점에서의 각운동량은 같다.

$$vR = v_o S \quad \text{[식 9-16]}$$

멀리 있을 때에는 퍼텐셜 에너지가 거의 0에 가깝고 속력이 v일 때에는 퍼텐셜 에너지가 존재하므로 이를 통해 v를 구할 수 있다.

$$\frac{1}{2}mv_o^2 = \frac{1}{2}mv^2 - \frac{GmM}{R} \quad \text{[식 9-17]}$$

$$v = \left(v_o^2 + \frac{2GM}{R}\right)^{1/2} \quad \text{[식 9-18]}$$

구한 v값을 각운동량 식에 대입하여 충돌 반경이라 부르는 S값을 구한다.

$$v_o S = \left(v_o^2 + \frac{2GM}{R}\right)^{1/2} R \rightarrow S = R\left(1 + \frac{2GM/R}{v_o^2}\right)^{1/2} \quad \text{[식 9-19]}$$

덩어리의 반경이 커지면 충돌반경 S은 $S \propto R^2$이 된다. 이제, 시간에 따른 질량 변화율을 구하자.

$$\frac{dM}{dt} = \frac{d}{dt}\left(\frac{4\pi}{3}\rho R^3\right) = 4\pi\rho R^2 \frac{dR}{dt} \qquad [식\ 9-20]$$

이고

$$\frac{dM}{dt} = v_o \rho \pi S^2 = v_o \rho \pi R^2 \left(1 + \frac{2GM/R}{v_o^2}\right) \qquad [식\ 9-21]$$

이 된다. $\frac{2GM/R}{v_o^2} \gg 1$ 이므로 $\frac{dM}{dt} \simeq \frac{2\pi G\rho MR}{v_o} = \frac{8\pi^2 G\rho^2}{3v_o} R^4$이 되어 크기가 커질수록 질량 증가율이 커지는 것을 확인할 수 있다.

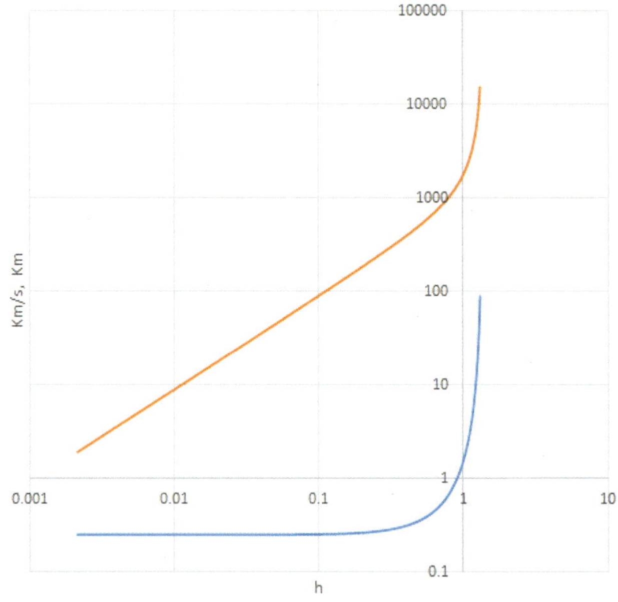

|그림 9-15| 집적과정에서 시간에 따른 속도와 물체의 크기 변화

|그림 9-15|는 집적 과정이 일어날 때, 시간에 따른 속도 변화와 물체의 크기 변화를 보여준다. 파란색 곡선이 속도 변화를, 주황색 곡선이 물체의 크기 변화를 나타낸다. 처음에는 중력이 서서히 증가하다가 크기가 약 700~800km 부근이 되었을 때부터 급격하게 증가하는 것을 볼 수 있다. 이 값은 v_0를 1km/s, ρ를 3,000kg/m^{3}으로 놓고 구해보면 아래와 같다.

$$\frac{2GM/R}{v_o^2}=\frac{\left(\frac{8\pi G\rho}{3}R^2\right)}{v_o^2}\geq 1 \;\rightarrow\; R>\frac{v_o}{\left(\frac{8\pi G\rho}{3}\right)^{1/2}}=772.35\ \text{km}$$

[식 9-22]

따라서 R 값이 772.35km를 넘기 시작하면 중력이 급격히 강해져 급격히 행성으로 성장할 것이다. 우리는 중력 집적 과정에 의하여 1시간 만에 급격히 성장하여 1,000km 크기의 소행성 같은 천체가 된 것을 확인할 수 있다. 이런 천체를 우리는 원시 행성이라고 부른다. 이러한 원시 행성들이 합체되어 지구형 행성을 형성한다. 목성형 행성은 주변에 기체가 많기 때문에 이러한 기체까지 다 천체가 흡착해 크기가 더 커진다.

목성(Jupiter)과 관련된 중요한 것은 무엇인가?

목성의 초과 에너지의 근원은 무엇일까?

목성(토성과 해왕성도 마찬가지)의 중요한 특징 중 하나는 태양으로부터 받는 에너지보다 더 많은 에너지를 방출하고 있다는 것이다. 이러한 초과 에너지는 무엇에 기인한 것일까?

크게 두 가지로 설명될 수 있다. 첫째는 목성이 형성되면서 지닌 초기 에너지의 계속적인 방출이며, 둘째는 형성 당시의 초기 에너지 외에 다른 방법에 의한 추가적인 에너지의 생성 및 방출이다. 그렇다면 후자에 해당하는, 즉, 초기 에너지 외에 추가적으로 에너지가 생성될 수 있는 기작(mechanism)에는 무엇이 있을까? 역시 두 가지 가능성을 생각할 수 있다.

우선, 중력 수축에 의한 에너지의 생성이다. 이를 식으로 생각해보자.

목성의 반경이 R, 질량이 M일 때 목성이 가진 중력 퍼텐셜 에너지(E_p)는

$$E_p = -\frac{GM^2}{R} \qquad \text{[식 9-23]}$$

이다. 만약 목성의 질량(M)이 일정하게 유지되고 목성의 크기(R)가 변화한다면, 시간에 따른 중력 퍼텐셜 에너지의 변화율은

$$-\frac{dE_p}{dt} = -\frac{GM^2}{R^2}\frac{dR}{dt} \qquad \text{[식 9-24]}$$

로 표현된다. 따라서 시간에 따른 반경의 변화율 $\frac{dR}{dt} < 0$일 때, 즉, 천체가 수축할 경우에는 중력 퍼텐셜 에너지의 감소로 인한 에너지의 발산이 일어난다. 예를 들어, 핵융합반응으로 에너지를 생성하기 전 원시별의 주된 에너지원은 중력 수축으로 인해 생성되는 에너지이다.

두 번째는, 질량의 유입으로 인한 에너지의 생성이다. 이번에는 목성의 크기(R)가 일정하고 질량(M)이 변화한다고 하면

$$-\frac{dE_p}{dt} = \frac{2GM}{R}\frac{dM}{dt} \qquad \text{[식 9-25]}$$

이므로, $\frac{dM}{dt} > 0$일 때, 즉, 질량의 유입으로 인한 질량의 증가가 있을 때 에너지가 생성됨을 확인할 수 있다. 이와 같은 방법으로 블랙홀은 주변에 있는 물질을 유입하여 에너지를 생성한다.

정리하면, 목성의 초과 에너지는 목성이 형성되면서 가진 초기 에너지와 시스템 자체의 중력 수축 혹은 외부로부터의 질량 유입에 의해 생성된 에너지로 설명될 수 있다. 중력 수축에 의한 에너지의 생성은 아마도 목성의 형성 초기에 중요한 역할을 하였을 수 있으며, 일부 대기 입자들의 drop과 같은 경우를 통해 질량의 유입으로 인한 에너지의 생성이 가능하다.

목성으로부터 비열적 복사인 싱크로트론복사(synchrotron radiation)가 관측된다.

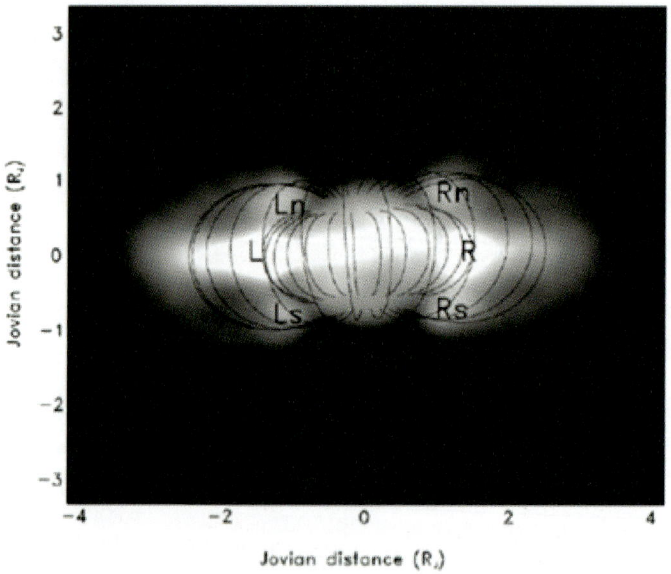

출처: de Pater, I., Planet. Space Sci., 52, 1449–1454, 2004

그림 9-16 20cm 전파 영역으로 관측한 목성 (VLA image)

┃그림 9-16┃과 같이 목성을 전파 영역에서 관측하면, 지구의 밴앨런대(Van Allen radiation belt)와 유사한 형태의 목성의 전파 복사대를 확인할 수 있다. 이러한 목성의 전파 복사의 일부는 자기장에 의한 '싱크로트론 복사(synchrotron radiation)'로 설명된다.

싱크로트론 복사란 전자가 강한 자기장 속에서 상대론적 운동을 하며 전파를 복사하는 경우이다. 즉, 전자가 자기장을 따라 나선형을 그리며 광속에 가까운 속도로 운동하면서 방출되는 복사를 의미한다(**┃그림 9-17┃** 참조). 참고로 자기장 속에서 비상대론적으로 운동하는 전자에 의해 방출되는 복사는 '사이클로트론 복사(cyclotron radiation)'라고 한다.

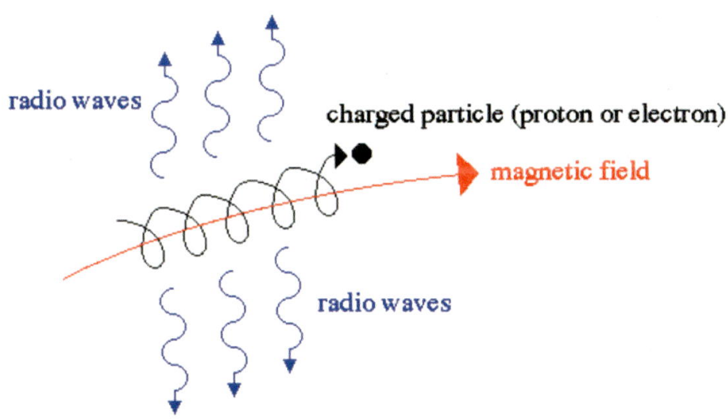

출처: http://abyss.uoregon.edu/~js/glossary/synchrotron_radiation.html

┃그림 9-17┃ 사이클로트론 복사 혹은 싱크로트론 복사

상대론적 운동에서 계(frame)의 변환을 생각해보자. **┃그림 9-18┃**의 A는 운동하는 전자가 가진 좌표계에서 복사의 분포를, B는 관측자가 가진 좌표계로 변환하였을 때의 복사를 보여준다. 즉, 전자의 좌표계에서는 사방으로 고르게 복사가 방출되지만, 관측자의 좌표계에서는 전자가 움직이는 방향의 작은 입체각으로 복사가 집중 방출되는 상대론적 빔효과(relativistic beaming)가 생긴다. 마치 비가 올 때

고르게 비가 내리더라도 빠른 속도로 뛰어가면 비가 나에게 확 다가오는 것과 비슷하다.

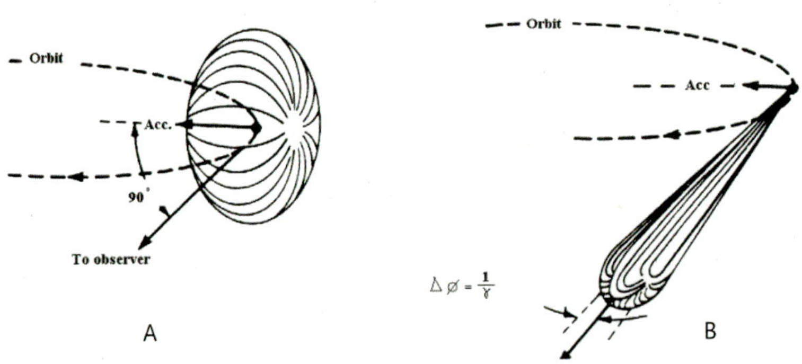

출처: https://en.wikipedia.org/wiki/Synchrotron_radiation#/media/File:Syncrotron_radiation_energy_flux.png

❙그림 9-18❙ 전자의 좌표계(A)와 관측자의 좌표계(B)에서 복사의 분포

❙그림 9-18❙의 B와 같이 관측자의 좌표계에서 $\Delta\phi = \frac{1}{\gamma}$, 따라서 복사는 $\frac{2}{\gamma}$의 입체각 사이로 방출된다. 여기서 $\gamma = \frac{1}{\sqrt{1-v^2/c^2}}$이다. 또한 전자의 총에너지는 $E = \gamma m_e c^2$ (m_e: 전자의 정지질량이며, $m_e c^2 \simeq 0.511 MeV$ 이다.)이므로

$$\frac{1}{\gamma} = \frac{0.511}{E(MeV)} rad \qquad [식\ 9-26]$$

이다. 따라서 관측자의 좌표계에서 복사의 입체각$\left(\frac{2}{\gamma}\right)$은 전자의 총에너지($E$)에 대해,

$$\frac{2}{\gamma} \simeq \frac{1.022}{E(MeV)} rad \simeq \frac{58.56}{E(MeV)}° \qquad [식\ 9-27]$$

로 표현됨을 알 수 있다.

그렇다면, 목성의 싱크로트론복사는 관측자의 좌표계에서 어느 정도의 입체각으로 방출될까?

싱크로트론복사는 진동수에 따라 강도가 다르게 나타나는데, 싱크로트론복사 스펙트럼의 강도가 최대로 나타나는 진동수는

$$f_{max} \simeq 4.8 \times 10^{-4} E^2 B \sin\alpha (\mathrm{Hz}) \qquad [식\ 9-28]$$

로 표현된다. 여기에서 E는 전자의 총에너지(eV), B는 자기장 세기(T), α는 피치각, 즉, 자기력선에 대한 속도벡터의 기울기를 의미한다.

실제 목성의 관측 자료(**❙그림 9-19❙**)에 의하면 목성에서 방출되는 싱크로트론복사는 1GHz(10^9Hz) 부근에서 극대값을 가짐을 확인할 수 있다.

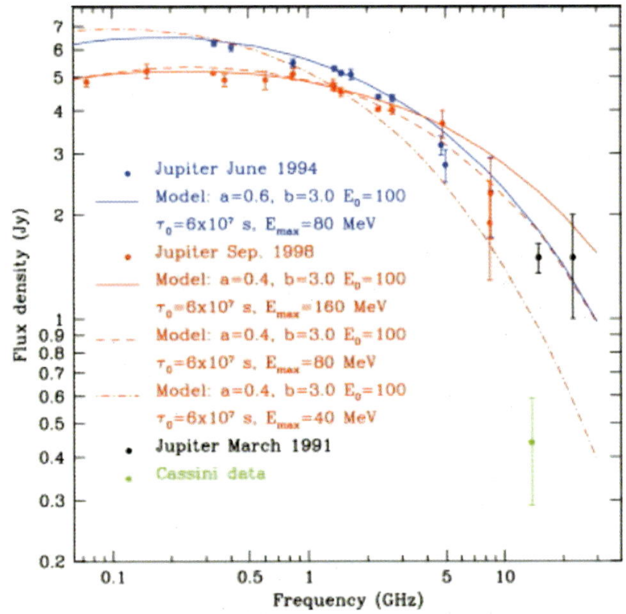

출처: Imke de Pater, David E Dunn, VLA observations of Jupiter's synchrotron radiation at 15 and 22 GHz, Icarus, Volume 163, Issue 2, June 2003, Pages 449-455

❙그림 9-19❙ 목성의 싱크로트론복사

목성의 평균 표면 자기장 세기가 약 $10^{-4}T$이고, 피치각(α)이 90°인 경우 전자가 가지는 총에너지(E)는

$$E^2 \simeq \frac{f_{max}}{4.8\times10^{-4}B\sin\alpha} \simeq \frac{10^9}{4.8\times10^{-4}\times10^{-4}\sin 90^\circ} \quad \text{[식 9-29]}$$

$$\rightarrow E \simeq 144{,}337{,}567\,(eV) \simeq 144.34\,(MeV)$$

이다. 따라서 이 경우 목성의 싱크로트론복사는

$$\frac{2}{\gamma} \simeq \frac{58.56}{E(MeV)}^\circ \simeq \frac{58.56}{144.34}^\circ \simeq 0.41^\circ \quad \text{[식 9-30]}$$

의 입체각을 가지고 방출됨을 알 수 있다.

토성(Saturn): 고리의 예리한 경계가 어떻게 유지될까?

토성의 가장 큰 특징 중의 하나는 바로 **┃그림 9-20┃**과 같이 뚜렷하게 관측되는 고리이다. 토성의 고리의 예리한 경계는 어떻게 유지될 수 있을까?

출처: NASA/JPL/Space Science Institute, http://photojournal.jpl.nasa.gov/catalog/PIA11144

┃그림 9-20┃ 토성의 고리

토성을 공전하는 여러 개의 위성들은 토성의 고리의 구조에 중요한 역할을 한다. 예를 들어, **┃그림 9-21┃**과 같은 상황에서 위성은 고리 입자에 어떠한 역할을 미칠까?

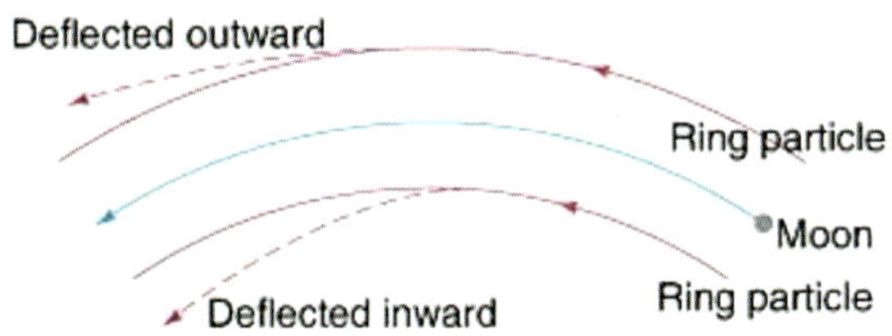

출처: http://lifeng.lamost.org/courses/astrotoday/CHAISSON/AT312/HTML/AT31204.HTM

┃그림 9-21┃ 고리의 구조에서 위성의 역할

모행성과 가까울수록 궤도 운동 속도가 빠르기 때문에, **┃그림 9-21┃**에서 운동 속도는 안쪽 고리 입자, 위성, 바깥쪽 고리 입자 순으로 빠르다. 이제 위성의 중력으로 인한 영향을 생각해보자. 안쪽 고리 입자는 위성에 의한 중력으로 끌어당겨져 운동 속도가 감소하고, 따라서 원심력이 감소하여 더 안쪽 궤도로 이동한다. 반대로, 바깥쪽 고리 입자는 더 빠르게 공전하는 위성의 중력으로 인해 가속되므로 원심력이 증가하여 더 바깥쪽 궤도로 이동한다. 즉, 이 경우 위성은 고리 입자들을 흩어지게 하는 효과를 만든다.

그렇다면 **┃그림 9-22┃**와 같은 상황에서는 어떨까? 고리의 안과 밖의 위성 짝이 고리의 구조에 미치는 영향을 생각해보자.

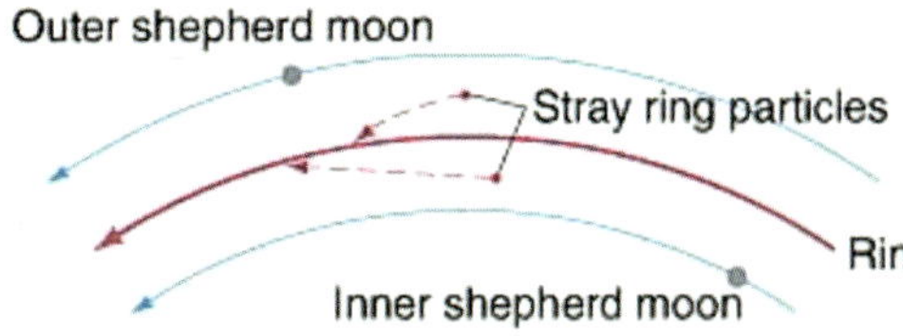

출처: http://lifeng.lamost.org/courses/astrotoday/CHAISSON/AT312/HTML/AT31204.HTM

┃그림 9-22┃ 목자 위성

마찬가지로 행성과 가까울수록 운동 속도가 빠르므로, **|그림 9-22|**에서 궤도 운동 속도는 안쪽 위성, 고리 입자들, 바깥쪽 위성 순으로 빠르다. 따라서 이들 위성의 중력으로 인한 효과를 각각 고려하면, 안쪽 위성은 자신보다 바깥쪽에 있는 고리의 입자들을 가속시켜 고리 입자들의 궤도를 더 바깥쪽으로 옮겨가게 하고, 바깥쪽 위성은 자신보다 안쪽에 있는 고리의 입자들의 운동 속도를 감속시켜 고리 입자들을 더 안쪽으로 이동시킨다. 즉, 고리 안팎의 위성은 사이에 있는 고리 입자들의 분포를 제한하고 모으는 역할을 함으로써 폭이 좁고 예리한 경계의 고리를 유지하게 할 수 있다. 이 과정을 양떼들을 모으는 것에 비유하여 이러한 위성 짝을 '목자 위성(shepherd satellites)'이라고 한다. **|그림 9-23|**은 실제 토성의 F고리 안팎에 위치한 두 개의 위성(프로메테우스와 판도라)을 나타내며, 이것이 F고리의 구조에 미치는 영향을 생각해 볼 수 있다.

출처: NASA/JPL/Space Science Institute, http://ciclops.org/view.php?id=1361

|그림 9-23| 토성의 F고리 안팎의 위성[프로메테우스(좌)와 판도라(우)]

명왕성(Pluto): 명왕성-카론 쌍왜행성?

태양계의 9번째 행성으로 인정되었던 명왕성은 2006년 국제천문연맹(IAU)에 의해 왜행성(dwarf planet)으로 새롭게 분류되었다. 가이퍼 벨트(Kuiper belt)에 명왕성과 비슷한 크기의 천체들이 굉장히 많이 발견되면서, 명왕성 또한 카이퍼 벨트의 천체로 함께 재분류된 것이다.

명왕성의 위성 중 가장 큰 위성으로 알려졌던 카론(Charon)은 모행성-위성 계에서 상대적으로 굉장히 큰 크기와 질량을 갖는다. **|그림 9-24|**는 실제 지구와 달, 명왕성과 카론의 크기를 비교한 것이다. 명왕성과 카론의 관계에 대해 아직 명확한 합의는 없지만, 이 둘의 관계가 행성-위성이 아니라, 카론도 일종의 왜행성으로 보고 명왕성과 카론이 쌍왜행성계를 이룬다는 설명도 가능하다. 명왕성과 카론의 공전궤도는 **|그림 9-25|**에서 잘 보여 준다. 크기가 비슷하기에 명왕성과 카론의 질량 중심을 중심으로 서로 공전한다.

|그림 9-24| 지구-달, 명왕성-카론 크기 비교

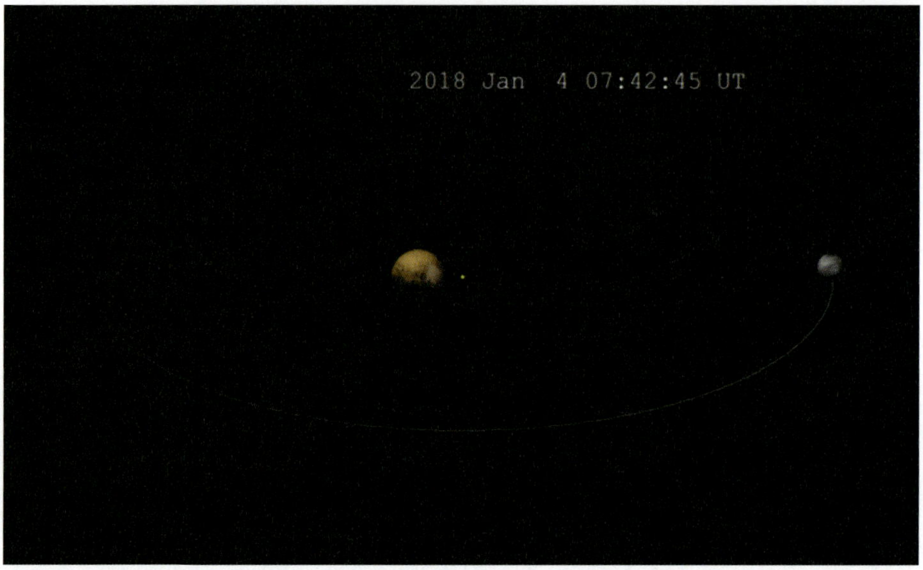

▎그림 9-25▎ 명왕성과 카론의 공전 궤도

열 번째

천체의 정보는 어떻게 알 수 있을까?

전자기파

전자기파는 전기파와 자기파의 합성어이다. 전자기파는 어떻게 발생할까?

전하를 띤 입자의 주위에는 전기장이 형성되며 전하를 띤 입자가 가속운동을 할 경우 발생하는 전기장의 요동이 전기파이다. 또한 전하의 흐름은 자기장을 유도하는데, 전하를 띠는 입자의 가속운동으로 인한 자기장의 변화가 자기파의 형태로 방출된다. 이때 전기장과 자기장의 진동 방향은 서로 수직이다.

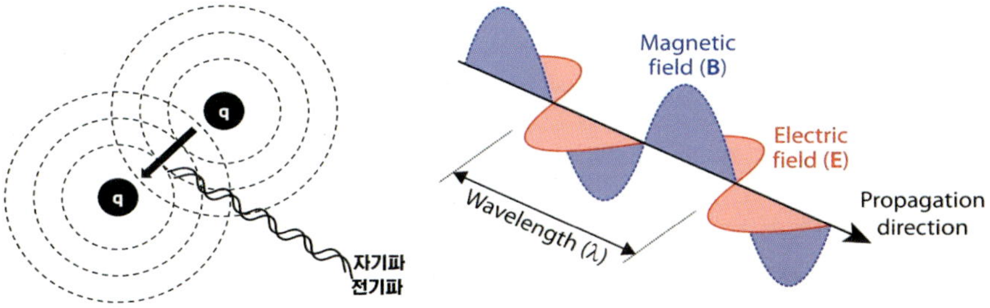

그림 10-1 전자기파의 발생과 진행

즉, 전자기파는 전하를 띠는 입자가 가속운동 할 때의 전기장과 자기장의 변화가 파동의 형태로 전달되는 것이다. 따라서 전자기파의 에너지는 전하를 띤 입자의 운동에너지와 관련된다. 입자가 빨리 움직일 때, 다시 말해 진동수(ν)가 클 때 전자기파의 에너지(E)도 크다. 이를 식으로 표현하면,

$$E = h\nu \quad (h\text{: 플랑크 상수}) \qquad [\text{식 } 10-1]$$

이다. **그림 10-2**는 파장(진동수)에 따른 전자기파의 분류를 나타낸 것이다.

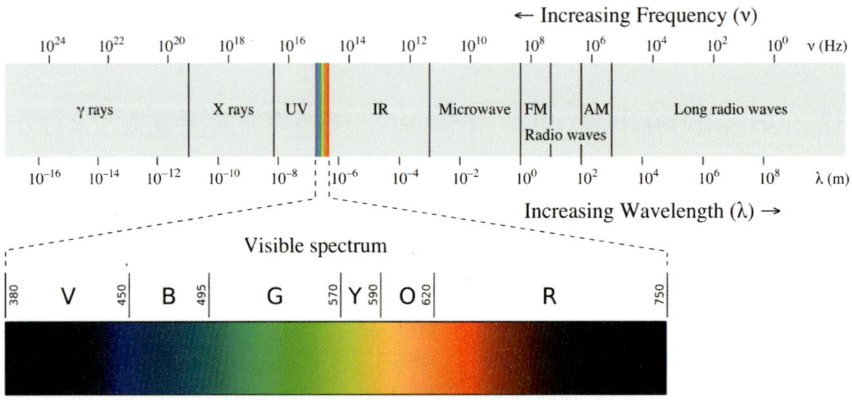

출처: https://en.wikipedia.org/wiki/Electromagnetic_radiation#/media/File:EM_spectrumrevised.png

▌그림 10-2▌ 전자기파의 분류

우리는 γ선 망원경, X선 망원경, 자외선 망원경, 광학 망원경(가시광선), 적외선 망원경, 전파 망원경 등 각 파장 영역의 전자기파를 검출(detect)하는 망원경을 통해 천체의 여러 모습을 관측할 수 있다. 이때 어떠한 대상을 확인(identify)할 수 있는 것은 그 대상을 구별하여 볼 수 있음을 의미하는데, 이를 분해능(resolution)이라고 한다. 분해능은 분해하여 볼 수 있는 최소 각거리인 분해각(θ)으로 표현되는데,

$$\theta \simeq 1.22\frac{\lambda}{D} \quad (\lambda\text{: 빛의 파장, } D\text{: 구경}) \qquad [\text{식 } 10-2]$$

의 관계를 갖는다. 여기에서 θ가 작을수록 분해능이 좋은 것이다. 따라서 동일한 파장의 빛에 대해서는 구경이 큰 망원경일수록 분해능이 좋고, 특히 파장이 긴 빛으로 천체를 관측할 때는 망원경의 구경을 매우 크게 해야 분해능을 충분히 높일 수 있다.

또한 전자기파는 반사, 굴절, 회절, 간섭의 현상이 나타나며 음파와 같이 도플러 효과(Doppler effect)도 일으키기 때문에 천체의 전자기파 스펙트럼 관측을 통해

천체의 운동에 대한 많은 정보를 얻을 수 있다.[1)]

중력파도 전자기파와 유사하다. 질량을 가진 물체는 주위에 중력장을 형성하는데, 물체가 가속운동을 할 경우 중력장이 함께 흔들리면서 요동이 밖으로 전달된다. 이것이 중력파이다. 2016년 2월 11일 GW150914라고 불리는 블랙홀 쌍성의 병합 과정에서 발생된 중력파를 최초로 관측하였다.

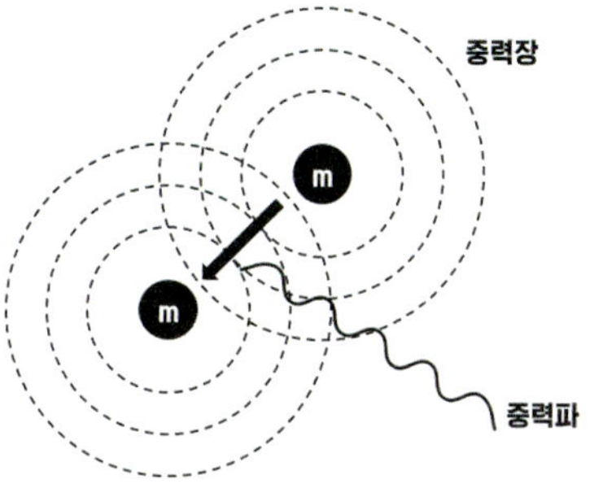

그림 10-3 중력파의 발생

1) 이에 대한 자세한 내용은 "강혜성, 윤홍식, 이상각, 최승언, 현정준, 홍승수 역, 2010, 천문학 및 천체물리학 4판 (Cengage Learning)" 208쪽 부근을 참조하시오.

빛의 세기(intensity)와 플럭스(flux)

어떤 진동수에서 빛의 세기(intensity) $I(\nu)$는

$$I(\nu) = \frac{\Delta E}{\Delta t \Delta \Omega \Delta \nu} \quad \text{[식 10-3]}$$

로 표현된다. 즉, $I(\nu)$는 단위 시간(Δt), 단위 입체각($\Delta \Omega$), 단위 진동수($\Delta \nu$)에 대한 전자기파 에너지의 변화량(ΔE)을 의미하며, 전체 빛의 세기는 모든 진동수의 빛의 세기를 모두 합한 것이므로, 전체 빛의 세기(I)는

$$I = \int_0^\infty I(\nu) d\nu \quad \text{[식 10-4]}$$

로 얻어진다.

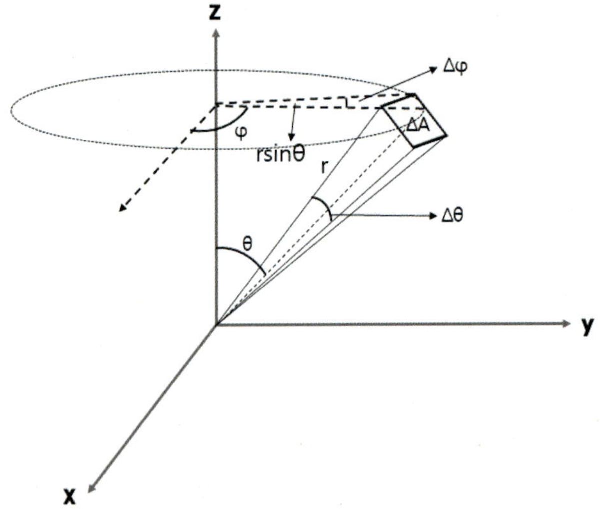

그림 10-4 입체각

|그림 10-4|에서 입체각($\Delta\Omega$)은 $\Delta\Omega = \frac{\Delta A}{r^2}$로 표현되는데, $\Delta A = r\sin\theta\,\Delta\varphi\, r\,\Delta\theta$이기에 $dA = r^2\sin\theta d\theta d\varphi$이다. 따라서

$$d\Omega = \frac{dA}{r^2} = \sin\theta\, d\theta\, d\varphi \qquad \text{[식 10-5]}$$

이다. 따라서 전체 구면에 대한 입체각(Ω)은

$$\Omega = \int_0^{\pi} \sin\theta d\theta \int_0^{2\pi} d\varphi$$
$$= 2\pi\left[-\cos\theta\right]_0^{\pi}$$
$$= 4\pi \qquad \text{[식 10-6]}$$

이며, 입체각의 단위는 스테라디안(steradian, sr)이다.

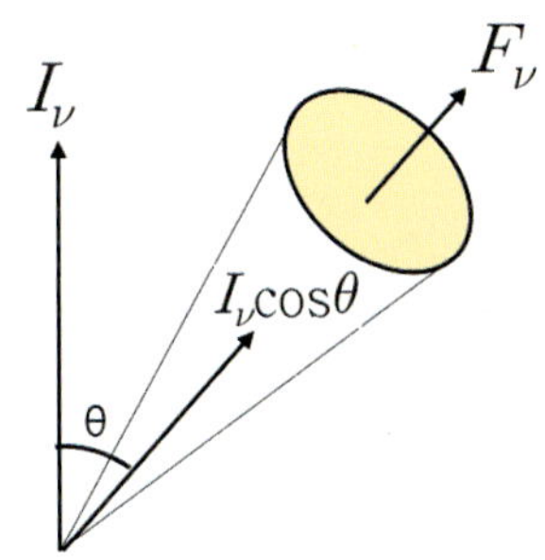

|그림 10-5| 빛의 세기와 플럭스

|그림 10-5|와 같이 I_ν에 대해 θ의 각도로 방출되는 빛의 세기는 $I_\nu\cos\theta$로 표현된다. 또한 플럭스(flux)는 표면에서 단위 시간, 단위 면적당 방출되는 에너지의 양을 의미한다. 따라서 **|그림 10-5|**의 색칠된 표면에서 진동수 ν에 대한 플럭스 F_ν는,

$$
\begin{aligned}
F_\nu &= \int I_\nu \cos\theta d\Omega \\
&= \int_0^{2\pi}\int_0^{\frac{\pi}{2}} I_\nu \cos\theta \sin\theta d\theta d\varphi \\
&= 2\pi I_\nu \int_0^{\frac{\pi}{2}} -\cos\theta\, d(\cos\theta) \\
&= 2\pi I_\nu \left[-\frac{1}{2}\cos^2\theta\right]_0^{\frac{\pi}{2}} \\
&= \pi I_\nu
\end{aligned}
\qquad \text{[식 10-7]}
$$

이다. 이 식으로부터 $F_\nu = \pi I_\nu$의 관계가 있음을 알 수 있다.

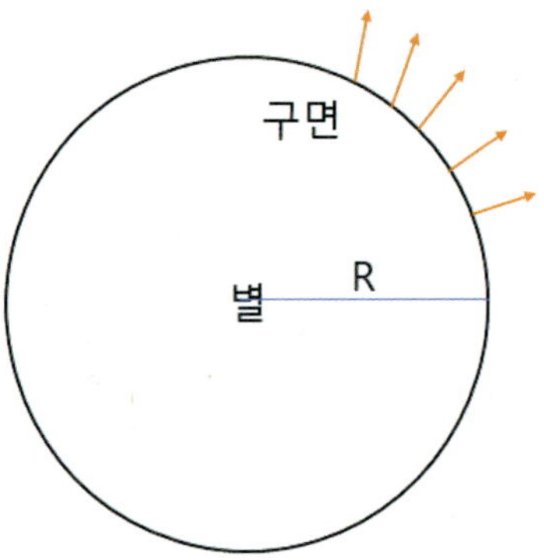

|그림 10-6| 별의 광도

만약, **|그림 10-6|**과 같이 반지름이 R인 구형의 별에서 전체 표면적에 대해 방출되는 특정 진동수의 에너지의 양은

$$L_\nu = 4\pi R^2 F_\nu \qquad \text{[식 10-8]}$$

이며, 이를 전체 진동수에 대해 적분하면

$$\begin{aligned} L &= \int_0^\infty L_\nu d\nu \\ &= 4\pi R^2 \int_0^\infty F_\nu d\nu \\ &= 4\pi R^2 F \end{aligned} \qquad [식\ 10-9]$$

로 나타낼 수 있다. 여기에서 F가 플럭스(flux), L은 별의 광도(luminosity)에 해당하여, 별의 광도(L)와 플럭스(F)의 관계를 확인할 수 있다.

흑체 복사(black body radiation)

흑체(black body)란 밖에서 들어오는 에너지를 모두 흡수하는 이상적인 물체이다. 흡수된 에너지는 물체의 온도를 높이는 데 사용되며, 물체가 방출하는 에너지는 온도를 낮추는 결과를 낳는다. 흡수하는 에너지와 방출하는 에너지가 열평형을 이루면 일정한 온도를 유지하며 그 온도에서 방출되는 전자기 복사를 흑체 복사라고 한다.

어떠한 진동수(ν)에서의 흑체 복사의 세기(B_ν)는 빛의 세기(I_ν)와 같은 의미이며, 식으로 다음과 같이 표현된다.

$$I_\nu = B_\nu = \frac{2h\nu^3}{c^2}\frac{1}{e^{h\nu/kT}-1} \qquad [식\ 10-10]$$

(h: 플랑크 상수, k: 볼츠만 상수, c: 광속, T: 흑체의 온도)

흑체 복사의 세기는 $B_\nu d\nu$를 파장(λ)에 대해 나타내어 표현될 수도 있다. $\nu = \frac{c}{\lambda}$, $d\nu = -\frac{c}{\lambda^2}d\lambda$이므로 $B_\nu d\nu = B_\lambda d\lambda$로부터

$$B_\lambda d\lambda = -\frac{2h}{c^2}\left(\frac{c}{\lambda}\right)^3 \frac{1}{e^{hc/\lambda kT}-1}\frac{c}{\lambda^2}d\lambda$$

$$= -\frac{2hc^2}{\lambda^5}\frac{1}{e^{hc/\lambda kT}-1}d\lambda \qquad \text{[식 10-11]}$$

로 나타낼 수 있다.

또한, 계산의 편리를 위해 $\frac{h\nu}{kT}=x$라고 놓으면, $B_x \propto \frac{x^3}{e^x-1}$이므로 x에 대한 흑체 복사의 세기(B_x) 그래프의 개형을 **|그림 10-7|**과 같이 그릴 수 있다. ν에 대한 흑체 복사의 세기(B_ν)도 마찬가지의 형태로 나타날 것이다.

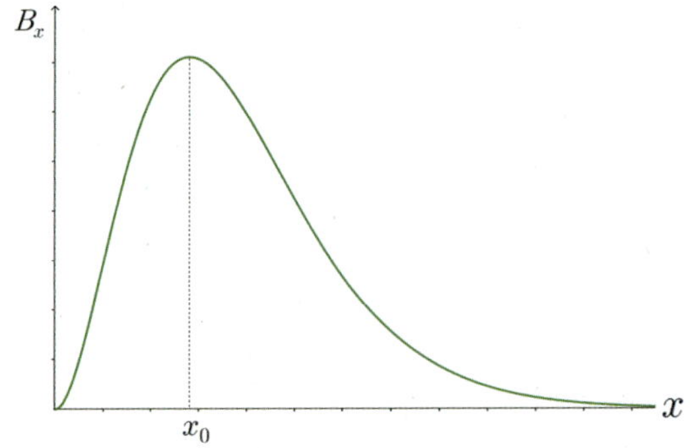

|그림 10-7| 흑체 복사(B_x)의 그래프 개형

|그림 10-7|에서 확인할 수 있듯이, 흑체 복사의 세기가 극대가 되는 값, 즉, $\frac{dB_x}{dx}=0$이 되는 x값은 하나이다. 그때의 x값을 x_0라고 하면, $x_0 = \frac{h\nu}{kT}$에서 h, k는 상수이므로 $\frac{\nu}{T}$가 일정하다. 이를 다르게 표현하면 $\frac{1}{\lambda T}$, 혹은 λT가 일정하다고 이야기할 수 있다. 즉, 온도가 높은 흑체일수록 흑체 복사의 세기가 최대로 나타나는 파장이 짧아지게 된다. 이것을 빈의 변위 법칙(Wien's displacement law)이라 부른다.

그리고 흑체의 단위 시간, 단위 면적당 복사 에너지는 [식 10-7]과 같이 $F_\nu = \pi I_\nu$의 관계가 있으므로,

$$F = \int_0^\infty F_\nu d\nu = \pi \int_0^\infty I_\nu d\nu = \pi \int_0^\infty B_\nu d\nu$$

$$\propto T^4 \int_0^\infty B_x dx \qquad \text{[식 10-12]}$$

임을 알 수 있다. 흑체의 플럭스는 흑체의 온도의 네제곱(T^4)에 비례하는 것이다. 다시 말하면, **[그림 10-8]** 에서 그래프의 전체 면적이 T^4에 비례한다. 이것을 슈테판-볼츠만의 법칙(Stefan-Boltzmann's law)이라 부르며,

$$F = \sigma T^4 \ (\sigma\text{: 슈테판-볼츠만 상수}) \qquad \text{[식 10-13]}$$

로 표현된다.

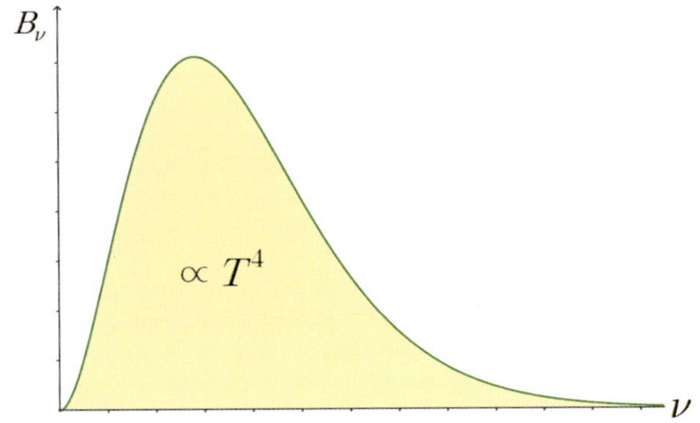

[그림 10-8] 슈테판-볼츠만의 법칙

이와 같이 빛의 세기와 플럭스, 별의 광도, 슈테판-볼츠만 법칙이 모두 연결되어 설명된다.

부록 흑체복사 - 플랑크 곡선(Planck curve)

열역학적 평형(thermodynamic equilibrium) 아래에 있는 복사로 가득 찬, 한 변의 길이가 a인 빈 공간(cavity)의 입방체를 생각해 보자. 여기서 $a \gg \lambda$이다. 온도가 T인 입방체의 벽에 있는 대전된 입자가 열적으로 가속되면서 복사가 발생한다. 입방체 벽의 전도율(conductivity)이 0이 아니기에 벽에서 $E=0$이 되는 정상파(standing wave)만 빈 공간 안에 오래 머물러 이룰 수 있다($t \gg a/c$). 따라서 $x=0$와 $x=a$에서 $E=0$이 되는 모든 가능한 정상파의 파장은 $\frac{n_x\lambda_x}{2}=a$, $n_x=1, 2, 3, \cdots$ 이고, 마찬가지로 $\frac{n_y\lambda_y}{2}=a$, $\frac{n_z\lambda_z}{2}=a$이다. 만약 x, y, z축에 각각 α, β, γ의 각을 이루는 파동 벡터(wave vector)인 경우는

$$\lambda_x=\frac{\lambda}{\cos\alpha},\ \lambda_y=\frac{\lambda}{\cos\beta},\ \lambda_z=\frac{\lambda}{\cos\gamma} \qquad \text{[식 10-14]}$$

이고 $\cos^2\alpha+\cos^2\beta+\cos^2\gamma=1$이기에

$$\rho^2=n_x^2+n_y^2+n_z^2=\left(\frac{2a}{\lambda}\right)^2 \qquad \text{[식 10-15]}$$

이다. 이제 (n_x, n_y, n_z)공간에 $\nu=\frac{c}{\lambda}=\frac{c\rho}{2a}$가 된다. ρ부터 $\rho+d\rho$까지의 $\frac{1}{8}$구각이 이루는 체적에 2(2개의 직교인 polarization 때문에)를 곱한 값은 ν부터 $\nu+d\nu$ 사이의 진동수를 가진 독립된 standing mode의 수와 같다. 즉

$$N(\nu)d\nu=2\frac{4\pi\rho^2d\rho}{8}=\pi\left(\frac{2a}{c}\right)^3\nu^2d\nu \qquad \text{[식 10-16]}$$

이 된다.

Planck는 가능한 radiation mode의 에너지가 연속된(continuous) 것이 아니라 양자화되어 있다고 가정하였다. 즉

$$E = nh\nu,\ n = 1, 2, 3,\ \cdots \qquad \text{[식 10-17]}$$

이다. 그런데 광자(photon) 입자들은 Boltzmann 분포를 이루기에

$$P(E) = P(nh\nu) \propto \exp\left(-\frac{nh\nu}{kT}\right) \qquad \text{[식 10-18]}$$

이다. 그리고

$$\langle E \rangle = \frac{\sum_{n=0}^{\infty} nh\nu P(nh\nu)}{\sum_{n=0}^{\infty} P(nh\nu)} = \frac{\sum_{n=0}^{\infty} nh\nu \exp\left(-\frac{nh\nu}{kT}\right)}{\sum_{n=0}^{\infty} \exp\left(-\frac{nh\nu}{kT}\right)} = kT\frac{\frac{h\nu}{kT}}{\exp\left(\frac{h\nu}{kT}\right) - 1}$$

[식 10-19]

이 된다. 따라서

$$u(T) = \frac{N(\nu)}{a^3}\langle E \rangle = \frac{8\pi\nu^2}{c^3}\langle E \rangle \qquad \text{[식 10-20]}$$

이고 $u_\nu = \frac{1}{c}\int I_\nu d\Omega = \frac{1}{c}\int_{4\pi} B_\nu d\Omega = \frac{4\pi}{c}B_\nu$이기에

$$B_\nu = \frac{2h\nu^3}{c^2}\frac{1}{\exp\left(\frac{h\nu}{kT}\right)-1}$$ [식 10-21]

이 된다. 그리고

$$\pi B(T) = \pi\int_0^\infty B_\nu(T)d\nu = \sigma T^4$$ [식 10-22]

이다. 여기서 $\sigma = \frac{2\pi^5 k^4}{15c^2h^3} \simeq 5.67\times 10^{-5} erg/cm^2 \sec K^4$이고,

$$u = \frac{4\pi B}{c} = \frac{4\sigma}{c}T^4 = aT^4$$ [식 10-23]

이고, 여기서 $a = \frac{4\sigma}{c} \simeq 7.56577\times 10^{-15} erg/cm^3 K^4$이고 복사 상수(radiation constant)라고 부른다. 그리고 $\frac{\partial B_\lambda(T)}{\partial\lambda} = 0$으로부터

$$\left(\frac{\lambda_{\max}}{cm}\right) \simeq 0.29\left(\frac{T}{K}\right)^{-1}$$ [식 10-24]

이다. 그런데 $\frac{\partial B_\nu(T)}{\partial\nu} = 0$으로부터는

$$\left(\frac{\nu_{\max}}{GHz}\right) \simeq 59\left(\frac{T}{K}\right)$$ [식 10-25]

이다. 그리고

$$F_\nu = \int_0^{\pi/2} B_\nu \cos\theta d\Omega = \int_0^{\pi/2} B_\nu \cos\theta \left(\int_0^{2\pi} d\phi \right) \sin\theta d\theta = \pi B_\nu$$

[식 10－26]

이기에

$$F = \pi B = \sigma T^4 = \frac{L}{4\pi R^2}$$ [식 10－27]

이다. 또한 $n_\gamma = \int_0^\infty \frac{u_\nu}{h\nu} d\nu$로부터

$$\left(\frac{n_\gamma}{cm^{-3}} \right) \simeq 20.3 \left(\frac{T}{K} \right)^3$$ [식 10－28]

$\langle E_\gamma \rangle = \frac{u}{n_\gamma} \simeq 2.70kT$로부터는

$$\left(\frac{\langle \nu \rangle}{GHz} \right) = \frac{\langle E_\gamma \rangle}{h} \simeq 56 \left(\frac{T}{K} \right)$$ [식 10－29]

가 된다.

질문 대기 통과 전, 후의 복사의 세기는 얼마나 다를까? (빛의 전달 방정식)

앞에서 빛의 세기(Intensity)에 대해 살펴보았다. 빛이 대기나 가스구름 등을 통과하는 동안 대기나 가스구름 등에 의해 에너지를 잃거나 얻게 되어 빛의 세기가 달라진다. 이처럼 복사가 가스구름이나 행성 혹은 항성의 대기를 통과한 후 기대되는 복사의 세기를 계산하는 과정을 서술하는 미분방정식을 '전달 방정식(equation of transfer)'이라 한다.

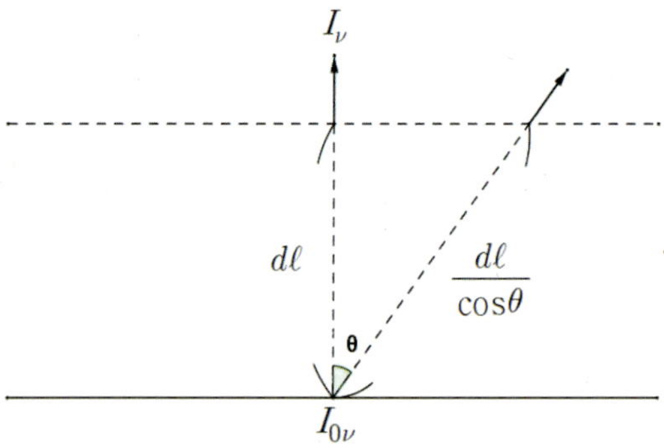

|그림 10-9| 복사 전달

|그림 10-9|를 참고하여 빛의 전달 방정식에 대해 알아보자. 아래 첨자 ν는 주파수에 의존하는 양이라는 의미이다. 빛의 세기가 $I_{0,\nu}$인 빛이 아주 미소한 길이 dl을 통과하였을 때 복사의 세기를 I_ν라 하자. 빛은 사방으로 퍼져나가므로 법선과 이루는 각이 θ일 때 빛이 통과하는 거리는 $\frac{dl}{\cos\theta}$이다. 빛이 $\frac{dl}{\cos\theta}$을 통과하는 동안 빛의 세기의 변화량 dI_ν 는 대기에 의해 생성된 에너지양과 대기에 의해 흡수된 양의 차로 나타낼 수 있다. 이때, 대기에 의해 추가된 에너지를 뜻하는 방출계수 j_ν는 원래 복사 세기 I_ν와 상관이 없지만, 대기에 의해 흡수된 양은 원래의 복사 세기 I_ν와 소광 계수 x_ν의 곱으로 나타낸다. 이를 식으로 나타내면 다음과 같다.

$$\frac{dI_\nu}{\left(\dfrac{dl}{\cos\theta}\right)} = j_\nu - x_\nu I_\nu \rightarrow \cos\theta\frac{dI_\nu}{dl} = j_\nu - x_\nu I_\nu \qquad \text{[식 10-30]}$$

위 식에서 $\cos\theta = \mu$로 정의하고 양변을 x_ν로 나누어 나타내보자.

$$\mu\frac{dI_\nu}{dl} = j_\nu - x_\nu I_\nu \rightarrow \mu\frac{dI_\nu}{x_\nu dl} = \frac{j_\nu}{x_\nu} - I_\nu \qquad \text{[식 10-31]}$$

여기서 $-x_\nu dl = d\tau_\nu$는 광학적 깊이(τ_ν, optical depth)의 미분소이며, 소광 계수에 대한 방출 계수의 비 $\frac{j_\nu}{x_\nu} = S_\nu$는 원천 함수($S_\nu$, Source faction)이다. 이제 전달 방정식을 τ_ν와 S_ν를 이용하여 나타낸 전달 방정식은 다음과 같다.

$$\mu\frac{dI_\nu}{d\tau_\nu} = I_\nu - S_\nu \qquad \text{[식 10-32]}$$

이 식의 적분인자인 $e^{-\tau/\mu}$을 이용하여 전달 방정식의 일반해를 구해보자.

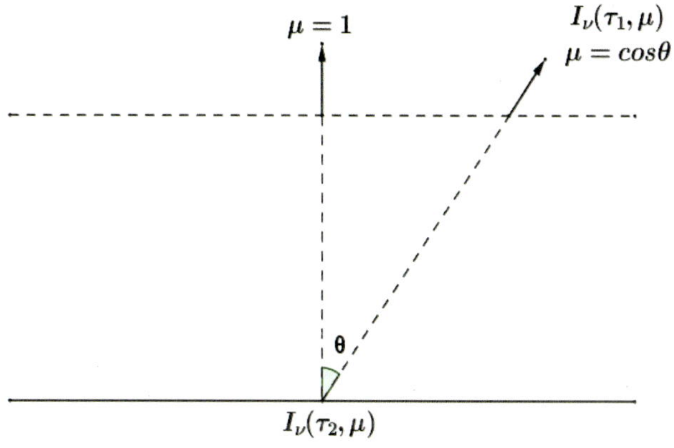

| 그림 10-10 | 복사 전달

┃그림 10-10┃의 경우에 전달 방정식 양변에 $e^{-\tau/\mu}$을 곱하고 적분하면 다음과 같은 일반해를 얻는다.

$$I_\nu(\tau_1, \mu) = I_\nu(\tau_2, \mu)e^{-(\tau_2-\tau_1)/\mu} + \frac{1}{\mu}\int_{\tau_1}^{\tau_2} S_\nu e^{-(\tau-\tau_1)/\mu} d\tau \quad \text{[식 10-33]}$$

이제 전달 방정식의 일반해를 '항성 대기'의 경우와 '가스 성운'의 경우에 적용하여 보자.

항성 대기의 경우

항성 대기의 경우 **┃그림 10-11┃**과 같이 대기의 바닥인 광구 표면이 무한한 광학 깊이를 가지므로, $\tau_2 \approx \infty$이다. 대기 바깥은 $\tau_1 = 0$이 된다. 이를 적용하면 다음과 같다.

$$I_\nu(\mu) = \int_0^\infty S_\nu e^{-\tau/\mu} d\left(\frac{\tau}{\mu}\right) \quad \text{[식 10-34]}$$

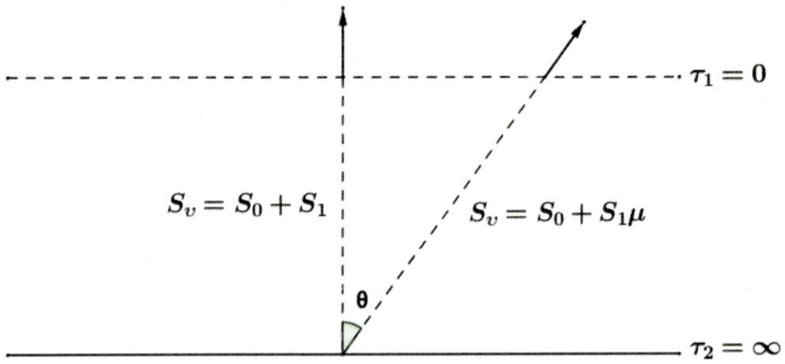

┃그림 10-11┃ 항성 대기의 경우

원천 함수 S_ν를 $S_\nu = S_0 + S_1\tau$라고 가정하자. 이를 대입하여 적분하면 I_ν는 $I_\nu = S_0 + S_1\mu$가 된다. 즉 $I_\nu = S_\nu(\tau_\nu = \mu)$이다. 이 식이 의미하는 바는 무엇일까?

태양의 경우를 예로 들어보자.

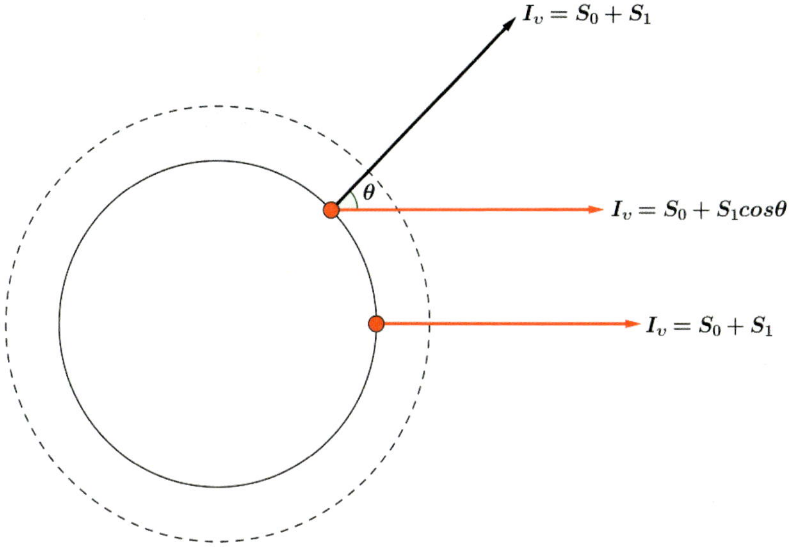

▌그림 10-12▌ 태양의 경우

▌그림 10-12▌에서 태양면의 중심을 볼 때는 $\mu = \cos\theta = 1$이므로 빛의 세기가 $I_\nu = S_0 + S_1$이다. 그러나 빛이 빗각으로 나올 때, 즉 태양면의 법선에서 벗어난 방향에서는 $I_\nu = S_0 + S_1\mu$가 되어 빛의 세기가 태양면의 중심에서 가장자리로 갈수록 줄어든다. 이를 주연 감광(limb darkening) 현상이라 부른다.

가스 성운의 경우

가스 성운은 너무 멀기 때문에 $\mu \approx 1$이다. 따라서 가스 성운의 경우에는

$$I(\tau) = \int_0^\tau S_\nu e^{-\tau} d\tau \qquad \text{[식 10-35]}$$

이다. S_ν가 거의 일정하다고 가정하면 위의 적분식은

$$I(\tau) = S_\nu(1-e^{-\tau_\nu}) \qquad \text{[식 10-36]}$$

이다. 광학적 깊이가 클 때와 작을 때, 두 가지 경우를 나눠서 살펴보자.

광학적 깊이가 매우 큰 경우에는 $e^{-\tau_\nu} \approx 0$이므로 $I_\nu = S_\nu$, 즉 방출되는 빛의 세기는 원천 함수와 같다. 즉

$$\tau \gg 1 \Rightarrow I_\nu = S_\nu \qquad \text{[식 10-37]}$$

이다. 광학적 깊이가 작은 경우에는 $e^{-\tau_\nu} \approx 1-\tau_\nu$와 같은 관계식을 만족하여 $I(\tau) = S_\nu(1-e^{-\tau_\nu}) = S_\nu(1-(1-\tau_\nu)) = S_\nu\tau_\nu$가 된다. 즉

$$\tau \ll 1 \Rightarrow I_\nu = S_\nu\tau_\nu \qquad \text{[식 10-38]}$$

이다. 광학적 깊이가 클 때와 작을 때의 경우를 HⅡ 영역의 예를 들어보자.

중성 수소 원자는 양성자 1개와 전자 1개로 구성되어 있다. 성간 공간에서 수소 원자가 중성인 부분을 HⅠ 영역이라 하고, 수소 원자가 이온화된 부분은 HⅡ 영역이라고 한다. HⅡ 영역에서는 전자가 자유-자유 천이를 하는 열적 전파 영역의 열원이다. HⅡ 영역의 전파 스펙트럼은 어떤 형태를 보이나? 우선, 흑체에서 진동수에 따른 빛의 세기는 $I(\nu) = \frac{2h\nu^3}{c^2}\frac{1}{e^{h\nu/kT}-1}$ 이고, 전파 영역의 경우 진동수가 매우 작으므로($\nu \ll 1$) $e^{h\nu/kT}$를 테일러 급수로 표현하면 $e^{h\nu/kT} \approx 1+\frac{h\nu}{kT}$가 된다. 따라서 위의 식은 $I(\nu) = \frac{2kT}{c^2}\nu^2 \propto \nu^2$으로 어림된다. 전파 영역에서 HⅡ 영역의 빛의 세기는 진동수의 제곱에 비례하는 레일리-진스 근사로 표현되며, 광학적

깊이는 거의 진동수의 제곱에 반비례한다. 진동수가 작은 경우($\tau \gg 1$)에 $I(\nu)$는 ν^2에 비례하지만 진동수가 큰 경우($\tau \ll 1$)에는 $\tau_\nu \sim \nu^{-2.1}$이므로 $I_\nu = S_\nu \tau_\nu$에서 I_ν는 거의 일정한 값을 가진다. 이는 x축을 $\log(\nu)$, y축을 $\log I(\nu)$로 그린 그래프 **|그림 10-13|**에서 확인할 수 있다.

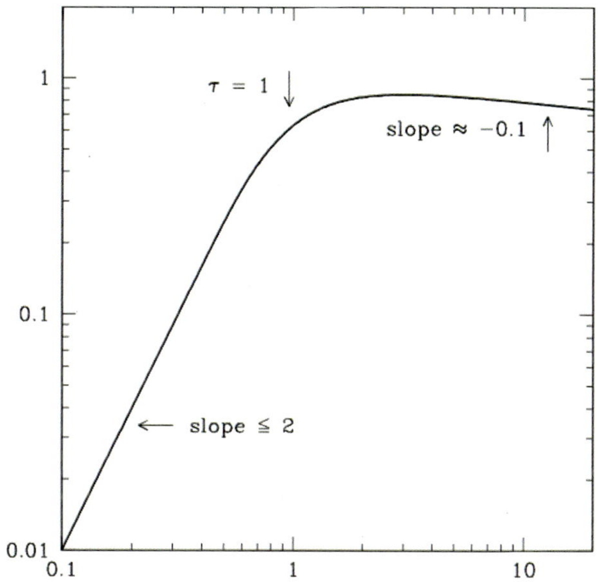

출처: https://www.cv.nrao.edu/course/astr534/FreeFreeEmission.html

|그림 10-13| HⅡ 영역의 전파 스펙트럼

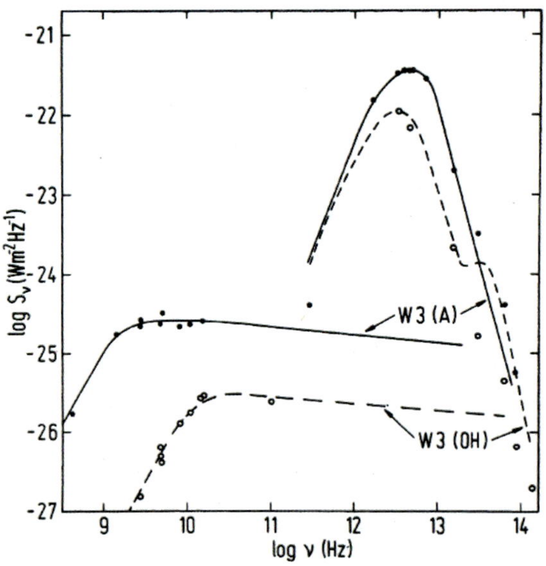

출처: Krügel, E., & Mezger, P. G. (1975). A & A, 42, 441-448.

|그림 10-14| W3에서 방출된 HⅡ 영역의 연속 스펙트럼

|그림 10-13| 에서 진동수가 약 1GHz인 곳에서 기울기가 급변한다. 진동수가 1GHz보다 작은 경우는 기울기가 약 2 정도이고, 1GHz보다 큰 경우는 거의 0에 가깝다. **|그림 10-14|** 는 우리 은하의 페르세우스 팔(Perseus arm)에 위치한 '별의 신생아실'로 불리는 W3에서 방출된 HⅡ 영역의 연속 스펙트럼을 보여준다. 그래프를 보면 $\log(\nu) \approx 9$ 에서 그래프의 기울기가 꺾이는 것을 볼 수 있는데, $\nu \approx 1\ GHz$ 는 $\lambda \approx 30\ cm$ 에 해당한다. 그래프의 오른쪽을 보면 흑체 복사와 유사한 그래프 형태를 볼 수 있는데, 이는 HⅡ 영역의 먼지 입자에서 나오는 적외선 부근의 흑체 복사이다.

수소 스펙트럼(보어의 모형)

별의 연속 스펙트럼은 흑체 복사를 닮았지만 흡수 스펙트럼은 어떤 규칙성을 띠고 있다. 보어(Niels Bohr, 1885~1962)는 이러한 규칙성을 원자 내의 전자 에너지 배열로 설명했다. 현대 양자 물리에서는 수소 원자를 가운데 원자핵이 있고 전자가 위치해 있을 확률을 계산하여 확률밀도함수인 전자구름(Electron Cloud)을 이용하여 표현하지만 과거에는 수소 원자를 가운데 원자핵이 있고, 전자가 그 주위를 행성계같이 돌고 있다고 생각했다. 우리는 전하를 띤 입자가 움직이며 복사를 하고 그로 인해 에너지를 점점 잃어 궤도 반경이 줄어들다가 원자핵과 만나게 될 것으로 생각할 수 있다. 이러한 과정이 발생한다면 우주에서 수소 원자는 사라질 것이다. 하지만 수소 원자는 존재한다. 그렇다면 보어는 어떻게 수소 원자의 모형을 설명했을까? 첫 번째로 보어는 과거 모형에서 무한한 수의 가능한 궤도 가운데 "오직 한정된 궤도만이 전자에게 허용되며, 전자가 그런 궤도를 돌고 있을 때는 복사를 방출할 수 없다"고 가정했다. 수소 원자에서 전자가 궤도를 유지하는 구심력은 전자와 원자핵 사이의 쿨롱 인력에 의해 제공된다. 전자의 질량을 m, 전자의 속도를 v, 궤도 반경을 r이라고 놓았을 때 식은 아래와 같다.

$$k\frac{e^2}{r^2} = m\frac{v^2}{r} \qquad \text{[식 10-39]}$$

k는 쿨롱 상수로 $8.99 \times 10^9 \mathrm{Nm^2/C^2}$이다. 앞서 우리는 h가 각운동량의 단위와 같다는 것을 배웠으므로 각 운동량 보존 법칙을 이용하여 다음과 같이 쓸 수 있다.

$$mrv = \frac{h}{2\pi}n = \hbar n \left(\hbar = \frac{h}{2\pi},\ n = 1,2,3 \cdots\right) \qquad \text{[식 10-40]}$$

질량과 궤도 반경 그리고 속도의 곱이 각 운동량의 정수 배가 되면 복사가 일어나지 않고 전자가 안정된 궤도를 돈다. 전자의 총 에너지는 $E = \frac{1}{2}mv^2 - \frac{ke^2}{r}$이므로 이 값을 대입하면

$$r = 0.5 \times n^2 \text{ Å}$$

$$E_n = -\frac{13.6}{n^2}\, eV \qquad [식\ 10-41]$$

이 된다. eV는 에너지 단위로서 $1eV = 1.602 \times 10^{-19}J$이다. 전자가 가장 가까이 있을 때, 가장 안정될 때의 반경이 $\sim 0.5\,\text{Å}$ 이다.

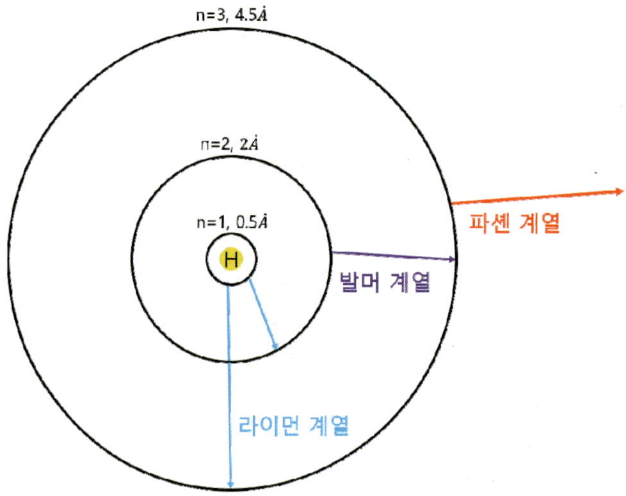

┃그림 10-15┃ 보어의 수소 원자 모형

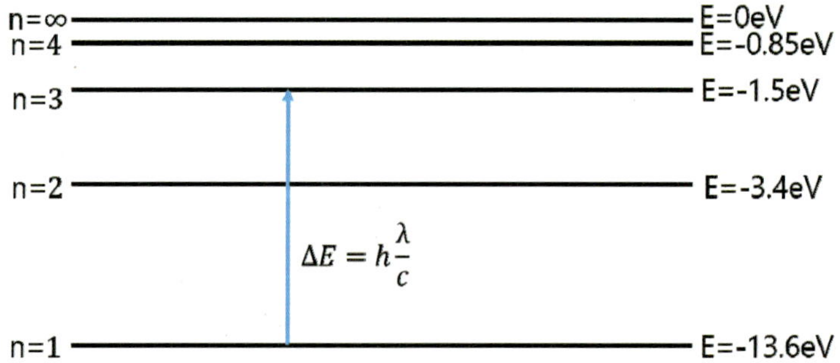

┃그림 10-16┃ 수소의 에너지 준위

┃그림 10-15┃는 n에 정수 값을 대입하여 전자의 반경을 구한 그림이고 **┃그림 10-16┃**은 n에 정수 값을 대입하여 에너지 준위를 구한 그림이다. 에너지 준위는

n값이 커질수록 궤도 사이의 차이가 점점 작아진다. 그리고 각 궤도의 에너지가 음수이므로 안정적으로 속박되어 있음을 알 수 있다. $n=1$인 곳에서 다른 궤도로 천이하거나 다른 궤도에서 $n=1$인 곳으로 천이가 일어날 때 방출 혹은 흡수되는 빛을 라이먼 계열이라고 하고, $n=2$인 궤도와 n이 2보다 큰 궤도 사이에서 전자의 천이가 일어날 때 방출 혹은 흡수되는 빛을 발머 계열, $n=3$인 궤도와 n이 3보다 큰 궤도 사이에서 전자의 천이가 일어날 때 방출 혹은 흡수되는 빛을 파셴 계열이라고 한다. 각각 라이먼 계열은 자외선 영역에서, 발머 계열은 가시광선 영역에서, 파셴 계열은 적외선 영역에서 방출 혹은 흡수된다. 라이먼 계열에서 $n=1$에서 2, 3, 4 …로 가는 빛을 각각 L_α, L_β, L_γ …로 표현하고, 발머는 H_α, H_β, H_γ …, 파셴은 P_α, P_β, P_γ …로 표현한다. 각 빛의 에너지의 크기는 a와 b를 궤도 번호라고 하여 아래와 같은 식으로 구한다.

$$|E_{ab}| = \left|13.6\left(\frac{1}{a^2} - \frac{1}{b^2}\right)\right| \; eV \qquad \text{[식 10-42]}$$

궤도에 속박되어 있지 않고 자유롭게 움직여 자유 상태에 있는 전자를 자유 전자라고 하는데, 다른 두 자유 상태에서 일어나는 전자의 천이를 자유-자유 천이(free-free transition)라 하고, 전자가 자유 에너지 상태에 있다가 원자에 구속되는 상태로의 천이를 자유-속박 천이(free-bound transition), 구속된 상태에서 구속된 상태로의 천이를 속박-속박 천이(bound-bound transition)라 한다.

볼츠만 방정식과 사하 방정식

발머 흡수선들이 생기기 위해서는 전체 수소 중 $n=2$에 전자가 있는 수소 원자가 많아야 한다. N_H를 수소 원자의 개수, $N_{n=2}$를 $n=2$궤도에 전자가 있는 수소 원자의 개수라 하면,

$$\frac{N_{n=2}}{N_H} = \frac{N_{n=2}}{N_{HI} + N_{HII}} \qquad [식\ 10-43]$$

이다. 수소 원자는 중성 수소(HI)와 이온화된 수소(HII)로 이루어져 있으므로 $N_H = N_{HI} + N_{HII}$이다. 이때 N_{HI}은 전자가 속박된 중성 수소를 의미하므로 아래와 같이 표현하자.

$$N_{HI} = N_{n=1} + N_{n=2} + \cdots = N_{n=1}\left(1 + \frac{N_{n=2}}{N_{n=1}} + \frac{N_{n=3}}{N_{n=1}} + \cdots\right) \qquad [식\ 10-44]$$

온도가 T인 별의 대기에서 입자들이 서로 충돌한다고 했을 때, 전자들은 수소의 다양한 궤도에 위치해 있을 것이다. 그때, $n = B$ 궤도와 $n = A$ 궤도의 수소의 비율은 볼츠만 방정식에 의하면 아래와 같다.

$$\frac{N_{n=B}}{N_{n=A}} = \frac{g_B}{g_A} e^{-\frac{\Delta E_{AB}}{kT}} \qquad [식\ 10-45]$$

g_A와 g_B는 각 준위의 다중도 혹은 통계적 무게이다. 뿐만 아니라 일부 전자는 수소의 궤도에서 빠져나와 이온화된 수소가 생기는데, 이온화된 수소와 중성 수소의 비율을 사하(Meghnad N. Saha, 1893~1956)가 발견했다. 사하 방정식은

$$\frac{N_{HII} N_e}{N_{HI}} = \frac{2g_{II}}{g_I}\left(\frac{2\pi m_e kT}{h^2}\right)^{3/2} e^{-\frac{\chi_{ion}}{kT}} \qquad [식\ 10-46]$$

이고, T는 절대 온도, N_e는 전자의 개수 밀도, χ_{ion}은 중성원자의 바닥 상태로부터의 이온화 에너지이다. 이제 앞서 배운 식에 볼츠만 방정식과 사하 방정식을 대입

하자. 이때 대부분의 중성 수소가 바닥 상태에 있음을 생각하여 적절한 근사 $N_{HI} \approx N_{n=1}$을 적용하자. 그러면

$$\frac{N_{n=2}}{N_H} \simeq \frac{\dfrac{N_{n=2}}{N_{n=1}}}{\left(1+\dfrac{N_{n=2}}{N_{n=1}}+\dfrac{N_{n=3}}{N_{n=1}}+\cdots\right)+\dfrac{N_{HII}}{N_{HI}}} \rightarrow$$

$$\frac{N_{n=2}}{N_H} \simeq \frac{\dfrac{g_2}{g_1}e^{-E_{12}/kT}}{\left(1+\dfrac{g_2}{g_1}e^{-E_{12}/kT}+\dfrac{g_3}{g_1}e^{-E_{13}/kT}+\cdots\right)+\dfrac{2g_{HII}}{g_{HI}N_e}\left(\dfrac{2\pi m_e kT}{h^2}\right)^{3/2}e^{-\frac{X_{ion}}{kT}}}$$

[식 10-47]

이 된다. 값들을 대입하여 온도 T에 따른 그래프를 그리면 **|그림 10-17|**과 같다.

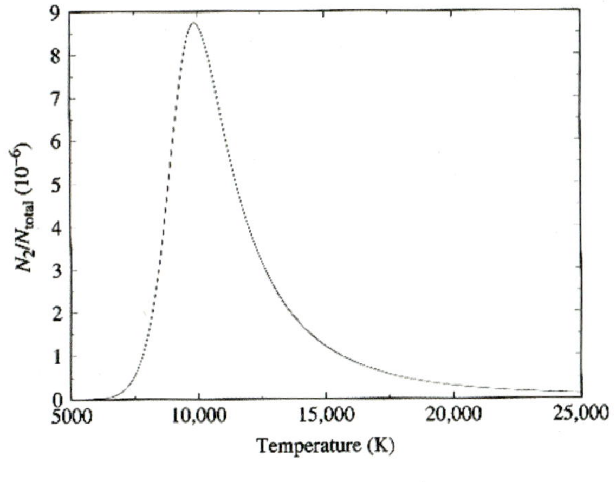

|그림 10-17| 온도에 대한 $N_{n=2}/N_H$의 비율

$N_{n=2}/N_H$의 값은 10,000K 근처에서 최대를 이룬다. 온도가 높아지면 기체의 충돌이 증가하기 때문에 이온화된 수소가 증가하여 전자가 $n=2$의 궤도에 있기 힘들어져 값이 줄어든다. 온도가 낮아지면 충돌 횟수가 줄어들게 되어 $n=2$로

천이하는 전자의 수가 줄어서 값이 줄어든다. 따라서 별의 스펙트럼을 보면 10,000K 정도 될 때 수소의 발머선이 강하게 나타나고 10,000K보다 높거나 낮은 별에서는 수소의 발머선이 줄어든다.

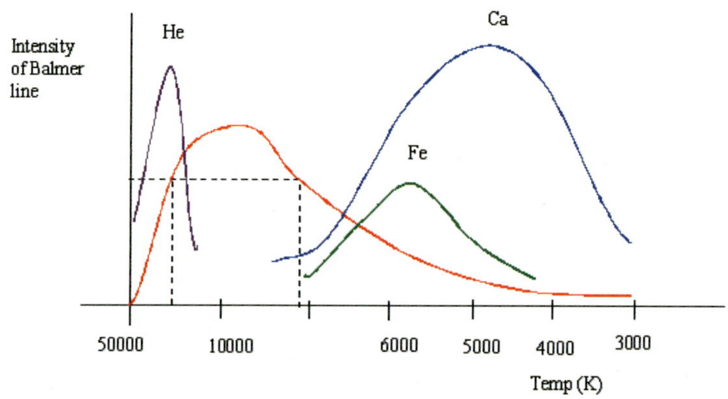

▌그림 10-18▐ 여러 원소들의 온도에 따른 발머선 세기

▌그림 10-18▐은 수소 원자(빨간색 곡선)를 포함한 여러 원소들의 흡수선의 세기를 보여준다. 헬륨은 수소보다 이온화 에너지가 크기에 온도가 높을 때 발머선의 세기가 최대를 이루지만 급격히 감소하고, 칼슘과 철은 이온화 에너지가 작아 온도가 낮은 별에서 세기가 최대가 된다. 이는 최외각 전자로도 쉽게 이해할 수 있다. 칼슘과 철의 경우 전자가 많아 최외각 전자가 원자핵으로부터 멀리 떨어져 있기 때문에 온도가 낮은 별에서도 천이가 쉽게 잘 일어난다. 반면에, 헬륨은 안정적인 18족 원소이고 원자핵과 전자 사이의 거리가 가깝기 때문에 천이가 잘 일어나지 않아 온도가 높은 별에서 발머선의 세기가 최대가 된다. 우리는 이러한 흡수선을 통해 별을 직접 탐사하지 않아도 별의 특성을 잘 파악할 수 있다.

열한 번째

별의 관측

망원경

우리는 일반적으로 별을 관측하기 위해 광학 망원경을 사용한다. 광학 망원경은 인간의 눈을 확장한 것으로 눈에 의해 감지 가능한 가시광선을 관측할 수 있다. 오늘날 과학이 발전하면서 전자기 스펙트럼의 가시 영역보다 더 많은 부분을 감지할 수 있는 망원경들이 발명되었고 이러한 다양한 종류의 망원경으로 별을 관측함으로 인해 더 많은 정보를 획득할 수 있게 되었다. 인류가 망원경을 사용하게 된 것은 인류 역사에 비해 매우 짧은 기간[1)]이지만, 그 짧은 기간 중에서 가장 오래 사용되었고, 기본이 된다고 할 수 있는 망원경인 광학 망원경에 대해 먼저 알아보기로 하자.

광학 망원경의 렌즈나 거울은 빛을 초점에 모아 상을 만든다. 렌즈로부터 상까지의 거리를 초점 거리(focal length, f)라 하고, 렌즈나 거울에서 지름(D)에 대한 초점 거리의 비를 'f비'라 부른다. 즉

$$f\text{비} = \frac{f}{D} \qquad [\text{식 } 11-1]$$

이다. D는 집광력과 관계가 있으므로(1장 참조) f비의 값이 작을수록 상이 밝다.

상을 얻고자 하는 물체까지의 거리를 d_0, 대물렌즈로부터 상까지의 거리를 d_i라고 하면, 단일 렌즈의 경우 초점거리 f와 다음과 같은 관계를 가진다.

1) 광학망원경을 발명한 사람은 갈릴레오로 그 발명의 시기는 1609년이라고 알려져 있다. 이후 광학 망원경도 더 발달하였고, 가시광선 이외의 영역을 관측할 수 있는 다양한 망원경들이 만들어졌다. 그러나 지구의 대기가 모든 전자기파를 잘 통과시키는 것이 아니라 가시광선과 전파가 비교적 잘 통과되기 때문에 지구 대기 밖에서의 관측이 가능하게 되는 시기와 해당 망원경(예를 들어 적외선 망원경)의 활용 시기가 맞물리게 됨을 확인할 수 있으며, 이러한 사실을 통해 과학이 발달하기 위해 기술의 발달이 매우 중요함을 알 수 있다.

$$\frac{1}{d_0} + \frac{1}{d_i} = \frac{1}{f} \qquad \text{[식 11-2]}$$

위 식은 종종 렌즈 제작자 공식(lens-maker's formula)으로 불리기도 하는데, 천체의 경우는 너무 멀리 있기 때문에 [식 11-2]에서 $d_0 \rightarrow \infty$가 되어 상이 초점에 맺힌다($d_0 = f$). 초점 거리와 연관된 또 다른 성질은 퍼진 물체에 대한 상의 크기이다. 1°에 해당하는 상의 크기(s)는 다음과 같다.

$$s = \frac{\pi}{180} f \deg^{-1} = 0.01745 f \deg^{-1} \qquad \text{[식 11-3]}$$

s를 '건판 척도(plate scale)'라 부른다. 예를 들어, 달은 하늘에서 0.5°로 보이기 때문에 초점거리가 900cm라면 $0.01745 \times 0.5 \times 900 \simeq 7.853cm$로 보일 것이다.

'집광력(light gathering power, LGP)'은 맨눈에 비하여 몇 배의 빛을 모을 수 있는가를 의미하는데, 대물렌즈 혹은 대물경의 면적에 비례하며, 면적은 구경(D)의 제곱에 비례하므로,

$$LGP = \left(\frac{D}{0.7\,cm}\right)^2 \qquad \text{[식 11-4]}$$

이다. 여기서 깜깜한 밤에 맨눈의 눈동자의 크기를 0.7cm로 하였다.

'분해능(resolving power, RP)'은 먼 거리에 위치한 두 물체를 분리하여 볼 수 있는 극한 각도로 관측 파장에 비례하고, 구경에 반비례한다(2장 참조). 즉 분해해서 볼 수 있는 최소 각(극한 각도) θ_{min}은

$$\theta_{\min} = 1.22\frac{\lambda}{D} \qquad \text{[식 11-5]}$$

이다. 극한 각도가 작을수록 잘 분해해서 볼 수 있다는 의미이므로 분해능은

$$RP = \frac{1}{\theta_{\min}} \qquad \text{[식 11-6]}$$

으로 정의한다. 분해능은 두 물체를 분리하여 볼 수 있는 최소각($\theta_{\min}$)의 역으로 표현하기에 값이 클수록 좋다.

'배율(magnifying power, MP)'은 육안으로 보이는 물체의 크기에 대한 확대된 상의 크기를 나타낸다. 대물렌즈의 초점 거리(f_o)와 접안렌즈의 초점 거리(f_e)에 대하여

$$MP = \frac{f_o}{f_e} \qquad \text{[식 11-7]}$$

이다. 그런데 배율이 커지면 상은 흐려진다. 따라서 밝은 행성들을 관측할 때에는 배율을 충분히 크게 하여도 관측 및 사진 촬영이 가능하지만 상대적으로 어두운 천체들을 관측할 때에는 배율을 크게 하면 흐릿하게 보여 관측이 어렵다.

지금까지 우리는 우리가 다루는 망원경이 광학 망원경이라는 전제하에 이야기를 하였지만, 천체는 가시광선에 한정한 전파를 내는 것이 아니라 파장이 짧은 γ선에서부터 파장이 긴 전파까지 모든 파장대의 전자기파를 통하여 정보를 보내고 있다. 따라서 이러한 파장대의 전자기파를 관측하기 위하여 천문학자들은 γ선 망원경, X선 망원경, 자외선망원경, 적외선망원경, 전파망원경을 사용하고, 이제는 뉴트리노를 측정하는 장치 및 중력파를 측정하는 '레이저 간섭계 중력파 관측소

(Laser Interferometer Gravitational-Wave Observatory; LIGO)'까지도 사용하고 있다.

전파 간섭계(Radio Inteferometer)

인간의 눈에 보이는 전자기파는 가시광선뿐이지만 천체가 보내는 정보는 이 파장대에 한정되지 않는다. 그러나 지구의 대기 때문에 여러 파장대의 전자기파는 지상에 도달하지 못하므로, 지구 밖으로 해당 파장을 관측할 수 있는 망원경을 보내지 못한다면 실제 연구에 큰 도움을 주지는 못한다. 하지만 가시광선 외에 대기를 매우 잘 통과하기 때문에 지상에서의 관측이 용이한 전자기파 영역이 있는데, 그것은 바로 전파이다. 이제 우리는 전파를 관측하는 망원경인 전파 간섭계에 대해 이야기해보기로 하자.

가시광선과 다르게 전파는 파장이 대략 10^5배로 매우 길기 때문에 분해능이 떨어진다([식 11−5]를 [식 11−6]에 넣어보면 파장과 분해능이 반비례함을 알 수 있다). 따라서 광학망원경과 같은 이론적 분해능을 가지려면 지름이 10^5배 큰 단일 접시 안테나를 사용해야 한다. 그러나 하나의 구경을 크게 하는 데는 한계가 있으므로 여러 대의 전파 망원경을 이용하여 전파를 서로 간섭시켜 하나의 전파망원경 같이 작동하게 하는데, 이를 전파 간섭계라 한다.

간섭계의 본질은 하나의 단순 간섭계를 이루는 두 안테나에 도달하는 파면의 위상을 고려하는 것이다. 예를 들어, 천체에서 오는 빛이 두 망원경에 도달할 때 그 행로가 정확히 반 파장만큼 차이가 난다고 가정하면, 위상 차이가 180°만큼 나므로 상쇄 간섭이 일어난다. 이렇게 생각을 해보면, **그림 11−1**과 같은 전파 간섭계의 경우 두 망원경에 도달하는 빛의 행로의 위상 차이에 따라 보강되고 상쇄되는 연속적인 간섭무늬로서 하늘을 보게 될 것이다. 이때 무늬 사이의 세기 패턴의 극대 간의 각거리는 간섭계의 분해능을 나타낸다.

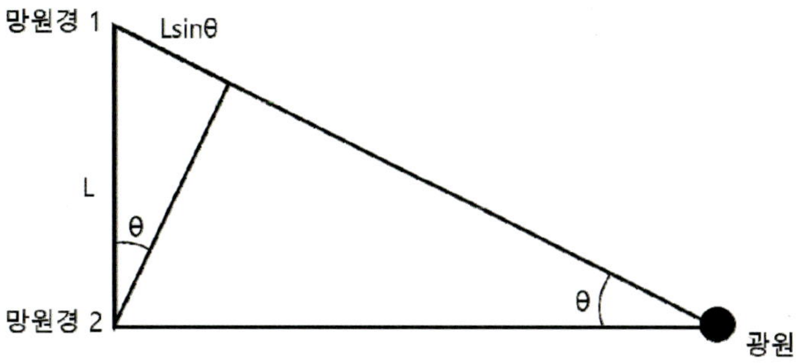

┃그림 11-1┃ 간섭계의 기하학

┃그림 11-1┃과 같이 거리가 L만큼 떨어진 곳에 두 전파 망원경이 있다고 생각하자. 분해능은 두 망원경이 파장(λ)의 몇 배 떨어져 있는지에 따라 달라진다. 즉 $L = n\lambda$이라면 보강 간섭은 경로의 여분 길이($L\sin\theta$)가 파장의 정수배가 되어야 한다. 즉

$$L\sin\theta = m\lambda \qquad [\text{식 } 11-8]$$

이다. 만약 $m = 1$인 경우 일정한 각거리로 배열된다. 즉

$$\sin\theta_f = \frac{\lambda}{L} = \frac{\lambda}{n\lambda} = \frac{1}{n} \qquad [\text{식 } 11-9]$$

이다. θ_f는 매우 작은 값이므로 $\sin\theta_f \simeq \theta_f$(라디안 단위)로 여길 수 있다. 예를 들어, $L = 21\text{km}$, $\lambda = 21\text{cm}$ 라고 하면 $n = 10^5$이 되므로 분해능은 $\theta_f \simeq 10^{-5} rad \approx 2''$가 되어 광학 망원경에 견줄 만한 분해능이 얻어진다(2장 **┃표 2-1┃** 참조). 2개의 망원경으로 이루어진 간섭계로는 광원 내에서 오직 한 부분에서 점들 간의 분리가 가능하다. 균일한 분해능을 가지고 하늘의 한 영역을 완전히 그리기 위해서는 간섭계의 패턴에 대하여 물체를 회전하는 구경 합성(aperture synthesis)을 이용한다.

검출기

우리는 맨눈 대신에 사진을 통해 많은 양의 정보를 저장한다. 맨눈의 경우에는 광자를 긴 시간 저장하기가 불가능하기에 사진, 광전관, 전하 결합 소자(Charge-Coupled Device, CCD)와 같은 검출기를 사용한다. 검출기에 들어오는 총 입사 광자 수에 대한 반응을 일으키는 광자의 상대적 비를 '양자 효율(quantum efficiency, QE)'이라고 하는데, 특정 파장 λ에 대하여 다음과 같이 표현할 수 있다. 즉

$$QE(\lambda) = \frac{\text{검출된 광자수}}{\text{입사된 광자수}} \qquad \text{[식 11-10]}$$

이다. 양자 효율이 좋은 검출기를 사용하면 적분 시간을 줄일 수 있다. 예전에는 빛의 양을 검출하기 위해 광전관을 사용하였다. 이 광전관을 촘촘하게 놓아 사진을 얻을 수 있게 하는 CCD를 이용하여 천체를 관측하여 천체의 이미지를 얻는다. CCD로 데이터를 얻은 후 '이미지 프로세싱'을 거치면 매우 깔끔한 사진을 얻을 수 있다.

신호 대 잡음비(signal to noise ratio)

모든 관측 자료는 잡음을 내포하게 된다. 이때 광자를 찾아내는 것 외에 '신호 대 잡음 비'까지 관측 정보에 포함함으로써 관측의 질을 높인다. 광자수를 헤아리는 것에서 평균값의 표준 편차를 σ_m, 헤아려진 광자의 평균 개수를 $\langle N \rangle$이라 할 때 '신호 대 잡음비$\left(\frac{S}{N}\right)$'는 다음과 같다.

$$\frac{S}{N} = \frac{\langle N \rangle}{\sigma_m} \qquad \text{[식 11-11]}$$

광자는 푸아송 확률 분포를 따르므로, 통계적 요동이 잡음의 근원이라 하면 $\sigma_m = < N >^{1/2}$이다. 1초당 들어오는 광자수를 f_p라 하면, 어떤 시간 동안 검출된 총 광자의 수는 검출기의 양자 효율(QE)과 단위 시간에 들어오는 광자수인 광자 플럭스, 그리고 누적된 관측 시간 t의 곱으로 주어진다. 즉

$$< N > = QE \times f_p \times t \qquad [식\ 11-12]$$

따라서 '신호 대 잡음비'는 다음과 같다.

$$\frac{S}{N} = \frac{< N >}{\sigma_m} = \frac{< N >}{< N >^{1/2}} = < N >^{1/2} = (QE \times f_p \times t)^{1/2}$$

[식 11-13]

신호 대 잡음의 비가 클수록 관측의 질이 높고, 더 많은 정보를 얻을 수 있는데, 이 식에서 보면 양자 효율(QE)의 중요한 역할을 하고 있다.

우리는 사진 같은 것들을 이용해 빛의 양을 측정하지만, 각 파장 영역의 광자의 수를 따로 측정하기 위해서는 필터를 이용한다. 또 굉장히 좁은 범위의 파장에 해당하는 빛의 양을 측정하기 위해서 격자와 프리즘을 이용한 분광 관측을 한다. 이러한 방법을 통해 전체 빛의 양뿐만 아니라 각각의 좁은 영역의 파장에 해당하는 빛의 양 그리고 스펙트럼 선 등을 관측할 수 있다.

거리와 등급

별까지의 거리를 측정하는 방법에는 연주 시차 방법(annual parallax method), 통계 시차 방법(statistical parallax method), 운동 성단 방법(moving cluster method), 광도 거리 방법(luminosity distance method) 등 다양한 종류가 있지만 가장 기본

적인 것이 연주 시차 방법(1장 참고)이다. 태양과 지구 사이의 거리를 $1\,AU$, 태양과 별까지의 거리를 $d\,AU$라 하면, 라디안으로 표시한 '시차'는 다음과 같다.

$$\pi\,(rad) = \frac{1}{d} \qquad \text{[식 11-14]}$$

$360° = 2\pi\,rad$이기에 $1\,rad \approx 57°\,17'\,44''.81 \approx 206{,}265''$이다. 그런데 시차를 초('') 단위로, 거리를 파섹(parsec, 1 pc=206,265 AU) 단위로 표시해 보면, 위 식은 다음과 같이 표시할 수 있다.

$$\pi'' = \frac{1}{d(pc)} \qquad \text{[식 11-15]}$$

여기서 $1pc = 3.086 \times 10^{16}\,m = 3.26$광년이다.

별의 밝기는 등급으로 표현한다. 100배의 밝기 차가 5등급 차이를 가지기에 m등급 별과 n등급 별의 밝기 차는 다음과 같다.

$$\frac{f_n}{f_m} = 100^{\frac{m-n}{5}}$$
$$m - n = 2.5\log\left(\frac{f_n}{f_m}\right) \qquad \text{[식 11-16]}$$

'절대 등급(absolute magnitude, M)'은 천체가 10pc에 있다고 가정했을 때의 별의 겉보기 등급이다. 플럭스는 거리(d)의 제곱에 반비례하므로 천체의 겉보기 등급(m)과 절대 등급(M) 사이의 관계는 다음과 같다.

$$m - M = 2.5\log\left(\frac{1/10^2}{1/d^2}\right) = 5\log d - 5 \qquad \text{[식 11-17]}$$

겉보기 등급이 5등급인 별이 10pc에 위치하고 있다면 이 별의 절대 등급도 5등급이다. 만약이 별이 1AU에 위치하고 있다면, $d = 1/206,265\,pc$이기에 이 별은 $m \simeq -26.57$등급으로 매우 밝게 보일 것인데, 그런 별이 바로 우리가 매일 보는 태양이다. 우리가 보는 행성들은 스스로 빛을 내지는 않지만 태양에서 나오는 빛을 받아 반사하고, 그중 지구로 오는 빛을 우리가 보게 되는데 맨눈으로 보기에는 별과 비슷하게 점광원으로 보이기 때문에(맨눈으로 보았을 때의 분해능에 대해 생각해 볼 것. 분해능에 대해서는 2장을 참고), 그 운동을 꾸준히 관찰하지 않을 경우 별처럼 보인다.

UBV 필터

우리는 넓은 파장역의 감도를 가진 광전 측광계에 필터를 곁들여 사용함으로써 다양한 파장역에서의 등급을 결정할 수 있다. 널리 쓰이는 광역 등급계에는 **|그림 11-2-1|**과 같은 UBV 등급계가 있다. 이는 자외선에서의 등급(ultraviolet line magnitude, U), 청색(blue line magnitude, B), 안시 등급(visual magnitude, V)을 결합한 것으로 3개의 파장 영역은 각각 365, 400, 550nm에 중심을 두고 있으며, 각 파장역은 약 100nm 정도이다. 이를 이용한 등급을 UBV 등급이라 한다.

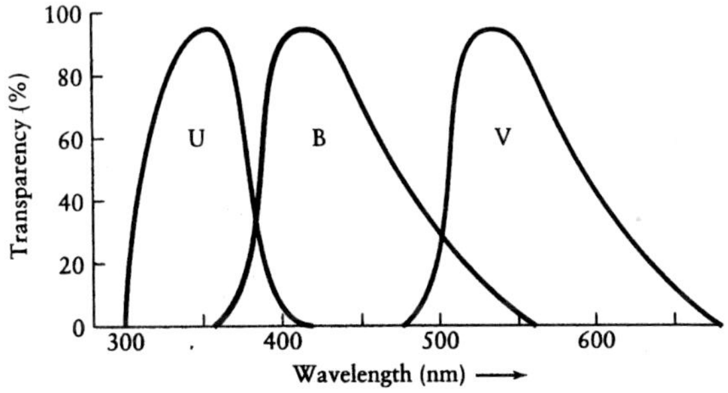

출처: http://www.astro.bas.bg/~petrov/hawley99.html

|그림 11-2-1| UBV 필터

색지수

별의 색깔에 대한 정량적인 척도를 '색지수(color index: CI)'로 나타낸다. 이는 두 유효파장에서의 등급의 차로 정의하는데 일반적으로 B 필터의 등급과 V 필터의 등급의 차로 다음과 같이 나타낸다.

$$CI = m_B - m_V = B - V \qquad \text{[식 11-18]}$$

색지수는 파장과 측광기기의 특성에 의존하여 관측자에 따라 달라진다. 따라서 온도가 10,000K 되는 별(직녀성)의 색지수가 0이 되도록 기준을 둔다. 이러한 약속에 의하여 이보다 뜨거운 별은 음의 색지수($CI < 0$), 차가운 별은 양의 색지수($CI > 0$)를 가진다. 별이 완전한 흑체 복사를 한다고 가정할 때, T=10,000K인 별이 B−V=0을 갖도록 눈금 조정을 하면 B-V 색지수와 표면 온도의 관계는 다음과 같이 간단하게 정의된다.

$$B - V = -0.71 + \frac{7090K}{T} \qquad \text{[식 11-19]}$$

하지만 별의 실제 스펙트럼은 흑체의 스펙트럼과 다르다는 점을 유의하자. 태양과 같은 별을 포함하는 $4{,}000\,K < T < 10{,}000\,K$ 온도 범위에서의 B−V 색지수와 표면 온도 관계는 아래와 같다.

$$B - V = -0.865 + \frac{8640K}{T} \qquad \text{[식 11-20]}$$

이 식을 히파르코스 관측과 비교해 보면 **|그림 11-2-2|**와 같다.

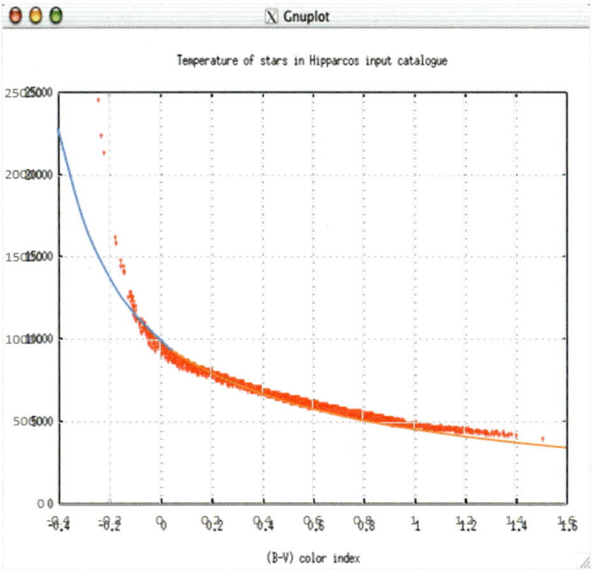

|그림 11-2-2| $B-V$와 T와의 관계

우리가 관측한 색지수가 별의 고유한 값임을 가정하였지만, 실제 성간 공간에는 별빛을 흡수하고 산란하는 티끌이 흩어져 있기 때문에 처음에 방출될 때보다 더 붉은 쪽으로 관측하는 '성간 적색화(interstellar reddening)'가 일어난다. 관측된 색지수와 원래의 색지수의 차를 '색 초과(color excess)'라고 한다.

소광 보정

빛이 지구로 들어올 때 성간 매질과 지구 대기에 의해 산란과 흡수가 되는 소광 현상이 발생한다. 보다 정밀한 관측 자료를 얻기 위해서는 소광 보정을 해주는 것은 필수적이다. 우선 **|그림 11-3|**과 함께 지구 대기에 의한 대기 소광을 알아보자.

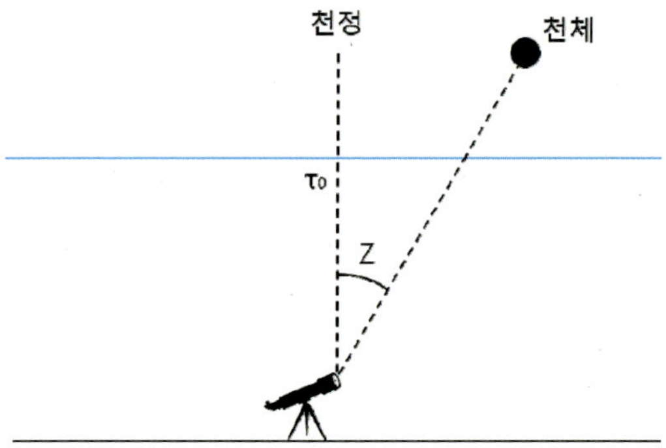

그림 11-3 평행 평면 대기를 가정한 대기 소광의 기하학적 모형

지상에 위치한 망원경에 별빛이 천정거리 Z만큼 기울어져 들어온다고 하자. 천체가 천정에 있을 때가 대기의 영향을 가장 적게 받고, 점점 기울어지면서 대기의 영향을 많이 받게 된다. $F_o(\lambda)$를 대기 밖에서 측정한 별의 플럭스라고 하고, 대기의 광학적 깊이를 τ_λ라 하면 지상에서의 대기의 플럭스는 아래와 같이 표현된다.

$$F(\lambda) = F_o(\lambda) e^{-\tau_\lambda} = F_o(\lambda) e^{-\tau_{o,\lambda} \sec Z} \qquad \text{[식 11-21]}$$

하루 동안 대기의 변화가 없다고 가정하고 어떤 파장에 대한 원래의 천체의 등급과 대기 소광된 등급을 등급의 정의에 대입해보자.

$$m_\lambda - m_{o,\lambda} = -2.5 \log \frac{F_\lambda}{F_{o,\lambda}} = 2.5 \log e\, \tau_\lambda = 1.086\, \tau_\lambda$$

$$m_\lambda = m_{o,\lambda} + 1.086\, \tau_{o,\lambda} \sec Z \qquad \text{[식 11-22]}$$

따라서 m_λ는 Z값에 의존한다. Z값이 0에 가까워지면 $\sec Z$는 1에 가까워지고, Z값이 90도가 되면 secZ 값은 무한대가 된다. $\sec Z$와 m_λ는 기울기가 $1.086\tau_0$이고 y절편이 $m_{o,\lambda}$인 일차 함수의 관계를 가진다.

성간 티끌에 의한 산란과 흡수인 성간 소광을 어떻게 보정할까? 성간 소광의 크기를 A라고 하면, 소광에 의해 우리가 받는 플럭스가 감소하게 되므로 등급이 증가하게 된다.

$$m-M=5\log d-5+A \qquad [식\ 11-23]$$

A는 파장에 의존하며, 시선 방향의 성간 매질의 특성에 영향을 받는다. 우선, 성간 매질은 적색 빛보다 청색 빛을 더 많이 산란하므로 별은 기대한 것보다 더 붉게 보일 것이다. 즉, 색초과가 발생한다. 별의 V 겉보기 등급을 $V=M_V+5\log d-5+A_V$라 하고, B 겉보기 등급을 $B=M_B+5\log d-5+A_B$라 하면 색지수는 다음과 같다.

$$B-V=M_B-M_V+A_B-A_V=(B-V)_o+A_B-A_V \qquad [식\ 11-24]$$

여기서 $M_B-M_V=(B-V)_0$는 별의 고유 색지수이다. 색초과를 $E(B-V)$라고 하자. 그러면

$$E(B-V)=(B-V)-(B-V)_o=A_B-A_V \qquad [식\ 11-25]$$

이다. 관측에 의하면 일반적으로 $A_V\simeq 3E(B-V)$로 알려져 있다. 이 값은 대략 $A_V\sim 1$등급$/kpc$이다. 따라서 은하면을 따라 망원경으로 관측할 때에도 성간 소광의 영향으로 인하여 대략 3~4kpc 이내에 있는 천체들만 관측이 가능하다.

복사 등급

U, B, V필터로 관측하면 전체 스펙트럼의 부분만 관측하게 되므로 빛의 양의 일부이다. 별의 전 파장역에 걸친 에너지의 총 방출량이 중요하기에 총 방출량에

대한 등급을 '복사 등급(bolometric magnitude)'이라 부른다. 복사 등급과 안시 등급의 차인 '복사 보정(bolometric correction, BC)'을 사용하여 별의 복사 등급을 결정한다. 별의 겉보기 복사 등급을 m_{bol}, 절대 복사 등급을 M_{bol}이라고 하면 복사 보정은 아래와 같다.

$$BC = m_{bol} - m_V = M_{bol} - M_V = 2.5\log\left(\frac{f_V}{f_{bol}}\right) \quad \text{[식 11-26]}$$

별의 절대 복사 등급의 식은 복사 보정을 이용하여 아래와 같이 쓸 수 있다.

$$M_{bol} = m_V + 5 - 5\log d - A_V + BC = 4.75 - 2.5\log\left(\frac{L_{bol}}{L_{\odot}}\right)$$

[식 11-27]

우리는 이 관계를 계산하기 위해 태양의 측정 광도인 $M_{\odot,bol} = 4.75$와 태양의 복사 보정 값인 $BC = -0.07$을 사용한다. 4.75값은 전 파장일 때의 등급을 말하지만 안시 등급의 경우에는 4.75보다 큰 등급을 가질 것이다.

별의 대기

정상상태(steady state)의 대기, 즉, 정유체역학적 평형을 이루는 대기의 상태 $\frac{dP}{\rho dr} = -g$를 가정하면, 대기의 압력은 다음의 관계를 따른다.

$$P = \frac{g}{\kappa}\tau \quad \text{[식 11-28]}$$

($g = \frac{GM_*}{R_*^2}$: 중력가속도, κ: 대기 불투명도, τ: 광학적 깊이)

연속 스펙트럼이 만들어지는 대기층은 광학적 깊이 $\tau=1$인 곳이다. 또한 $\frac{\rho kT}{\mu m_H} \simeq \frac{g}{\kappa}$이다. 그런데 $\rho\kappa\Delta r \approx 1$이기에 이 깊이는 $\Delta r \approx \frac{1}{\rho\kappa} \simeq \frac{\left(\frac{kT}{\mu m_H}\right)}{\left(\frac{GM_*}{R_*}\right)}R_*$ $\simeq \frac{c_s^2}{v_c^2}R_*$가 된다. 여기서 c_s는 별의 대기에서의 음속이다. 태양의 경우, $\frac{\Delta r}{R_\odot} \simeq$ 4.5×10^{-4} 정도로 광구의 깊이는 $\Delta r \simeq 300\mathrm{km}$ 정도이다.

별의 표면 온도

별의 표면 온도를 알 수 있는 방법은 다양하다. 우선, 별의 연속 스펙트럼 관측을 통해 복사 세기가 최대가 되는 파장($\lambda_{\max}$)을 찾고 빈의 변위법칙으로부터 온도를 계산할 수 있다. 빈의 법칙은

$$\lambda_{\max}T = 2.898\times10^{-3}mK \quad \text{[식 11-29]}$$

이다. 또한 슈테판-볼츠만의 법칙에 따라 별의 플럭스(flux)를 통해서도 온도를 알 수 있다. 흑체 복사 플럭스는

$$F = \sigma T^4 \quad \text{[식 11-30]}$$

($\sigma = 5.67\times10^{-8}\ W/m^2/K^4$: 슈테판-볼츠만 상수)

이다. 그리고 별의 광도는

$$L = 4\pi R^2\sigma T_{eff}^4 \quad \text{[식 11-31]}$$

이기에 이를 이용하여 별의 광도(L)와 반경(R)을 통해 별의 유효온도(T_{eff})를 얻을 수 있다.

다만, 별의 스펙트럼 관측을 통해 별의 온도를 얻을 때 유의해야 할 부분이 있다. 바로 '선의 담요 효과(line blanketing effect)'이다. 별은 거의 흑체 복사와 같은 복사 에너지를 밖으로 방출하지만 대기를 통과하면서 대기 속 특정 원소에 의해 에너지가 흡수되어 흡수선이 생긴다. 복사 에너지 흡수가 적으면 흑체 복사 곡선의 윤곽을 유지하여 실제 데이터와 흑체 복사 곡선을 비교할 수 있지만, 어떤 별에서는 흡수선이 너무 많아 실제 데이터와 이론적 흑체 복사 곡선을 비교하기가 어렵다. 이와 같이 흡수선이 너무 많아서 대기의 흑체 특성을 바꾸어 놓는 현상을 선의 담요 효과라고 한다. **┃그림 11-4┃**를 보면, 원래의 흑체 복사 곡선일 때의 최대 파장과 선의 담요 효과가 있을 때의 최대 파장이 달라지는 것이 보인다. 최대 파장이 다르기에 별의 대기 온도가 다르게 얻어지게 된다.

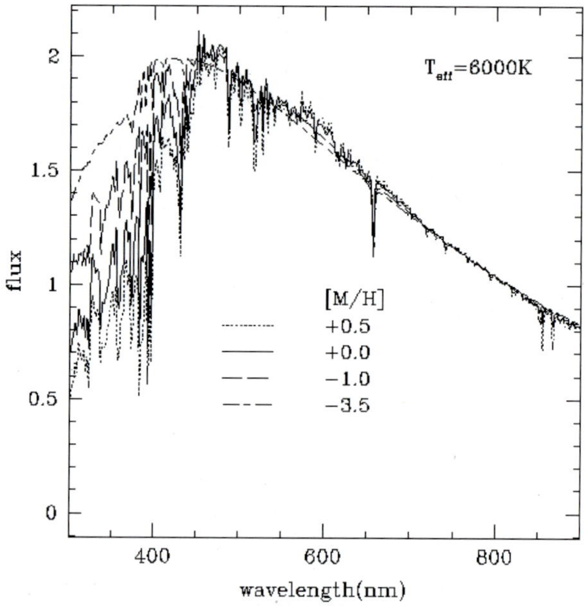

출처: http://burro.case.edu/Academics/Astr222/Galaxy/Structure/metals.html

┃그림 11-4┃ 선의 담요 효과

스펙트럼선의 형성 및 H-R도

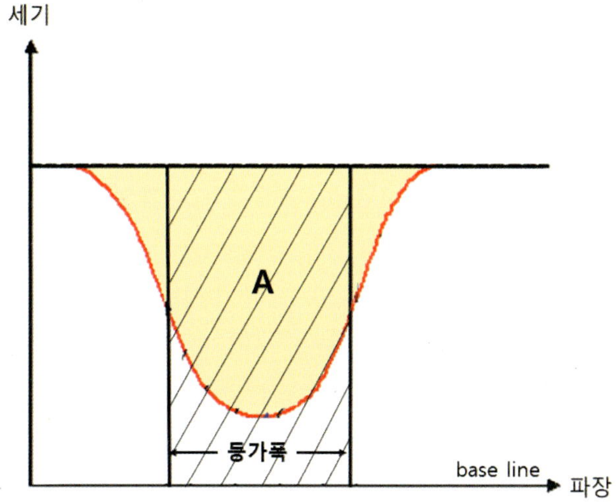

┃그림 11-5┃ 등가폭

별의 스펙트럼에는 대기를 지나면서 흡수선이 생긴다. 흡수선의 세기(line strength)는 등가폭(equivalent width, EW) 값으로 표현된다. ┃그림 11-5┃와 같은 흡수선의 경우, 그림에서 면적 A가 스펙트럼선의 세기를 나타내는데, base line을 기준으로 하여 이 면적과 같은 면적을 갖는 영역의 폭을 '등가폭'이라고 정의한다. 이와 같이 등가폭은 선의 세기를 나타내기 때문에 입자의 개수밀도(n)와 온도(T)의 함수로 표현된다. 즉

$$EW = EW(n, T) \qquad [\text{식 } 11-32]$$

이다. 그런데 이상기체 상태 방정식에 의하여 입자의 개수밀도(n)는 압력(P)과 온도(T), 화학조성(μ)의 함수이기에 $n = n(P, T, \mu)$이다. 또한 중력가속도 $g = \frac{GM_*}{R_*^2}$이고, 스펙트럼선이 생기는 대기층의 $\tau = 1$로 가정하였기에 압력(P)은 질량(M_*), 반경(R_*), 불투명도(κ)의 함수로 표현된다. 즉 $P = P(M_*, R_*, \kappa)$이다.

그리고 별의 광도 $L = 4\pi R_*^2 \sigma T_{eff}^4$ 이기에 등가폭은 광도(L_*), 온도(T_{eff}), 질량(M_*), 화학조성(μ)의 함수로 표현할 수 있다. 즉

$$EW = EW(L_*, T_*, M_*, \mu) \quad [식\ 11-33]$$

이다. 만약 화학조성이 같다면, μ 값이 일정하기 때문에 등가폭은 다음과 같이 표현된다.

$$EW = EW(L_*, T_*, M_*) \quad [식\ 11-34]$$

또한 주계열성의 경우에는 질량-광도 관계를 갖기 때문에 등가폭은 광도(L_*)와 온도(T_{eff})의 함수만으로 나타낼 수 있다. 즉

$$EW = EW(L_*, T_{eff}) \quad [식\ 11-35]$$

인 관계를 가진다. 즉, 화학조성이 같은 주계열성의 경우 광도와 표면온도가 같으면 같은 스펙트럼선이 형성된다. 또한 이러한 광도와 표면온도와의 관계는 H-R도의 이론적 근거가 된다.

스펙트럼 분류

스펙트럼은 온도에 따라 OBAFGKM 계열로 분류된다. 이 분류 체계를 보면 '각각의 알파벳이 무엇을 의미할까? 혹시, 이것은 어떤 단어의 약자가 아닐까?'라는 생각을 하기 쉽지만, 사실 이것은 그런 것이 아닌데, 이 이야기를 하기 위해서 우리는 이 분류 체계를 만들어낸 과학자들에 대해 이야기를 해야 할 것 같다.

별을 분류하고자 하는 노력은 과거부터 있어 왔지만, 그 과학적인 연구는 분광학이 발달한 19세기 후반에 활발하게 진행되었다. 하버드대학의 천체 연구소(Harvard College Observatory, HCO)가 그 중심적인 역할을 한 곳이라 할 수 있는데, 부유한 물리학자이자 아마추어 천문학자인 헨리 드레이프의 사후에 그의 아내가 기부한 기금으로 이 연구소에서의 별의 분류가 활기를 띠었다. 당시 연구소장이었던 피커링은 천체사진을 찍을 남자 기사들과 더불어, 자료를 분류하고 계산하는 역할을 맡는 여성들을 대거 기용하였다. 당시 학계는 남성 위주였기 때문에 피커링이 이 여성들을 고용해서 연구하는 것은 백안시되었으나, 그녀들이 연구에 참여함으로써 얻은 걸출한 연구 결과는 학계에서 비아냥거렸던 대로 그녀들이 피커링의 후궁이라고 폄하되어서는 안 됨을 상기시킨다 할 수 있다.

피커링이 고용했던 연구원(당시에는 분류와 계산을 주로 담당하였기에 computer라고 불렸던) 중에는 캐넌(Annie Jump Cannon, 1863~1941), 레비트(Henrietta Swan Leavitt, 1868~1921)[2] 등이 있었으며, 페인(Cecilia Payne, 1900~1979)[3]도 당시 HCO에서 함께 연구를 한 여성 연구자였다. 이들 중 캐넌은 매우 뛰어난 수학적 자질을 가지고 있었으며, 별의 스펙트럼 사진을 분석하는 데에도 독보적인 능력을 가졌었다고 한다. 그녀가 처음 별의 스펙트럼을 분류할 때, 스펙트럼에서 나타나는 발머 흡수선의 강도가 센 것을 알파벳 순으로 나열하였는데, 이후 흡수선과

2) 헨리에타 스완 레비트는 세페이드 변광성의 주기-광도 관계를 발견한 것으로 유명하다. 래드클리프 대학을 졸업한 후 HCO에서 별의 광도를 측정하고 목록으로 정리하기 위해 사진 건판을 검토하는 일을 했던 그녀는, 생전에는 그다지 주목을 받지 못했지만, 그녀의 사후에 에드윈 허블이 우주의 팽창을 이야기할 때 세페이드 변광성의 주기-광도 관계를 이용하였고, 그로 인해 그녀의 연구는 주목을 받게 되었다(출처: https://en.wikipedia.org/wiki/Henrietta_Swan_Leavitt).

3) 세실리아 페인은 영국 출생으로 케임브리지 대학을 졸업한 후, 미국으로 건너와서 연구를 하였는데, 특히 태양의 스펙트럼 연구인 그녀의 연구(박사학위 논문)는 당시 천문학계의 거두인 러셀(Henry Norris Russell, 1877~1957)의 견해에 반하는 것으로, 러셀은 그녀의 논문을 검토하고 옳지 않은 결론이라 조언하였으며, 이에 따라 그녀도 자신의 연구에 문제가 있을 수 있다고 적었다. 그러나 이후 이루어진 연구를 통해 태양이 대부분 수소와 헬륨으로 구성되었다는 그녀의 연구가 옳았음이 입증되었다(출처: https://en.wikipedia.org/wiki/Cecilia_Payne-Gaposchkin).

별의 온도의 관계가 알려지면서 이 알파벳 순은 뒤집히게 되었다. 그래서 우리는 OBAFGKM이라는, 순서가 조금은 이해가 되지 않는 스펙트럼 분류 체계를 사용하게 되었다. 평생 약 350,000개의 별을 분류하였다고 알려진 그녀는 분류 체계를 만드는 데 공헌하였을 뿐 아니라, 페인이 캐넌과 함께 연구하고, 캐넌의 자료를 이용하여 별은 주로 수소와 헬륨으로 구성되어 있다는 것을 밝히는 데에도 큰 도움을 주었다.

이제 우리는 OBAFGKM 분류 체계 자체가 갖는 의미를 좀 더 알아보자. 앞서 이야기했듯이 이 순서는 온도가 높은 것부터 나열한 것이다. O형이 가장 온도가 높은 별, M형이 가장 온도가 낮은 별에 해당하며, 계열에 따라 별의 색깔도 다른데 O형에 가까울수록 푸르고, M형에 가까울수록 붉다. 즉, $B-V$색지수는 고온의 O형별에 가까울수록 작고, 저온의 M형별에 가까울수록 크다. A형은 거의 백색이며, G형은 거의 노란색인데 태양은 G형별에 해당한다.

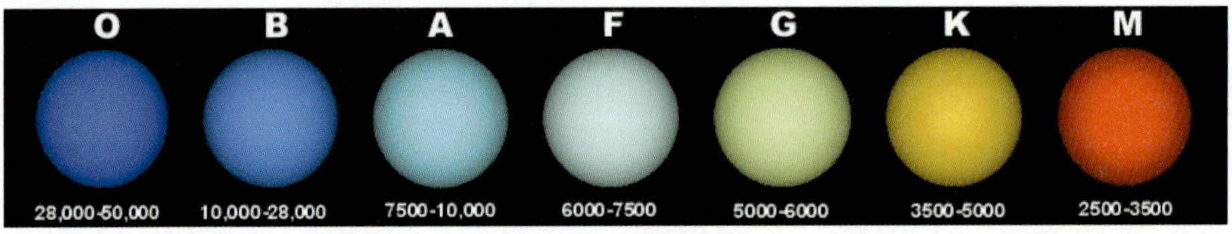

출처: http://homepages.uc.edu/~hansonmm/ASTRO/LECTURENOTES/W07/Stars/Page3.html

|그림 11-6| 온도에 따른 스펙트럼 계열

H-R도

|그림 11-7|과 같이 별들을 분광형(표면온도)과 절대등급(광도)에 따라 나눈 등급도를 'H-R도' 또는 '헤르츠스프룽-러셀도(Hertzsprung-Russell diagram)'라고 한다. 우리가 앞서 이야기했던 세실리아 페인의 이야기에 등장했던 러셀이 바로 이 러셀이다. 러셀은 비록 세실리아 페인의 연구에 대해서 처음에는 올바른 견해를 갖지 못했으나, 당시의 천문학계의 중심적인 인물이었을 만큼 훌륭하고 중요한

연구를 많이 한 천문학자이다. 그가 한 연구는 많이 있지만, 그중에서 학생들에게 가장 유명한(그리고 어쩌면 일반인들까지도 알고 있는) 것은 H-R도가 아닐까 싶다. H-R도는 러셀이 덴마크의 화학자이자 천문학자인 헤르츠스프룽(Ejnar Hertzsprung, 1873~1967)과 1911~1913년에 만든 것이다.[4] H-R도는 매우 간단해 보이지만, 이렇게 별들의 산점도를 그려 놓으면 몇 개의 그룹으로 별들을 나누어 볼 수 있음을 확인할 수 있는데, 이것을 모건-키넌(MK) 광도 계급 또는 여키스 분광 분류(Yerkes spectral classification)라고 한다. 이것은 여키스 천문대에서 모건(William Wilson Morgan, 1906~1994)과 키넌(Philip C. Keenan, 1908~2000)이 만든 것이기 때문이다.[5] 이 광도계급에서는 기본적으로 로마 숫자로 광도의 계급을 나눈 후, 세분화가 필요한 것에 대해 알파벳 소문자를 덧붙여 광도를 표시하였는데, H-R도에 이 분류 체계를 표시한 것을 **❙그림 11-7❙**에서 확인할 수 있다. 주요한 몇 가지만 살펴보면, I은 초거성, II는 밝은 거성, III은 거성, IV는 준거성, V는 주계열성에 해당한다. D로 표시된 것은 백색 왜성(dwarf)을 나타낸다.

---

4) H-R도는 헤르츠스프룽과 러셀이 각자 도표를 그린 것에서부터 발전한 것으로, 이들의 공로를 기리기 위해 이 도표에는 이 두 과학자의 이름을 붙이게 되었다.

5) 실제로 이 광도 계급이 처음 만들어지는 데는 모건, 키넌 외에 켈먼(Edith Kellman, 1911~2007)이라는 여성 천문학자도 참여하였다. 따라서 이 분류는 MKK 광도 계급이라고도 불린다.

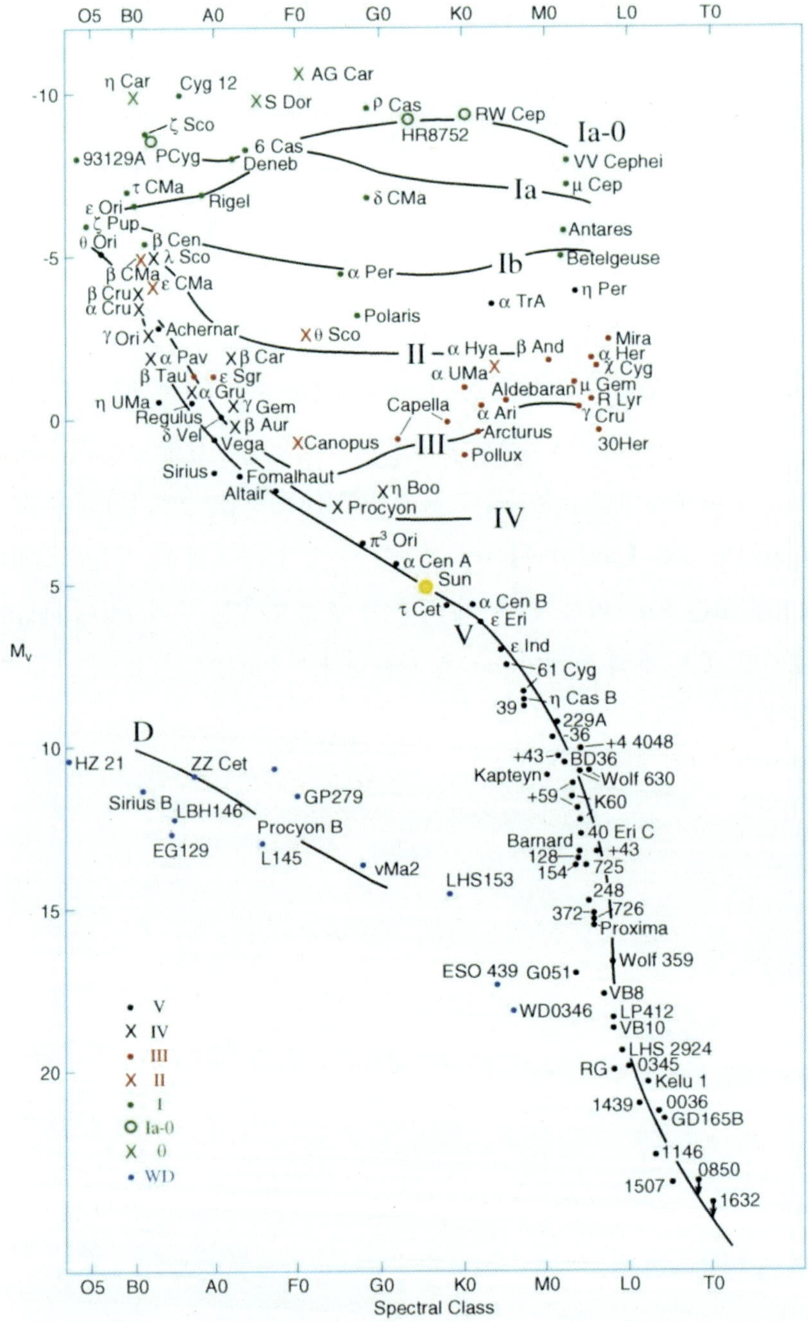

출처: The Cambridge Encyclopedia of Stars, J. B. Kaler, Cambridge University Press, 2006.

| 그림 11-7 | H-R도

성단의 H-R도

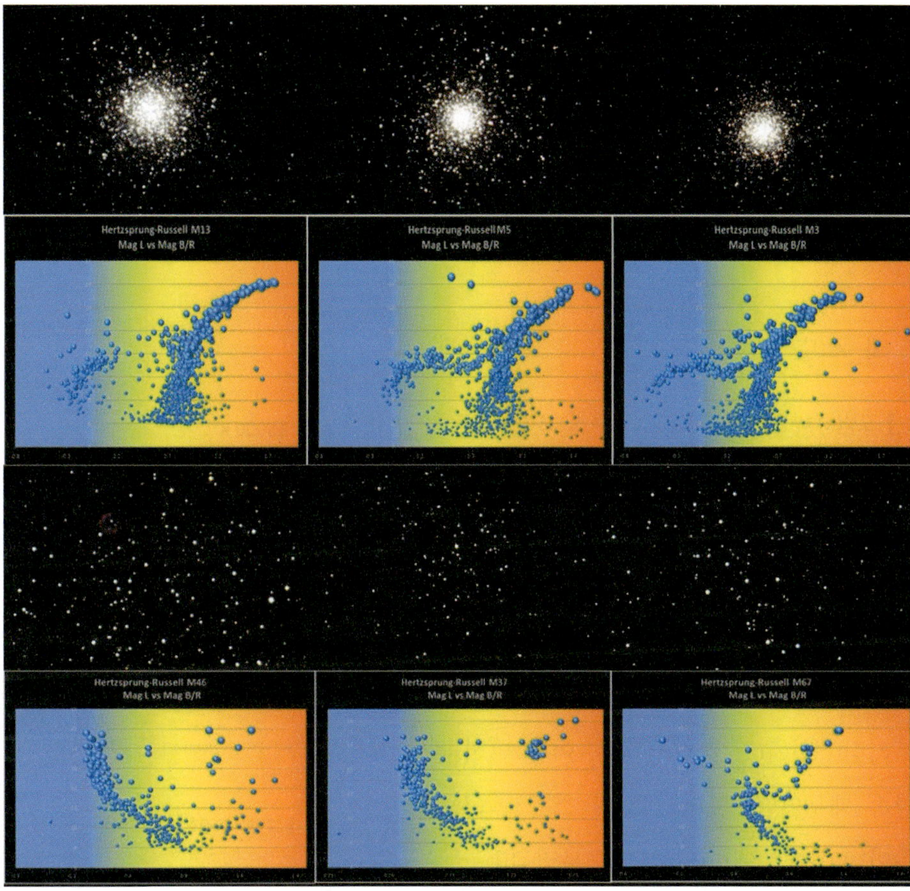

출처: https://www.skyandtelescope.com/online-gallery/hertzsprung-russell-diagram-for-open-and-globular-clusters/

┃그림 11-8┃ 구상성단(위쪽)과 산개성단(아래쪽)의 H-R도

H-R도는 무작위하게 별들을 산점해 놓아도 의미 있을 수 있지만, 성단의 H-R도는 더 많은 정보를 줄 수 있다. 왜냐하면 성단의 별들은 거의 같은 시기에 함께 만들어진 것으로 생각할 수 있고 별은 질량이 클수록 빠르게 진화하기 때문에 성단의 H-R도를 그리고 이를 다른 성단의 H-R도와 비교함으로써 성단의 상대적인 나이를 추정할 수도 있기 때문이다.

▌그림 11-8▌은 성단들의 H-R도인데 위쪽은 구상성단, 아래쪽은 산개성단에 해당한다. 구상성단의 경우에는 대개 수평가지가 잘 나타나고 거성가지에 별이 밀집해있음을 확인할 수 있다. 한편, 산개성단의 경우에는 주계열성에 해당하는 별들이 많이 확인된다. 특히 ▌그림 11-8▌의 산개성단 중 가장 오른쪽의 경우에는, 주계열에서 거성으로의 전환 및 별의 진화 경로가 잘 나타나며 구상성단의 H-R도와도 유사해 보인다. 이를 통해 이 산개성단의 나이가 상당히 오래되었음을 추정할 수 있다.

색-색도

▌그림 11-9▌는 U-B 색지수를 B-V 색지수에 대해 나타낸 색-색도(color-color diagram)이다. 그림에서 확인할 수 있듯이, 흑체(black body)의 경우에는 U-B와 B-V 색지수에 대해 선형적으로 나타난다. 하지만 실제 별의 경우에는 선형적으로 나타나지 않고 구부러짐(bump)이 확인되는데, 이는 발머 불연속 때문이다. 발머 선들이 스펙트럼선을 뜯어내기 때문에 그만큼의 구부러짐(bump)이 생긴다. 주계열성과 초거성 모두 정도의 차이는 있지만 공통적으로 발머 불연속으로 인한 구부러짐(bump)이 확인된다.

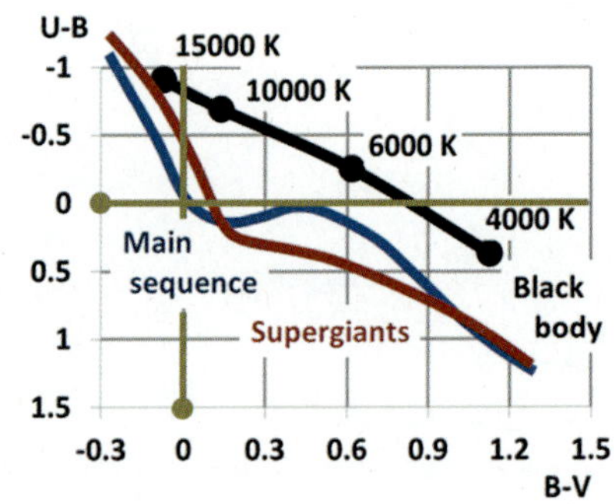

출처: https://en.wikipedia.org/wiki/Color%E2%80%93color_diagram

▌그림 11-9▌ 색-색도

거리의 결정

별까지의 거리를 계산할 수 있는 방법은 여러 가지가 있는데, 그중의 하나로 '분광 시차(spectroscopic parallax)' 방법이 있다. 별의 스펙트럼을 관측하면 별의 분광형과 광도 계급을 결정한다. 광도 계급은 별이 주계열성인지, 거성인지, 초거성인지, 백색 왜성인지를 판단하게 한다. 이제 H-R도를 통해 별의 절대등급을 알게 되면 관측된 겉보기등급과 함께 거리지수 식 $m-M=5\log d-5+A_V$을 이용하여 별까지의 거리를 계산할 수 있다. 성간소광은 색초과를 이용하여, $A_V \approx 3E(B-V)$로 계산하고 별까지의 거리를 얻는다.

성단의 거리 결정법은 '주계열 맞추기'이다. 거리를 알기 원하는(d_{un}) 성단의 H-R도의 주계열을 거리를 알고 있는(d_{kn}) 성단의 H-R도의 주계열과 같은 분광형에서 겹쳐지도록 조정하여 두 그래프의 등급 간격 Δm을 측정한다. 따라서 $\frac{d_{un}}{d_{kn}}=10^{\frac{\Delta m}{5}}$이 된다. $\Delta m>0$이면 더 먼 거리에 위치한 성단이다. 그러나 **▎그림 11-7▎**과 같은 H-R도를 이용하면 **▎그림 11-10▎**과 같이 $m-M$, 즉, '거리 지수'를 얻는다. 즉 성단까지의 거리는 $d=10^{\frac{m-M+5}{5}}\,pc$이 된다. **▎그림 11-10▎**같이 $m-M=4$이면 $d=10^{1.8}\simeq 63.1\,pc$이다. 따라서 이 성단은 지구로부터 $63.1\,pc$ 정도에 위치한 은하성단이다.

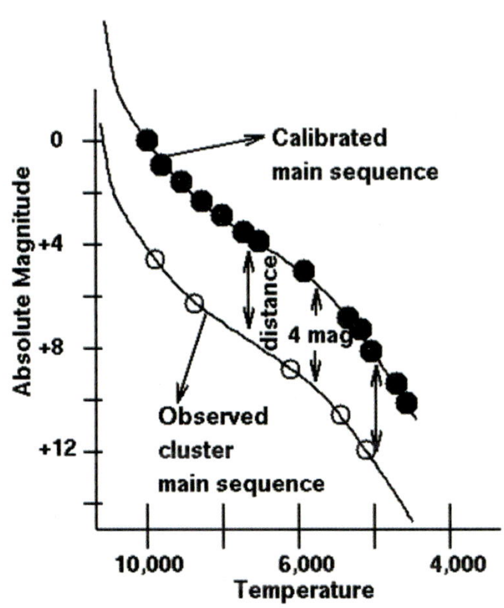

출처: http://zebu.uoregon.edu/1998/ph301/hb/c4w.html

▎그림 11-10▎ 주계열 맞추기

쌍성계

쌍성계는 두 항성이 공통의 질량 중심 주위로 공전하는 항성계를 가리키며, 실제 광학망원경으로 볼 수 있는 별들 가운데 태양과 같은 홑별인 경우보다 쌍성 혹은 다중성계인 경우가 많다. 쌍성계 관측을 통해 별의 질량과 크기(반지름)와 같은 별의 중요한 물리량을 알 수 있기 때문에 쌍성계는 천체물리학에서 매우 중요한 의미를 갖는다.

안시 쌍성(visual binaries)

쌍성 중에는 망원경으로 보았을 때 하나로 보이는 것도 있고, 각각의 별로 보이는 것도 있다. 이들 중 후자를 안시 쌍성이라 한다. 이와 비슷해 보이지만 다른 것으로 겉보기 쌍성(apparent binary)이 있는데, 겉보기 쌍성은 두 별이 같은 시선 방향에 놓여 서로 가까이 있는 것처럼 보이기 때문에 쌍성처럼 보일 수 있고, 그래서 쌍성이라고 생각할 수도 있다. 그러나 보기에 쌍성처럼 보인다고 해서 쌍성인 것은 아니다. 우리가 앞서 살펴보았던 쌍성의 정의를 상기해보자. 두 항성이 '공통의 질량 중심 주위로 공전'하는 항성계가 쌍성이므로, 서로 가까이 있는 것처럼 보이지만, 실제로는 멀리 떨어져 있어서 물리적으로 연관되지 않은 별들은 쌍성이라고 할 수 없다. 쌍성처럼 보이는 두 별이 관측되었을 때, 한 별이 다른 별에 대해 타원과 같이 궤도운동을 하는 것처럼 보이는 경우는 두 별이 공통의 질량 중심 주위로 움직이는 것이며 이 별들은 쌍성에 해당되지만, 만약 한 별이 다른 별에 대해 어떠한 운동도 하지 않거나 직선 운동을 하는 것처럼 보인다면 두 별은 물리적으로 맞물려있지 않은 겉보기 쌍성일 확률이 높다.

안시 쌍성은 망원경으로 분해 가능할 정도로 두 별이 떨어져 있기 때문에 일반적으로 궤도 주기가 길다. 한 예로 밤하늘에서 가장 밝은 별인 시리우스(Sirius)는 안시 쌍성으로서 공전 주기가 약 50년이다. 안시 쌍성은 망원경으로 두 별이 분리되어 보일 뿐만 아니라 두 별의 궤도운동이 확인된다. 이 두 별 가운데 더 밝은 별을 주성(primary star)이라 하며, 주성보다 어두운 별을 동반성(companion star)이라 한다.

안시 쌍성을 관측하여 분리각과 위치각이라는 정보를 얻을 수 있다. 분리각(separation)이란 주성과 동반성 사이의 각거리이며 보통 초 단위(arc second)로 나타낸다. 위치각(position angle)은 주성에 대한 동반성의 위치를 나타내는 각으로서, 주성과 동반성을 잇는 선이 천구의 북쪽으로부터 기울어진 각을 반시계 방향으로 측정하여 나타낸 값이다. 같은 쌍성을 여러 번 관측하여 분리각과 위치각을 좌표로 하는 점들을 찍으면 **[그림 11-11]**과 같이 천구상의 쌍성의 겉보기 상대 궤도를 구할 수 있다. 이때 상대 궤도는 주성에 대한 동반성의 상대 운동을 뜻하며, 겉보기란 천구상에 투영되었다는 의미이다. 관측에 의한 데이터는 천구상에 투영된 겉보기 상대 궤도에 관한 것이며, 이를 바탕으로 진 상대 궤도의 요소를 구할 수 있다.

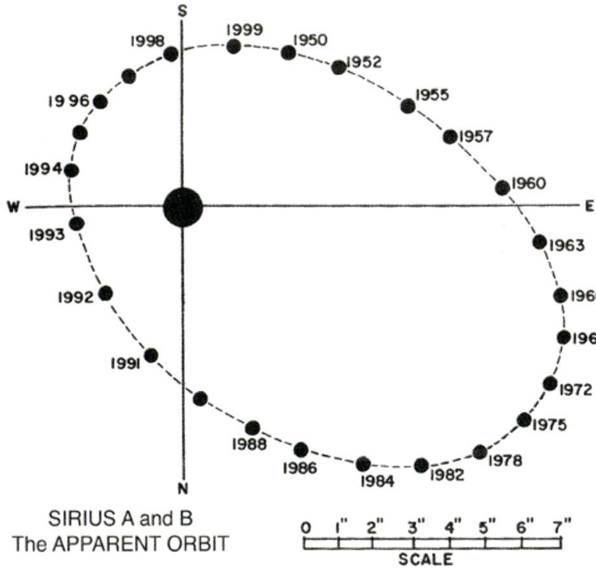

출처: http://vega.lpl.arizona.edu/sirius/A4.html

[그림 11-11] 시리우스 A, B의 겉보기 상대 궤도 곡선

주성과 동반성은 공통의 질량중심 주위를 타원 궤도 운동하므로 진 상대 궤도는 케플러 제3법칙인 조화의 법칙을 만족한다. 진 상대 궤도가 타원 궤도일 때 천구에 투영된 겉보기 상대 궤도 역시 타원 궤도이다. 이때 주의할 점은 진 궤도는 주성을 하나의 초점으로 하는 타원이지만, 겉보기 궤도에서는 주성의 위치가 초점이 아니다. 진 상대 궤도의 초점이 겉보기 상대 궤도의 초점이 아니더라도 천구상에 투영될 때 같은 비율로 투영되기 때문에 겉보기 상대 궤도 역시 조화의 법칙을 따른다. 진 상대 궤도가 결정되면 조화의 법칙을 이용하여 두 별의 질량의 합을

$$(M_1 + M_2)P^2 = \left(\frac{a''}{\pi''}\right)^3 \qquad \text{[식 11-36]}$$

으로 구할 수 있다. 여기서 질량 M은 태양질량($M_\odot$), 궤도주기 P는 년(year), 진 상대 궤도의 장반경 a''는 초 단위이다. 만약 쌍성까지의 거리 또는 시차(π'')를 알 경우 AU 단위로 환산할 수 있다. 즉 궤도 장반경 $a\ AU$는

$$a = \frac{a''}{\pi''}\ AU \qquad \text{[식 11-37]}$$

이다. 또한, 질량중심으로부터 두 별의 거리의 비를 각각 a_1과 a_2라 하면, 질량중심의 정의에 따라 다음과 같은 식이 성립한다.

$$M_1 a_1 = M_2 a_2 \qquad \text{[식 11-38]}$$

관측을 통해 a_1/a_2을 구하면 M_1/M_2을 얻는다. 두 별의 질량의 합을 알고, 두 별의 질량의 비를 알기에 각 별의 질량을 각각 구할 수 있다.

분광 쌍성(spectroscopic binaries)

두 별이 매우 근접한 경우에는 망원경으로도 쌍성을 분해하지 못한다(2장의 분해능 내용 참고). 망원경으로는 쌍성임을 알 수 없더라도 도플러 효과에 의한 스펙트럼선을 관측하여 스펙트럼선이 주기적으로 변하는 것을 통해 쌍성임이 밝혀질 때가 있다. 이러한 쌍성을 분광 쌍성이라고 한다.

스펙트럼상에서 어두운 동반성의 스펙트럼이 보이지 않고 주성의 스펙트럼에서 한 별의 선들의 도플러이동을 보이는 쌍성계를 단선 분광 쌍성(single-lined spectroscopic binary)이라 하고, 주성과 동반성의 밝기가 비슷하여 두 별의 스펙트럼선이 서로 반대 위상으로 주기적으로 이동하는 쌍성을 복선 분광 쌍성(double-lined spectroscopic binary)이라 한다.

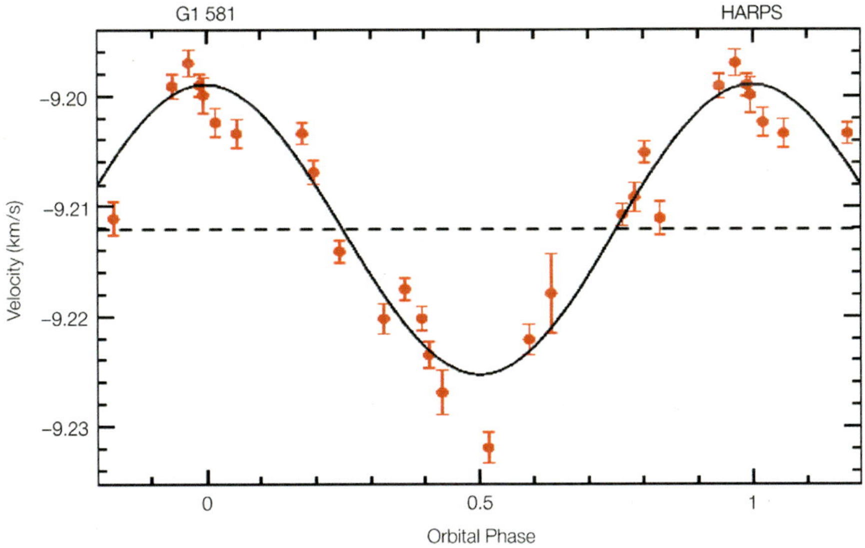

출처: http://www.eso.org/public/images/eso0539a/

그림 11-12 적색 왜성 Gliese 581의 시선속도 곡선

그림 11-12와 같이 스펙트럼선의 도플러 이동식을 이용하여 시선 속도로 환산

한 결과를 시간의 함수로 나타낸 것을 속도 곡선이라 한다. 도플러이동식은 다음과 같다.

$$\frac{V_r}{c} = \frac{\Delta\lambda}{\lambda_0} = \frac{\lambda - \lambda_0}{\lambda_0} \qquad \text{[식 11-39]}$$

주성과 동반성의 질량을 각각 M, m, 궤도속도를 각각 V와 v, 질량중심에 대한 궤도 반지름을 각각 r_1과 r_2라 하자. 또한 궤도 기울기가 i일 때, 관측된 속도곡선의 진폭을 V', v'라 하자. 주성과 동반성의 궤도속도와 관측된 속도곡선의 진폭 사이에는 다음과 같은 관계가 성립한다.

$$V' = V\sin i,\ v' = v\sin i \qquad \text{[식 11-40]}$$

주성과 동반성이 주기 P 동안 움직인 거리는 각각 $2\pi r_1$과 $2\pi r_2$이므로

$$VP = 2\pi r_1,\ vP = 2\pi r_2 \qquad \text{[식 11-41]}$$

이다. 이로부터 주성과 반성의 궤도 반지름을 다음과 같이 구할 수 있다.

$$r_1 = \frac{VP}{2\pi},\ r_2 = \frac{vP}{2\pi} \qquad \text{[식 11-42]}$$

$MV' = mv'$이므로

$$\frac{M}{m} = \frac{v'}{V'} = \frac{r_2}{r_1} \qquad \text{[식 11-43]}$$

이다. 한편, 상대 궤도의 장반경 a는 주성과 동반성의 질량중심에 대한 궤도 반경

의 합으로 구한다.

$$a = r_1 + r_2 \qquad \text{[식 11-44]}$$

따라서 $(M+m)P^2 = a^3$로부터 두 별의 총 질량 $M+m$을 구할 수 있다. 또한 두 별의 질량의 비 M/m 또한 알고 있으므로 주성과 동반성의 질량을 각각 구할 수 있다.

그러나 실제로 이렇게 간단하게 별의 질량이 구해지는 경우는 드물다. 궤도 기울기 i가 0이 아닌 경우, 즉 궤도면이 천구면과 일치하지 않을 때 시선 속도의 변화가 나타나는데, 분광 쌍성이 식 쌍성이 아닐 때는 i가 알려지지 않는다. 즉 정확한 궤도 속도를 알아낼 수 없다. i를 알기 어렵기에 시선속도로부터 도출되는 질량은 실제 질량의 하한값이다. 궤도 기울기가 i일 때, 속도곡선상의 모든 시선속도가 $\sin i$의 비율로 감소되지만, i값을 모르기 때문에 실제 값과 $\sin i$의 곱인 하한값 $(\sin i \leq 1)$만이 구해진다.

궤도 기울기 i를 모른다면 쌍성의 질량을 구할 수 없는 것일까? 궤도 기울기 i가 0이 아니며 그 값을 알지 못할 때, 쌍성의 질량을 어떻게 구할 수 있는지 알아보자. 먼저 궤도 기울기가 i인 상대 궤도를 갖는 복선 분광 쌍성의 각 별의 질량을 속도 곡선으로부터 어떻게 도출하는지 살펴보도록 하자.

복선 쌍성의 속도 곡선으로부터 궤도주기 P와, 투영된 각 별의 질량 중심에 대한 궤도 반지름 r'_1과 r'_2($r'_1 = r_1 \sin i$, $r'_2 = r_2 \sin i$)을 구할 수 있다. 따라서 상대 궤도의 투영된 장반경은 $a' = r'_1 + r'_2$이며, 이 값들이 케플러의 조화의 법칙을 만족하므로 다음과 같은 식이 성립한다,

$$(M+m)P^2 = a^3$$

$$(M+m)P^2 = \left(\frac{a'}{\sin i}\right)^3$$

$$\therefore\ (M+m)\sin i^3 = \frac{a'^3}{P^2} \qquad \text{[식 11-45]}$$

복선 쌍성의 경우는 질량의 비 M/m을 알 수 있다. 단선 쌍성의 경우에 속도 곡선으로부터 알 수 있는 정보 $a = r_1 + r_2$, $r_2/r_1 = M/m$, $r_1' = r_1 \sin i$로부터

$$a = r_1 + r_2 = r_1\left(1 + \frac{r_2}{r_1}\right) = r_1\left(1 + \frac{M}{m}\right) = \frac{r_1'}{\sin i}\frac{M+m}{m} \qquad \text{[식 11-46]}$$

이며, 이 값들이 케플러법칙을 만족하므로

$$(M+m)P^2 = a^3$$

$$(M+m)P^2 = \left(\frac{r_1'}{\sin i}\frac{M+m}{m}\right)^3$$

$$\therefore\ \frac{r_1'^3}{P^2} = \sin^3 i \frac{m^3}{(M+m)^2} \qquad \text{[식 11-47]}$$

[식 11-47]의 좌변에 있는 r_1'과 P값은 관측을 통해 알 수 있는 양이지만, 우변의 질량과 관련된 값은 직접 측정할 수 없다. 직접 측정이 불가능한 우변을 단선 쌍성의 '질량 함수(mass function)'라고 정의하며 $f(M, m)$으로 표기한다. 즉

$$f(M, m) \equiv \sin^3 i \frac{m^3}{(M+m)^2} \qquad \text{[식 11-48]}$$

이다. 궤도 기울기 i를 모르므로 각 별의 질량은 직접 계산할 수 없다. 다만 많은

쌍성계를 관측하여 관측 결과를 종합한다면 쌍성 질량에 관한 통계적 정보를 통해 어림함으로써, 대략적인 값을 계산할 수 있다.

식쌍성(eclipsing binary)

식쌍성은 두 별이 공통 질량 중심 주위를 공전하며 서로 식을 일으키는 계이다. 쌍성의 궤도면이 관측자의 시선 방향에 놓일 때 일식과 같은 현상이 일어나며 이로 인해 두 별을 합한 광도가 주기적으로 하강한다. 식쌍성은 대개 지구로부터 거리가 멀어 망원경으로 분해하기 어렵지만, 광도가 주기적으로 변화하기 때문에 식쌍성임을 밝힐 수 있다. 식쌍성의 이러한 겉보기 등급이나 플럭스의 변화를 시간의 함수로 나타낸 것을 '광도 곡선'이라 한다.

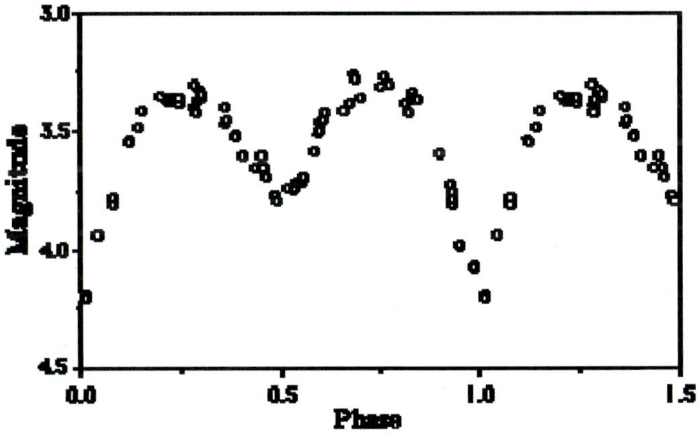

출처: http://www.physics.sfasu.edu/astro/ebstar/ebstar.html

|그림 11-13| β Lyr의 광도곡선(1992~1993)

|그림 11-13|에서 보는 것처럼 식쌍성과 같이 근접한 쌍성의 경우 광도곡선의 시간은 위상(phase)으로 표현되기 때문에, 그 단위는 궤도 주기와 같다. 또한 한 주기마다 두 번의 식이 일어남을 알 수 있으며 2개의 극소의 깊이가 다르다. 두 별이 공통 질량 중심 주위를 공전할 때 상대적으로 표면 온도가 낮은 동반성이 표면 온도가 높은 주성을 가릴 때 가장 어두워지며 이때를 주극소(primary eclipse)

라 하고, 반대로 주성이 동반성을 가릴 때를 부극소(secondary eclipse)라고 부른다.

식쌍성의 경우, 이러한 광도곡선으로부터 주성과 동반성의 반경을 구할 수 있는데, 그 방법에 대해 함께 살펴보도록 하자.

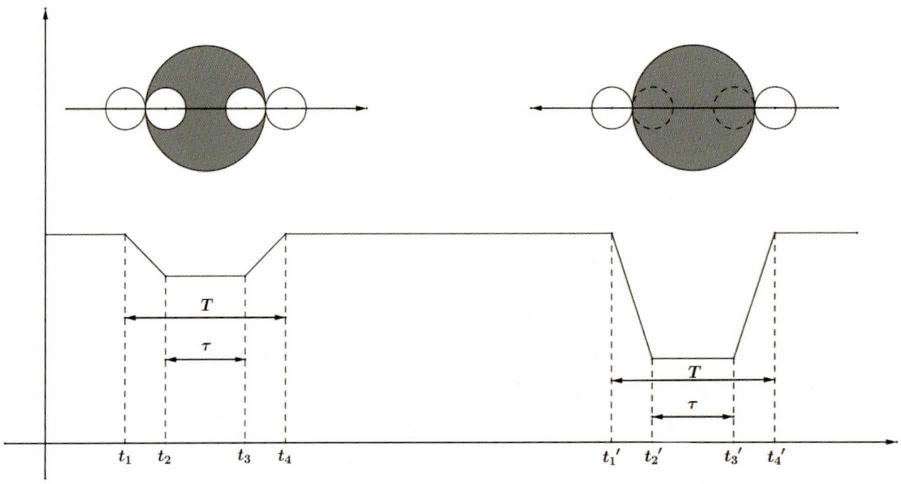

|그림 11-14| 원 궤도를 도는 쌍성의 중심식

우선 문제를 간단하게 접근하기 위해 작은 별이 큰 별보다 표면온도가 높고 상대궤도가 원이라고 가정하자(|그림 11-14|). 식이 한 번 일어나는 동안 두 별의 가장자리가 4개의 시점(t_1, t_2, t_3, t_4)에서 접촉하게 되는데, 제1접촉(t_1)은 작은 별이 큰 별을 가리기 시작하여 식이 시작할 때, 제2접촉(t_2)은 작은 별이 큰 별을 완전히 가리기 시작하여 밝기가 극소일 때, 제3접촉(t_3)은 작은 별이 큰 별의 가장자리를 벗어나기 시작할 때, 제4접촉(t_4)은 작은 별이 큰 별을 완전히 벗어나 식이 끝날 때이다. 큰 별의 반지름과 작은 별의 반지름을 각각 R_l과 R_s라 하고, 작은 별의 상대 궤도 속도가 v일 때, 단순한 기하학적 관계로부터 다음과 같은 식이 성립한다.

$$2R_s = v(t_2 - t_1) = v(t_4 - t_3),\ 2R_l = v(t_4 - t_2) \qquad \text{[식 11-49]}$$

상대 궤도가 원 궤도이므로 상대 궤도의 반지름 a는 다음과 같이 구한다.

$$2\pi a = vP,\ a = \frac{vP}{2\pi} \qquad \text{[식 11-50]}$$

이로부터 두 별의 반지름 R_l과 R_s는 a에 대하여 다음과 같다.

$$\frac{R_s}{a} = \frac{\pi(t_2 - t_1)}{P},\ \frac{R_l}{a} = \frac{\pi(t_4 - t_2)}{P} \qquad \text{[식 11-51]}$$

이제 두 별의 표면 온도의 비를 구해보자.

별을 유효 온도가 T_{eff}인 완전 흑체라 가정하면, 슈테판-볼츠만 법칙에 따라 흑체의 단위 면적당 σT_{eff}^4 만큼의 복사 에너지를 방출한다. 주극소와 부극소일 때 가려지는 별은 각기 다르지만 가려진 면적은 πR_s^2으로 동일하다.

광도 L은 별의 표면적과 별이 단위면적당 방출하는 복사 에너지 σT_{eff}^4의 곱과 같다. 별이 표면에서 단위시간당 단위면적에서 방출하는 복사에너지의 플럭스를 $F_{표면}$이라 하자. 그러면

$$F_{표면} = \sigma T_{eff}^4$$

$$L_s = 4\pi R_s^2 F_s,\ L_l = 4\pi R_l^2 F_l$$

$$F_s = \frac{L_s}{4\pi R_s^2},\ F_l = \frac{L_l}{4\pi R_l^2} \qquad \text{[식 11-52]}$$

식이 진행됨에 따라 관측자가 보는 큰 별과 작은 별의 표면적은 계속하여 변하며, 이에 따라 관측되는 플럭스도 변한다. 관측자가 보는 큰 별과 작은 별의 표면적을 각각 A_l과 A_s라 하자. 그러면 식이 일어나지 않을 때(t_1 이전 또는 t_4~t_1') 두 별의 밝기의 합을 B_o라 하면 $B_o = k(A_l F_l + A_s F_s)$이다. 여기서 k는 관측자의 검출기와 지구와 쌍성계 간 거리에 의해 결정되는 상수이다.

┃그림 11-14┃의 경우는 작은 별이 큰 별에 의해 가려졌을 때(t'_2~t'_3)가 주극소이다. 이때 별의 밝기를 B_p, 큰 별이 작은 별에 의해 가려졌을 때(t_2~t_3), 즉 부극소일 때 별의 밝기를 B_s라 하자. 그러면

$$B_p = kA_l F_l,\ \ B_s = k(A_l - A_s)F_l + kA_s F_s \qquad \text{[식 11-53]}$$

이다. 주극소와 부극소에서 광도 손실비를 구하면

$$\begin{aligned} \frac{B_o - B_p}{B_o - B_s} &= \frac{k(A_l F_l + A_s F_s) - kA_l F_l}{k(A_l F_l + A_s F_s) - \{k(A_l - A_s)F_l + kA_s F_s\}} \\ &= \frac{kA_s F_s}{kA_s F_l} = \frac{F_s}{F_l} = \left(\frac{T_s}{T_l}\right)^4 \end{aligned} \qquad \text{[식 11-54]}$$

이기에 두 별의 유효온도의 비 T_s/T_l를 구할 수 있다.

식쌍성의 광도 곡선으로부터 쌍성의 표면 온도(유효 온도)의 비를 구하였다. 광도 곡선에서는 온도의 비, 즉 상댓값은 알 수 있지만 온도의 절댓값은 결정할 수 없었다. 그러나 식 쌍성이 대부분 분광 쌍성이기 때문에 속도 곡선으로부터 상대 궤도 속도의 절댓값을 알 수 있다. 상대 궤도 속도 v를 알면 R_l, R_s, a의 절댓값을 알 수 있다.

식 쌍성 중 원 궤도를 도는 중심식의 경우를 살펴보았다. 이 외에도 원 궤도를 돌지만 부분식이 일어날 수 있으며, 타원 궤도를 도는 식 쌍성도 있다. 이 모든 경우에 대해서도 광도곡선으로부터 궤도 경사각 i가 결정 가능하므로 $\sin i$를 계산할 수 있고, 결국 별의 질량을 결정할 수 있다.

이처럼 광도곡선과 속도곡선으로부터 얻은 별의 반지름과 별의 질량에 대한 정보를 그래프로 나타내면 **▌그림 11-15▌**의 왼쪽 그래프와 같으며 뚜렷한 상관 관계가 드러난다. '반지름-질량관계'는

$$R \propto M^{0.9} \qquad \text{[식 11-55]}$$

이다. 별의 반지름을 알고 있으므로 광도곡선으로부터 얻은 유효 온도의 비를 활용하여 별의 광도의 비와 쌍성계의 총 광도를 알 수 있다. 따라서 각 별의 광도를 결정할 수 있게 된다. 또한 쌍성계의 겉보기등급과 총 광도를 통해 거리를 알 수 있다. 케플러 제3법칙을 이용하여 별의 질량을 구할 수 있다. 별의 광도와 질량에 대한 정보를 그래프로 나타내면 **▌그림 11-15▌**의 오른쪽 그래프와 같으며 역시 뚜렷한 상관관계가 드러난다. '광도-질량 관계'는

$$L \propto M^{3.5} \qquad \text{[식 11-56]}$$

이다.

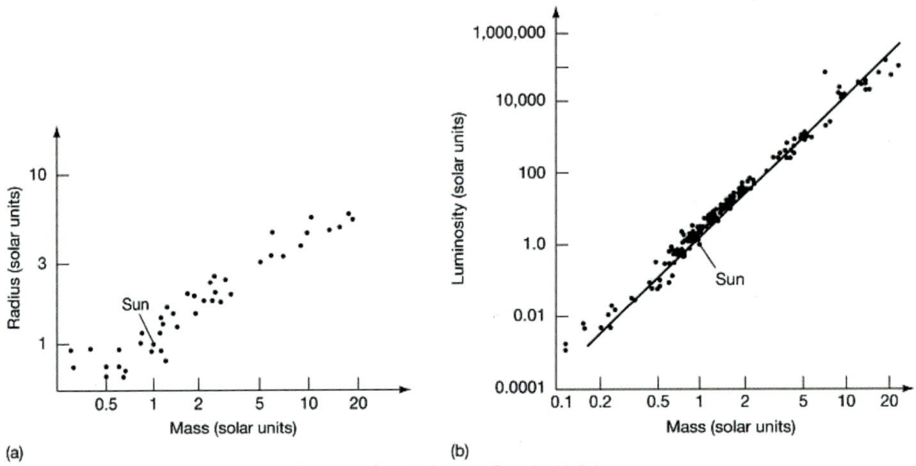

|그림 11-15| 반경–질량–광도 관계

열두 번째

별에 대한 이론적 접근

관측과 이를 설명하는 이론과의 관계

우리는 관측을 통해 여러 가지 별의 물리량을 알 수 있었다. 예를 들어 시차를 통해 별까지의 거리를 알 수 있고(2장), 겉보기 등급을 통해 별의 절대 등급 및 광도를 알 수 있으며, $B-V$색지수를 통해 별의 표면 온도도 알 수 있다(11장). 또한 별의 광도와 온도를 통해 별의 반경도 계산할 수 있으며, 별의 스펙트럼 관측을 통해 별에 어떠한 원소들이 있는지, 어떤 종류의 별인지도 알 수 있다. 쌍성 관측을 통하여 별의 질량, 반경 등과 물리량을 직접 얻을 수 있었다(11장). 따라서 별의 질량과 광도 사이의 관계, 질량과 반경 사이의 관계, 광도와 표면온도 사이의 관계(혹은 절대 등급과 $B-V$ 색지수와의 관계)와 같이 별의 물리량들 사이의 관계를 이야기할 수 있었다. 이제 이와 같이 관측을 통해 얻은 결과를 별의 물리를 통한 이론적 계산 결과와 비교해 보면서 별이 보여주는 자연 현상을 더 잘 이해하고 설명할 수 있게 되었다.

자연은 자신의 모습, 즉 자신의 정보를 여러 파장대의 전자기파로, 뉴트리노로, 중력파로 지구에 살고 있는 인류에게 우주가 생성된 이후 계속 보내고 있다. 우리는 우리가 개발한 검출기를 통해 이러한 정보들을 수집하고, 정리하여 자연 현상을 있는 그대로 기술해 본다. 때로는 우리의 검출기의 한계로 인하여 자연이 보여주는 모든 모습을 다 기술하지는 못한다. 그러나 과학기술이 발달함에 따라 이러한 제한은 점점 줄어들고 있다. 더구나 인류는 언어와 그 외 다양한 상징체계를 통하여 자신들이 얻은 결과를 저장하고 전달한다. 여기서 그치는 것이 아니라 인류는 자연 현상을 설명하는 '설명틀'을 고안하여 자연이 보여주는 단편적인 모습뿐 아니라 전체적인 모습도 이해하고, 설명한다. 어떤 현상에 대한 처음의 설명틀은 조악하더라도, 많은 정보가 수집되고 정리하는 과정에서 인간은 논리적 사고를 사용하며, 이것은 개인 차원에 그치는 것이 아니라 여러 사람들이 각자(또는 몇몇이 함께) 설명틀을 만들어 가고, 그 설명틀을 비교하고 보완하는 과정을 통해 설명틀은 진보해 나간다. 이러한 모습은 인류가 그동안 진행하여 온 과학 활동을 아주 간단하게 묘사한 것이다.

설명틀의 변화는 토마스 쿤(Thomas Samuel Kuhn, 1922~1996)의 '과학혁명의 구조'라는 책에서 언급한 '패러다임 전환'에 의할 수도 있다. 그렇지만 라카토스(Imre Lakatos, 1922~1974)의 '과학적 연구 프로그램의 방법론'에서 제시한 대로 한 이론은 근본적인 원리로 구성된 견고한 핵(hard core)과 수정 가능한 보조적인 가설들로 이루어진 보호대(protective belt), 그리고 과학자들이 따라야 할 여러 방법론적인 규칙(heuristic)으로 구성되어 있어서 때로는 설명틀이 견고한 핵은 유지한 채 보호대가 바뀌는 형태로 진보하는 모습을 보이기도 하는데, 이러한 진보는 과학자 사회의 학회에서 사회적 합의에 의해 이루어질 때가 많다.

이제 우리는 별에서 일어나는 현상에 대해 인류가 형성해 놓은 설명틀에 대해 생각해 볼 것이다. 우리가 보게 될 설명틀은 현상을 보고 처음 만들어낸 설명틀이 아니라, 그 이전 사람들의 많은 설명틀(그것이 잘못된 설명틀이었다고 해도)을 토대로 해서 만들어진 것이다. 즉, 만들어지고 난 후에 검증을 하고, 문제가 있다면 수정되는 과정을 통한 결과물이라고 할 수 있다. 또, 하나의 설명틀이 단독으로 어떤 현상을 설명하는 경우도 있지만, 여러 설명틀을 조합하여 새로운 설명틀로서 작용하는 경우도 있다. 그러니 이런 설명틀을 볼 때, '나 같은 사람은 설명틀을 만들 수 없을 거야'라는 경외심으로만 볼 것이 아니라, 처음 저런 문제를 풀고자 했던 사람들이 얼마나 많은 설명틀을 만들었고, 고민했으며, 그 결과 이런 설명틀이 나왔을지에 대해 생각하면서, 스스로도 작은 문제에 대한 것이라 할지라도 설명틀을 만들어볼 필요가 있다. 그리고 그것에 어떠한 문제가 있는지 사고하고, 이를 통해 설명틀을 발전시켜 나가면서 좀 더 자신의 생각을 발전시켜 보기를 바란다. 각자에게는 한 번의 작은 노력일 수도 있지만, 이러한 노력들이 쌓인다면, 개인도, 그리고 그가 속한 사회도 좀 더 나은 설명틀을 가질 수 있을 것이다. 그리고 그렇게 함으로써 인류는 계속 진보할 수 있게 될 것이다.

별의 물리

별의 이론적 물리 구조는 질량 방정식, 정유체평형 방정식, 에너지 전달식(복사와 대류), 에너지 생성(열평형), 상태 방정식으로 표현된다. 이 방정식 내의 변수들은 서로 종속적인 관계가 있고, 이 관계를 푼다면 우리는 별의 전반적인 물리 구조를 이해할 수 있다.

첫 번째 방정식: 질량 방정식

|그림 12-1|과 같은 3차원 공간을 고려해 보자. 직교 좌표계를 통해 모든 점들의 좌표를 결정할 수 있지만, 천체는 구의 형태를 이루고 있기 때문에 표현이 용이하도록 구면좌표계를 이용해서 나타내면 편리하다. 구면좌표 (r, δ, θ)를 직교 좌표로 고치면

$$x = r\sin\theta\cos\delta$$

$$y = r\cos\theta\sin\delta$$

$$z = r\cos\theta$$

이 된다.

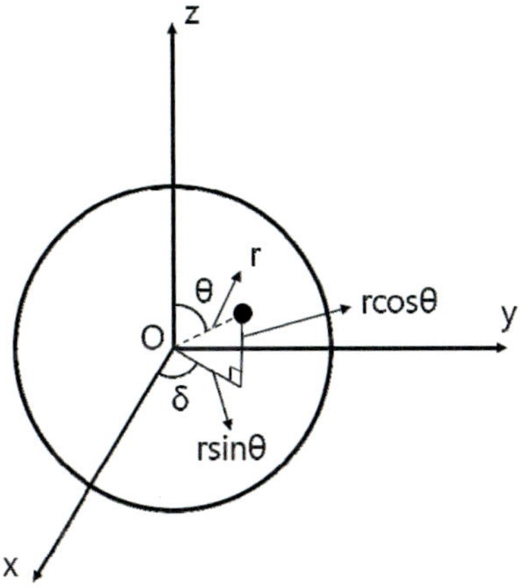

|그림 12-1| 구면좌표계

위의 식과 같이 별에서의 위치도 r, δ, θ로 표현할 수 있다. 만약, θ, δ와 관계없이 모든 점에 대한 물리량이 r에 대해서만 관계가 있다면 등방(isotropic)하다고 말한다. 이는 원점을 기준으로 하여 거리에 따라 변하는 함수인 것을 의미한다. 만약 우주와 같이 거리마저도 관계없이 모든 곳에서 물리량이 일정하다면 균질(homogeneous)하다고 말한다. 따라서 우주는 등방적이고, 균질하다. 이를 '우주 원리(cosmological principle)'라 부른다.

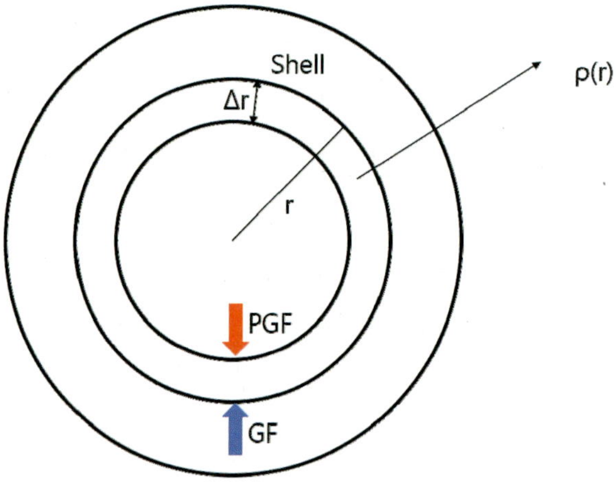

| 그림 12-2 | 구각에 작용하는 압력 구배력(PGF)과 중력(GF)

| 그림 12-2 |와 같이 구 안에 있는 두께가 Δr인 구각을 생각하자. 밀도를 r에 대한 함수로 생각하여 $\rho(r)$로 표현한다. 구각의 표면적은 $4\pi r^2$이고, Δr값이 굉장히 작기에 구각의 부피는 $4\pi r^2 \Delta r$이다. 얇은 구각의 질량 ΔM은 부피와 밀도를 곱한 값이므로 $4\pi r^2 \Delta r \rho(r)$이고,

$$\lim_{\Delta r \to 0} \frac{\Delta M}{\Delta r} = \frac{dM}{dr} = 4\pi r^2 \rho(r) \qquad [식\ 12-1]$$

이다. 이를 '질량 방정식'이라 부른다.

두 번째 방정식: 정유체 역학평형 방정식

태양, 달, 지구가 모두 구의 형태를 이루는 것과 같이 다른 항성 역시 구의 형태를 이루는데, 이는 바로 천체 내의 힘이 평형을 이루기 때문이다. 힘이 평형을 이룬다는 것은 그 형태가 그대로 지속될 수 있음을 의미한다. 만약 어떤 힘의 크기가 일정하게 유지되지 못하고, 천체 내의 힘 사이의 관계가 균형을 이루지 못한다면 천체는 흩어지거나 한 점에 모일 것이다. 구형의 형태를 이루고 있는 천체가 그 모양을 그대로 유지하고 있을 때, 그 천체에서 우리는 어떤 힘을 생각해야 할까? 가장 쉽게 생각할 수 있는 힘은 바로 중력인데, 질량을 갖는 물체라면 어떤 것이든 중력이 작용하기 때문이다. 또, 생각할 수 있는 것은 무엇일까? 이를 생각하기 위해, 우리는 지금 구각이라는 상황이 어떤 것인지를 생각해볼 필요가 있을 것 같다. **▌그림 12-2▐**의 구각의 일부를 생각하면 천체 내에 작용하는 힘으로는 구각이 받는 압력차에 의해 발생하는 압력 구배력(Pressure Gradient Force, PGF)과 중력(Gravitation Force, GF)이 있다. 지구 내부로 작용하는 힘의 방향을 (−)라고 하면, 지구 외부로 작용하는 방향은 (+)가 된다. 압력 구배력은 압력의 차이에 따른 힘이기에 단위질량당 압력 구배력은 다음과 같이 표현된다.

$$-\frac{1}{\rho}\frac{dP}{dr}\hat{r} \qquad \text{[식 12−2]}$$

압력 구배력에서 $\frac{dP}{dr} < 0$이기에 $-\frac{1}{\rho}\frac{dP}{dr} > 0$이 되어 바깥으로 향하는 힘이다. 여기서 표현된 힘은 단위 질량당의 힘이기에 가속도와 같은 의미이다. 구각에 작용하는 단위 질량당 중력은

$$-\frac{GM(r)}{r^2}\hat{r} \qquad \text{[식 12−3]}$$

이고, r지점에 있는 구각의 단위 질량에 중력을 작용하는 질량은 그 구각 내부의

질량이므로 중심에서 r까지의 구각들의 질량을 합한 값이 될 것이고 이를 적분으로 표현하면 $M(r) = \int_0^r 4\pi r^2 \rho(r) dr$라 할 수 있다. 중력은 내부로 향하는 방향의 힘이므로 그 부호는 음이다. 구각의 단위 질량에 미치는 합력은 결국 구각의 단위 질량이 갖는 가속도라고 할 수 있으므로, 구각이 바깥으로 나가려는 총 가속도는 다음과 같이 표현할 수 있다.

$$\frac{dv_r}{dt} = \frac{d^2r}{dt^2} = \frac{1}{\rho}\frac{dP}{dr} - \frac{GM(r)}{r^2} \qquad \text{[식 12-4]}$$

별이 그 상태를 유지하기 위해서는 힘의 평형을 이루어야 하므로 $\frac{dv_r}{dt} = 0$이 되어야 한다. 즉, v_r은 일정하다는 것이다. 그리고 만약 v_r이 0이 아닌 값을 가진다면, 별이 계속 일정하게 부풀어 오르거나 수축할 것이기 때문에 가속도뿐 아니라 속도 $v_r = 0$임을 확인할 수 있다. [식 12-4]의 $\frac{dv_r}{dt} = 0$이므로,

$$-\frac{1}{\rho}\frac{dP}{dr} = \frac{GM(r)}{r^2} \qquad \text{[식 12-5]}$$

이 되고, 두 힘의 평형을 이루는데, 이를 '정유체역학 평형(hydrostatic equilibrium) 방정식'이라 부른다. 만약 압력 구배력이 중력보다 크다면 [식 12-4]로부터 $\frac{dv_r}{dt} > 0$이 되고, 별은 부풀어 오를 것임(중심과 반대 방향으로의 힘이 작용)을 알 수 있으며, 반대로 중력이 더 크다면 수축(중심 방향으로의 힘이 작용)하게 될 것임을 알 수 있다.

만약 천체의 냉각이 잘 되어 등온상태이고 밀도 ρ가 일정하다면, $-\frac{1}{\rho}\frac{dP}{dr}$

$\ll \frac{GM(r)}{r^2}$이기에 $\frac{d^2r}{dt^2} \simeq -\frac{GM}{r^2}$이 된다. 그런데 $M = \frac{4\pi r^3 \rho}{3}$이기에 차원만 고려하면 $\frac{R}{t_{ff}^2} \approx G\rho R$이 되어 자유낙하 시간($t_{ff}$)은 $t_{ff} \approx \frac{1}{\sqrt{G\rho}}$가 된다. 성간운이 중력 수축하는 시간이 이에 해당한다. 그러나 중력 수축에 의하여 밀도가 증가하여 복사 냉각이 잘 이루어지지 않으면 내부 온도가 증가하게 되어 $-\frac{1}{\rho}\frac{dP}{dr} \gg \frac{GM(r)}{r^2}$이 된다. 그러면 $\frac{d^2r}{dt^2} \simeq -\frac{1}{\rho}\frac{dP}{dr}$가 되어 차원만 고려하면 $\frac{R}{t_{ex}^2} \approx \frac{P}{\rho R}$이 된다. 그러기에 $t_{ex} \approx \frac{R}{\sqrt{P/\rho}} = \frac{R}{\sqrt{kT/\mu m_H}} \simeq \frac{R}{c_s}$이다. 즉 음파가 천체를 지나가는 시간 척도가 팽창하는 시간척도이다.

별의 세 번째 방정식: 상태 방정식

별을 이루고 있는 물질의 상태는 어떠할까? 별을 이루고 있는 물질의 상태에 대해 이상적(ideal)이라고 이야기한다. 별을 이루고 있는 물질의 상태가 이상적이라는 의미는 어떤 온도에서 기체 입자의 움직임이 입자들 간에 전기력에 의해 작용하는 힘들을 모두 이기고 자유롭게 돌아다닐 수 있는 기체 상태라는 것이다. 이러한 기체 상태를 이상기체 상태라고 하며 이를 다루는 방정식이 이상기체 상태 방정식이다. 즉

$$P_g = \frac{\rho k T}{\mu m_H} \qquad \text{[식 12-6]}$$

이다. 여기서 k는 볼츠만 상수로서 $k = 1.381 \times 10^{-23} J/K$이다. 이때 $m_H = 1.67 \times 10^{-27} kg$는 수소 원자의 질량인데, 질량 $1\,g$인 수소 원자 기체 안에는 수소 원자가 아보가드로 수만큼 들어있다. 수소, 헬륨 및 그 밖의 금속들이 혼합된 어떤 기체의 조성을 나타내는 μ와 수소 원자 질량 m_H의 곱인 μm_H는 이 기체의 평균

질량을 나타낸다. 기체의 평균 질량 μm_H는 기체의 총 질량을 총 입자의 수로 나누어 구한다. 기체의 밀도(ρ)를 기체의 평균 질량 μm_H으로 나눈 값은 단위 부피당 입자의 개수(n)이다.

$$\frac{\rho}{\mu m_H} = n \qquad \text{[식 12-7]}$$

이상기체 방정식은 어떻게 유도되었을까? 기체 입자는 어떤 온도에서 맥스웰-볼츠만 속도 분포를 이루며, 이때 입자들이 서로가 얼마나 빈번하게 부딪히는가에 따라 압력이 결정된다. 즉 기체들은 보통 맥스웰-볼츠만 분포를 이루어 서로 부딪히며 압력이 정해지므로, 이 맥스웰-볼츠만 통계에 따라 유도한 것이 이상기체 방정식이다. 이를 수식으로 나타내면

$$P = \frac{1}{3}\frac{n}{(2\pi mkT)^{3/2}}\int_0^\infty \frac{p^2}{m} e^{-p^2/2mkT} 4\pi p^2 dp = nkT \qquad \text{[식 12-8]}$$

이다. 별을 이루고 있는 기체는 이온 기체와 전자 기체가 혼합되어 있다. 따라서 전체 기체의 압력(P_g)은 이온 기체의 압력(P_{ion})과 전자 기체의 압력(P_e)의 합이므로

$$P_g = P_{ion} + P_e \qquad \text{[식 12-9]}$$

가 된다.

또한 보스 입자, 즉 보손(Boson)은 보스-아인슈타인 통계 분포를 따르는데, 광자도 보손 입자 중 하나이므로 이 통계 분포를 따른다. 따라서, 이 통계 분포를 이용하여 복사압(radiation pressure, P_r)을 계산할 수 있다. 즉

$$P_r = \frac{1}{3} a T^4 \qquad [식\ 12-10]$$

이다. 여기서 $a = 7.564 \times 10^{-16} Jm^{-3} K^{-4}$는 복사 상수로서 볼츠만 상수 k와는 $k = \frac{1}{4} ac$ 관계가 있다. **▌그림 12-3-1▐**을 보면 밀도가 낮고 온도가 높을 때에는 기체 압력보다 복사압이 더 크다는 것을 알 수 있다.

양자 역학적으로 전자와 같은 페르미 입자(Fermion)는 파울리의 배타 원리에 의해 페르미-디랙 분포를 따른다. 온도가 높은 경우는 페르미-디랙 분포가 맥스웰-볼츠만 분포와 거의 동일하지만, 온도가 낮아짐에 따라 페르미-디랙 분포를 맥스웰-볼츠만 분포와 같다고 볼 수 없게 된다. 왜냐하면 온도가 조금씩 낮아지고 밀도가 높아지게 되면 이상기체의 압력이 커지고, 밀도가 점점 높아지면서 전자가 하나씩 자기 자리를 찾아가게 되고 점점 자기 자리를 찾아가 더 이상 압착되지(squeeze) 않는 상태에 이르게 되기 때문이다. 이 상태를 가리켜 '축퇴 상태(degenerate state)'라고 한다. 가장 먼저 전자가 축퇴 상태를 이루며, 전자가 축퇴 상태를 이루더라도 양성자는 워낙 무거워 축퇴 상태가 이루어지기 어렵다. 백색 왜성은 전자가 축퇴 상태에 있고, 중성자별은 더 압착되어 중성자가 축퇴 상태에 있다. 동전은 전자의 축퇴 상태에 있다.

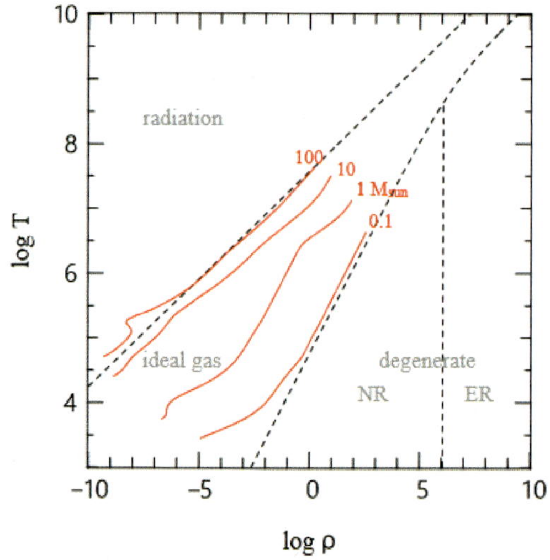

|그림 12-3-1| 밀도와 온도에 따른 물질의 상태

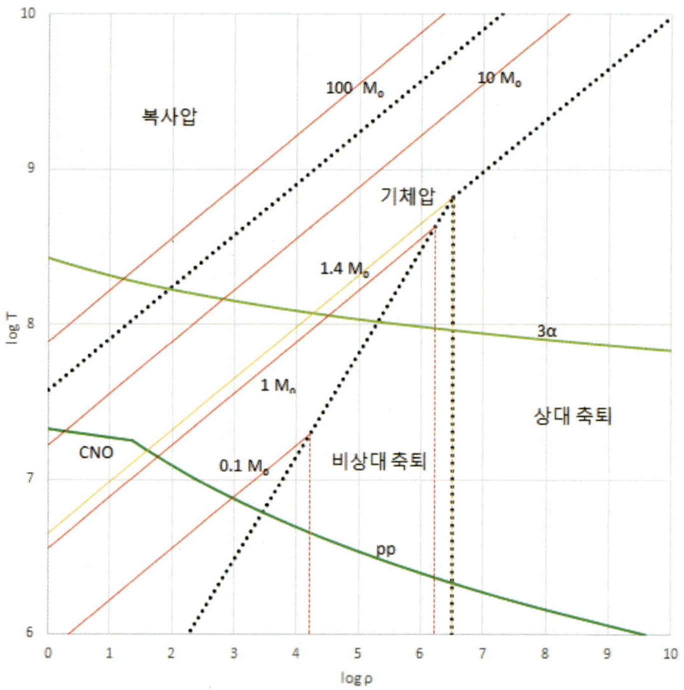

|그림 12-3-2| 밀도와 온도에 따른 별의 기체 상태

밀도가 어떠한지에 따라 축퇴 상태에서도 전자의 이동 속도가 다르다. 일반적으로는 전자가 움직이는 속도가 빛의 속도보다 작지만 밀도가 어떤 값을 넘게 되면 전자의 움직임 속도가 거의 빛의 속도만큼 움직인다. 이에 따라 전자의 축퇴 상태에 따라 비상대론적(NR) 축퇴 상태와 상대론적(ER) 축퇴 상태로 나타낸다. 비상대론적 축퇴 상태와 상대론적 축퇴 상태의 방정식은 각각 다음과 같다.

$$P_e = K_{NR}\left(\frac{\rho}{\mu_e}\right)^{5/3},\ k_{NR} = \frac{h^2}{20m_e m_u^{5/3}}\left(\frac{3}{\pi}\right)^{2/3} = 1.0036\times 10^{13}\ [cgs]$$

[식 12-11]

$$P_e = K_{ER}\left(\frac{\rho}{\mu_e}\right)^{4/3},\ k_{ER} = \frac{hc}{8m_u^{4/3}}\left(\frac{3}{\pi}\right)^{1/3} = 1.2435\times 10^{15}\ [cgs]$$

[식 12-12]

이 두 압력값은 $\rho_{tr} \approx \mu_e m_u \frac{8\pi}{3}\left(\frac{m_e c}{h}\right)^3$에서 동일한 값을 갖는다.

|그림 12-3-1|을 보면 대부분의 별들이 진화하면서 이상 기체 상태에 있다. 별의 질량이 거의 $100\,M_\odot$ 이상이 되면 복사압이 중요하고 $0.1\,M_\odot$ 정도보다 작은 별에는 축퇴 압력이 중요하다. 따라서 지금부터 일반적인 경우인 이상 기체 상태의 별을 다룬다. **|그림 12-3-2|**는 별의 질량에 따라 밀도와 온도에 따른 기체 상태와 핵융합에 의한 최소 에너지 생성률을 그려본 것이다.

우리는 지금까지 별의 구조와 관련하여 질량 방정식, 정유체역학 평형 방정식, 상태 방정식, 세 개의 방정식을 다루었다. 이제 세 방정식에 어떠한 변수들이 있는가 알아보자. 질량 방정식 $\frac{dM}{dr} = 4\pi r^2 \rho(r)$으로부터 변수는 M, r, ρ이다. 정유체역학 평형 방정식인 $-\frac{1}{\rho}\frac{dP}{dr} = \frac{GM}{r^2}$으로부터 변수는 P가 더 나온다(G는 상수이므로 새로운 변수는 P뿐이다). 상태 방정식 $P_g = \frac{\rho k T}{\mu m_H}$ 으로부터 변수 T가 더 나온다(k는 상수). 세 개의 방정식을 이루는 변수는 M, r, ρ, P, T 총 5개이다. 모든 방정식을 r이라는 하나의 변수로 나타내기 위해서는 방정식이 하나 더 필요하다.

이제 상태 방정식에서 기체의 조성을 나타내는 μ가 변수인지 상수인지를 생각해 보자. 별은 대부분 이상 기체 상태에 있지만 온도가 굉장히 높기 때문에 완전히 이온화된 상태(ionized state), 즉 플라스마 상태이다. 별을 이루는 물질 가운데 수소와 헬륨을 제외한 모든 물질을 금속이라 하자. 금속은 양이 매우 적다. 이 수소와 헬륨과 금속의 질량비를 X, Y, Z라 하면

$$\text{H} : \text{He} : \text{금속} = X : Y : Z \quad [\text{식 } 12-13]$$

이다. 수소의 질량비 X와 밀도 ρ의 곱을 수소원자의 질량 m_H으로 나눈 값은 수소 원자핵의 개수 n_H를 뜻한다. 따라서

$$\frac{X\rho}{m_H} = n_H \quad [\text{식 } 12-14]$$

이다. 수소가 완전히 이온화되었기에 수소로부터 기인된 전자의 개수는 수소 원자 1개당 전자 1개이므로 수소 원자핵의 개수와 동일하기 때문에 $n_e = \frac{X\rho}{m_H}$ 이다. 마찬가지로 헬륨 원자핵의 개수 n_{He} 및 헬륨 원자로부터 나온 전자의 개수(헬륨은 전자가 2개 있으므로 원자핵 개수의 2배)는 다음과 같이 나타낼 수 있다.

$$n_{He} = \frac{Y\rho}{4m_H}, \ n_e = \frac{2Y\rho}{4m_H} \quad [\text{식 } 12-15]$$

금속의 질량은 금속의 질량과 관계되는 원자번호(Atomic number)를 상징하는 A를 이용하여 Am_H라 하고, 금속 1개로부터 나오는 전자의 개수를 $\sim \frac{A}{2}$개라 하자. 금속 원자핵의 개수 $n_{금속}$ 및 전자의 개수는 다음과 같이 나타낼 수 있다.

$$n_{금속} = \frac{Z\rho}{Am_H}, \quad n_e \simeq \frac{A}{2}\frac{Z\rho}{Am_H} \qquad \text{[식 12-16]}$$

수소, 헬륨, 금속의 원자핵 및 전자의 총 개수를 구하면 다음과 같다.

$$\begin{aligned} n &= n_H + n_{He} + n_{금} + n_e \\ &\simeq \frac{2X\rho}{m_H} + \frac{3Y\rho}{4m_H} + \left(1 + \frac{A}{2}\right)\frac{Z\rho}{Am_H} \\ &= \left(2X + \frac{3}{4}Y + \frac{1+A/2}{A}Z\right)\frac{\rho}{m_H} = \frac{\rho}{\mu m_H} \end{aligned} \qquad \text{[식 12-17]}$$

이때 $\frac{1+A/2}{A} \approx \frac{1}{2}$이기에 μ는

$$\frac{1}{\mu} = 2X + \frac{3}{4}Y + \frac{1}{2}Z \qquad \text{[식 12-18]}$$

이 된다. 대략 수소의 질량비(X)가 0.7, 헬륨의 질량비(Y)가 0.3, 금속 원소의 질량비(Z)가 거의 0이라고 할 때, $\frac{1}{\mu} \simeq 1.625$ 혹은 $\mu \simeq 0.615$가 된다. 별이 완전한 플라스마 상태라고 할 때 어떤 원소비(abundance)를 갖느냐에 따라 μ 값이 정해진다. 즉 $\mu = \mu(X, Y, Z)$이기에 X, Y, Z 값에 따라 그 값이 결정된다. 따라서 μ는 변수로 생각하지 않는다.

만약 핵반응(nuclear reaction)이 일어나 X, Y, Z의 값이 바뀌면 μ값도 달라지므로 P값이 변한다. 압력의 변화에 따라 별의 상태가 조금씩 달라진다. 즉 별이 시간이 지남에 따라 별의 상태, 별의 물리량이 변하는 것을 별의 진화라고 이야기한다. 즉 $Z=0$이라 가정하면, $X+Y=1$이 되므로, [식 12-18]에 $Y=1-X$로 치환하면, $\frac{1}{\mu}=\frac{5}{4}X+\frac{3}{4}$가 된다. 따라서

$$-\frac{1}{\mu^2}\frac{d\mu}{dt}=\frac{5}{4}\frac{dX}{dt},\quad \frac{dY}{dt}=-\frac{dX}{dt} \qquad \text{[식 12-19]}$$

가 된다. 별의 핵에서 핵융합에 의하여 수소가 헬륨으로 전환되면, $\frac{dX}{dt}<0$이기에 $\frac{dY}{dt}>0$이고, $\frac{d\mu}{dt}>0$이 된다. 즉 헬륨의 질량비와 μ값이 증가한다.

별의 네 번째 방정식: 에너지 생성 방정식

별은 핵(core)에서 핵융합이 일어나 에너지가 생성이 되어 스스로 빛을 낸다. 일반적으로 별의 단위 질량당 에너지 생성률은 $\epsilon(\mu, \rho, T)$로 표현되고, 단위는 $J/s/kg$이다. 따라서 핵의 구각에서 에너지가 생성되는 광도는 $dL=\epsilon dM=\epsilon 4\pi r^2 \rho dr$이다. 따라서

$$\frac{dL}{dr}=4\pi r^2\rho\epsilon \qquad \text{[식 12-20]}$$

가 된다. 별의 중심핵과 어떤 제한된 일부의 구형 껍질을 제외하고는 $\epsilon=0$이다.

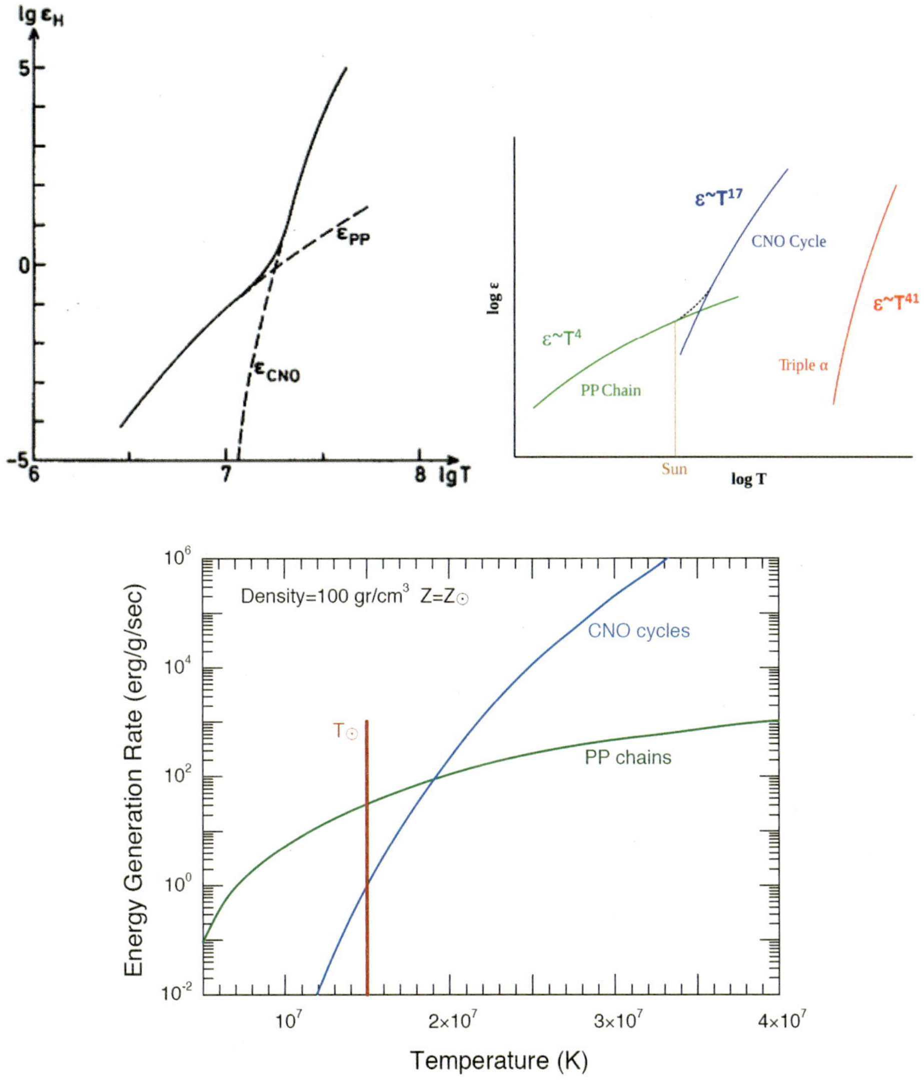

|그림 12-4| PP반응과 CNO반응

|그림 12-4| 와 같이 단위질량당 에너지 생성률은 별의 온도에 따라 달라진다. 온도가 낮을 때에는 ϵ가 온도의 4제곱에 비례하는 양성자-양성자 연쇄반응(p-p chain)이 우세하게 일어난다. 하지만 온도가 $T \simeq 2 \times 10^7\ K$ 정도가 되면 양성자-양성자 연쇄반응을 통한 에너지 생성률은 탄소순환반응(CNO cycle)을 통한 에너지 생성률과 비슷해지고, 온도가 $2 \times 10^7\ K$보다 더 높아지면 탄소순환반응이 더 우세

하게 일어난다. 각 반응에 의한 에너지 생성률은 대략

$$\epsilon_{pp} \propto X^2 \rho T^4 \qquad \text{[식 12-21]}$$

$$\epsilon_{CNO} \propto X X_{CNO} \rho T^{18} \qquad \text{[식 12-22]}$$

이다. 이와 같이 ϵ은 μ, ρ, T 와 관련 있으므로 핵반응이 일어나는 원소(즉 수소, 헬륨, 탄소 등)의 종류에 따라 달라지며 $\epsilon_{ij} = \epsilon_{o,\,ij} X_i X_j \rho T^n$ 의 형태를 가진다. 그러나 헬륨 핵융합인 3α 과정인 경우에는 세 개의 헬륨 원자핵이 관여하기에 $T \simeq 10^8\,K$에서 $\epsilon_{3\alpha} \propto X_4^3 \rho^2 T^{40}$ 이다.

별의 다섯 번째 방정식: 에너지 전달 방정식

별의 다섯 번째 방정식은 에너지의 전달과 관련된다. 에너지의 전달 방식에는 전도(conduction), 대류(convection), 복사(radiation)가 있다. 그런데 축퇴 상태에 있어서 밀도가 매우 높은 경우가 아니라면 별 내부에서 에너지가 전도에 의해 전달되기는 어렵다. 따라서 대류와 복사를 통한 에너지의 전달을 살펴보자.

별의 구각(shell) 모형을 가정할 경우, 별의 내부에서 에너지가 생성되어 구각 밑바닥에 플럭스가 F인 에너지가 입사된다면, 구각을 지나는 플럭스의 변화량은 흡수에 의하여 발생한다. 따라서

$$\frac{dF}{dr} = -\kappa \rho F \qquad \text{[식 12-23]}$$

(κ: 흡수 계수)

이다. 구각의 안 쪽에서 그 온도에 해당하는 흑체 복사를 방출하기에 위 식의 오른쪽 F는

$$F = \sigma T^4 = \frac{L}{4\pi r^2} \quad \text{[식 12-24]}$$

이고, 흡수에 의한 플럭스의 변화는 $\frac{dF}{dr} = 4\sigma T^3 \frac{dT}{dr}$ 이기에

$$\frac{dF}{dr} = 4\sigma T^3 \frac{dT}{dr} = -\kappa\rho \frac{L}{4\pi r^2} \quad \text{[식 12-25]}$$

로 쓸 수 있다. 따라서 <u>복사에 의한 에너지 전달</u>의 경우 온도구배는

$$\frac{dT}{dr} = -\kappa\rho \frac{L}{16\pi\sigma T^3 r^2} \quad \text{[식 12-26]}$$

이다.

그런데 구각의 물질 불투명도(κ)나 별의 광도(L)가 충분히 커지면, $-\frac{dT}{dr}$가 증가하여 대류에 의해 에너지가 전달된다. 대류를 통해 에너지가 전달될 때의 온도구배는 단열과정(adiabatic process)에서와 거의 비슷하다. 단열과정에 의하면 $P \propto \rho^\gamma$ 이고, $P \propto \rho T$ 이므로

$$T \propto P^{1-\frac{1}{\gamma}} \quad \text{[식 12-27]}$$

이다. 이에 따른 온도구배는

$$\frac{dT}{dr} = \left(1 - \frac{1}{\gamma}\right) \frac{T}{P} \frac{dP}{dr} \quad \text{[식 12-28]}$$

이다. 이 식이 대류로 에너지가 전달될 때의 온도구배와 거의 비슷하다. 이상기체의 경우 $P = \frac{\rho kT}{\mu m_H}$ 이기에

$$\frac{dT}{dr} = \left(1 - \frac{1}{\gamma}\right)\frac{\mu m_H}{k}\frac{1}{\rho}\frac{dP}{dr} \qquad \text{[식 12-29]}$$

이고, 정유체역학적 평형에 의해 $\frac{1}{\rho}\frac{dP}{dr} = -\frac{GM}{r^2}$ 이므로

$$\frac{dT}{dr} = -\left(1 - \frac{1}{\gamma}\right)\frac{\mu m_H}{k}\frac{GM}{r^2} \qquad \text{[식 12-30]}$$

으로 식이 다시 정리된다. 이 식은 대류에 의해 에너지가 전달될 때의 온도 구배이다. 복사나 대류에 의한 온도구배는 (-) 부호를 갖는다. 따라서 별의 중심에서 바깥으로 갈수록 온도(T)가 낮아진다. 복사에 의한 에너지 전달에서 온도구배가 충분히 클 경우($\left|\frac{dT}{dr}\right|_{rad} > \left|\frac{dT}{dr}\right|_{ad}$), 대류에 의해 에너지가 전달된다. **▌그림 12-5▌**는 태양과 같은 별(좌)과 태양 질량의 4배인 별(우)에서의 온도구배를 각각 나타낸 것이다. 그래프에서 $\Delta = \frac{d\ln T}{d\ln P}$ 에 해당한다. Δ_{rad}와 $\Delta_{ad}(= 1 - \frac{1}{\gamma} = 0.4)$는 각각 복사(radiation)와 단열과정(adiabatic process)을 통한 에너지 전달에서의 온도구배를 의미한다.

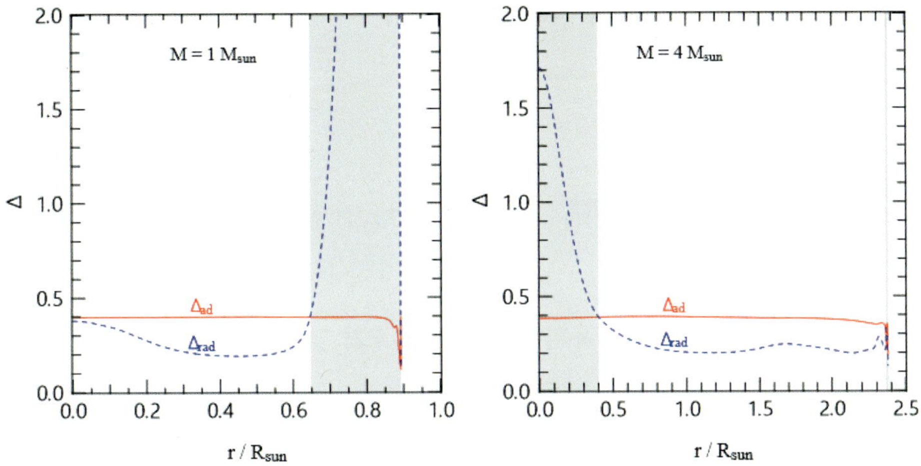

|그림 12-5| 태양 질량의 별(좌)과 태양 질량의 4배인 별(우)에서의 온도구배

따라서 태양과 같은 별에서는 $\Delta_{rad} < \Delta_{ad}$인 중심 부근에서는 복사에 의해 에너지가 전달되며, κ가 커져 $\Delta_{rad} > \Delta_{ad}$인 바깥 부분에서는 대류에 의해 에너지가 전달됨을 알 수 있다. 한편, 질량이 태양의 4배인 별의 경우에는 CNO 순환으로 핵에서 에너지 생성이 굉장히 활발하여 온도구배가 상당히 크기 때문에, 중심 부근에서 대류를 통해 에너지가 전달되며($\Delta_{rad} > \Delta_{ad}$), 그 바깥으로는 복사에 의해 에너지가 전달되는 영역을 갖는다($\Delta_{rad} < \Delta_{ad}$).

별의 불투명도(opacity) κ는 밀도와 온도에 **|그림 12-6|**과 같다. 온도가 아주 높은 경우(그림의 오른쪽)는 전자 산란(electron scattering)에 의한다. 전자산란 불투명도는

$$\kappa_{es} = \frac{\sigma_e}{\mu_e m_u} = 0.2(1+X)\, cm^2/g \qquad [식\ 12-31]$$

이다. 이제 온도가 조금 낮아지면 기체입자의 자유-자유, 속박-자유 천이에 의한다. 이는 크래머 불투명도(Kramer's opacity)를 따르는데 이 형태는 $\kappa \propto \rho T^{-7/2}$이다.

자유-자유 천이 및 자유-속박 불투명도는 각각

$$\kappa_{ff} \approx 3.8 \times 10^{22} (1+X) \rho T^{-7/2} \ cm^2/g \qquad [식\ 12-32]$$

$$\kappa_{bf} \approx 4.3 \times 10^{25} (1+X) Z \rho T^{-7/2} \ cm^2/g \qquad [식\ 12-33]$$

이며 $T \approx 10^4\,K$ 정도까지 적용된다. 그보다 온도가 낮아지면, H^- 이온에 의한다. 즉

$$\kappa_{H_-} \approx 2.5 \times 10^{-31} \left(\frac{Z}{0.02}\right) \rho^{1/2} T^9 \ cm^2/g \qquad [식\ 12-34]$$

이다. 이보다 온도가 더 낮아지면, 분자나 먼지에 의한 불투명도가 높아진다.

┃그림 12-7┃을 보면 질량이 큰 별에서 내부에서는 전자 산란에 의한 불투명도가 중요하고 바깥으로 갈수록 크래머 불투명도가 중요해진다. 그러나 질량이 작은 별의 경우 내부에서는 크래머 불투명도가 중요하고 표면으로 갈수록 H^- 불투명도가 중요하다.

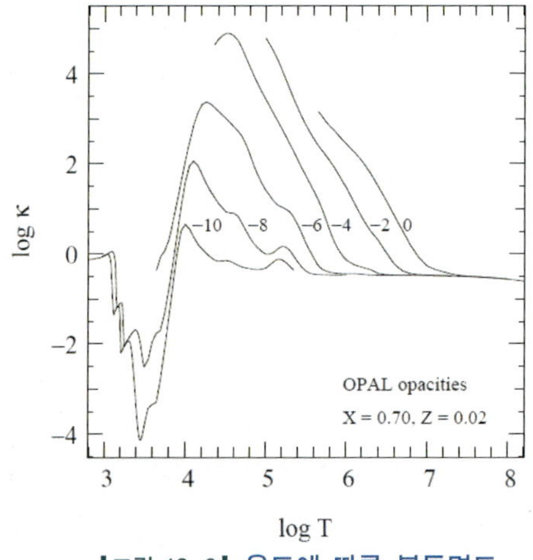

┃그림 12-6┃ 온도에 따른 불투명도

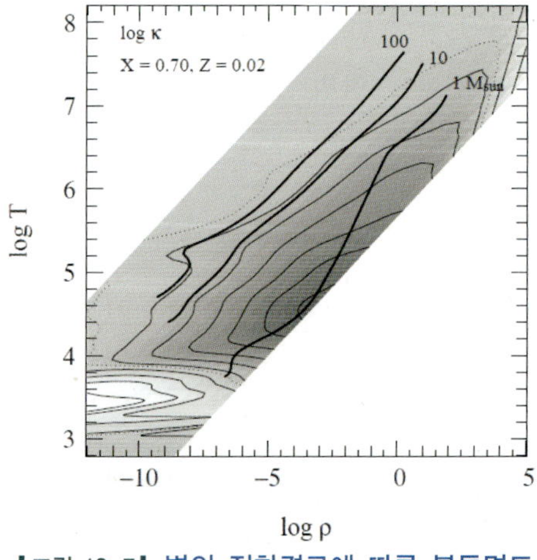

┃그림 12-7┃ 별의 진화경로에 따른 불투명도

이제 $\kappa = \kappa(\mu, \rho, T)$, $\epsilon = \epsilon(\mu, \rho, T)$를 알기에 5개의 방정식을 통해 M, L, P, T, ρ를 r의 함수로 표시할 수 있다. 따라서 우리는 별의 내부의 물리량의 변화를 알 수 있게 되었다. **▌그림 12-8▌**은 이렇게 계산된 태양 내부의 물리량의 변화를 보여준다.

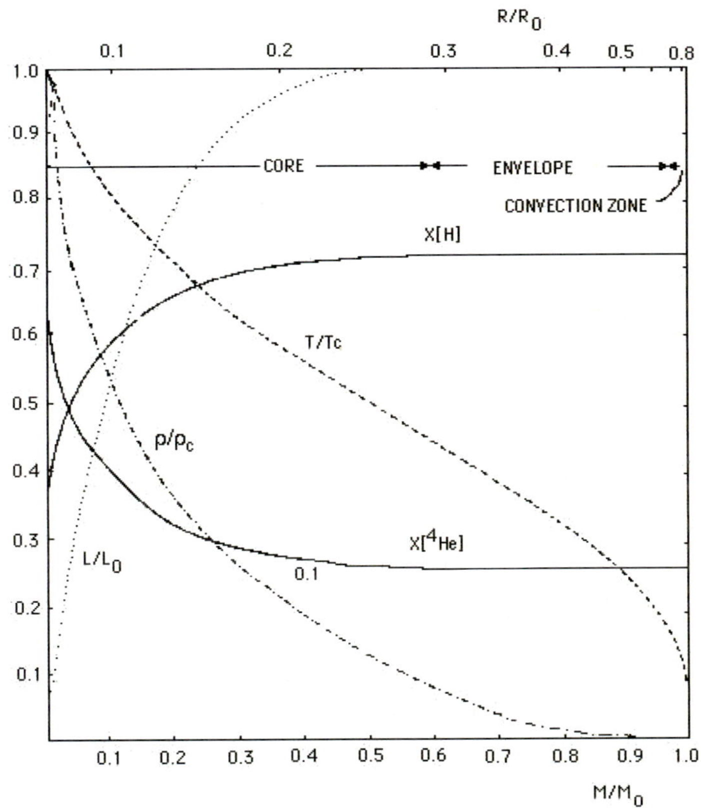

▌그림 12-8▌ 태양의 내부 물리량의 변화

찾아보기

❙ 내용 ❙

| 인명 |

저자 약력

최 승 언

서울대학교 지구과학교육과 교수

미네소타대 천체물리학 박사

서울대학교 자연대학 대학원 천문학과 석사

서울대학교 자연대학 천문학과 졸업

신 윤 주

서울대학교 사범대학 대학원 과학교육과 지구과학전공 박사

서울대학교 사범대학 대학원 과학교육과 지구과학전공 석사

서울대학교 사범대학 지구과학교육과 졸업

양 슬 기

대전도솔초등학교 교사

서울대학교 사범대학 대학원 과학교육과 지구과학전공 석사

청주교육대학교 졸업

박 나 은

경인고등학교 교사

서울대학교 사범대학 대학원 과학교육과 지구과학전공 석사 재학

서울대학교 사범대학 지구과학교육과 졸업

김 지 호

서울대학교 사범대학 대학원 과학교육과 지구과학전공 석사 재학

서울대학교 사범대학 지구과학교육과 졸업

최승언 교수의

천체지구과학 강의 I

2019년 6월 25일 1판 1쇄 인쇄
2019년 7월 2일 1판 1쇄 발행

공저자 : 최승언 · 신윤주 · 양슬기
박나은 · 김지호
발행자 : 한 정 주
발행처 : 교 육 과 학 사

공저자와
협의하에
인지생략

경기도 파주시 광인사길 71
전화 (031)955-6956~8 / 팩스 (031)955-6037
Home-page : www.kyoyookbook.co.kr
E-mail : kyoyook@chol.com
등록 : 1970년 5월 18일 제2-73호

낙장 · 파본은 교환해 드립니다. **정가 22,000원**
Printed in Korea.
ISBN 978-89-254-1386-0
978-89-254-1385-3(세트)